北京理工大学"双一流"建设精品出版工程

Fundamentals of Electric Machines and Control Systems
(4th Edition)

电机与控制
（第4版）

主　编 ◎ 王　勇
副主编 ◎ 温照方

北京理工大学出版社
BEIJING INSTITUTE OF TECHNOLOGY PRESS

版权专有　侵权必究

图书在版编目（CIP）数据

电机与控制 / 王勇主编. —4 版. —北京：北京理工大学出版社，2021.2（2024.2 重印）
ISBN 978-7-5682-9531-4

Ⅰ. ①电… Ⅱ. ①王… Ⅲ. ①电机-控制系统-高等学校-教材 Ⅳ. ①TM301.2

中国版本图书馆 CIP 数据核字（2021）第 023018 号

出版发行 /	北京理工大学出版社有限责任公司
社　　址 /	北京市海淀区中关村南大街 5 号
邮　　编 /	100081
电　　话 /	（010）68914775（总编室）
	（010）82562903（教材售后服务热线）
	（010）68944723（其他图书服务热线）
网　　址 /	http://www.bitpress.com.cn
经　　销 /	全国各地新华书店
印　　刷 /	廊坊市印艺阁数字科技有限公司
开　　本 /	787 毫米×1092 毫米　1/16
印　　张 /	19.25
字　　数 /	450 千字
版　　次 /	2021 年 2 月第 4 版　2024 年 2 月第 3 次印刷
定　　价 /	58.00 元

责任编辑 / 张海丽
文案编辑 / 张海丽
责任校对 / 周瑞红
责任印制 / 李志强

图书出现印装质量问题，请拨打售后服务热线，本社负责调换

前言

"电工学"课程是高等学校本科非电类工科专业的重要技术基础课,涵盖了电气工程和电子信息工程的基本内容。为适应高等教育改革与发展的需要,新工科建设的需求,中国高等学校电工学研究会对《"电工学"课程教学基本要求》进行了修订,并由教育部高等学校教学指导委员会发布。电机及其控制是四个教学模块之一,在电工学的课程体系中,可以说是"真正的"电工学的内容,因而具有重要的地位。

电机及其控制的主要内容可分为两大模块:一个模块是机电转换模块,包括电磁场基本理论,机电能量转换的基本理论,常用机电能量转换器如变压器、电动机、发电机的基本原理;另一模块是电气控制模块,包括继电接触控制和可编程序控制器的基本原理、设计方法和应用。

在2016年6月出版的《电机与控制(第3版)》中,针对磁场在机电能量转换中的作用和地位,建立了均匀线性磁路的模型,并以此处理磁体结构中电磁力计算问题,回答了常用电器如电磁阀、继电器、接触器、电动机等力和力矩产生等基本问题,作者自认为是本书的特色之一。

在本书第3版的撰写过程中,Siemens公司已推出新一代可编程序控制器,因本校实验室建设的进度安排,未能及时跟进。购买新系列的PLC计划2018年获批,并于2019年年底进入实验室。国际电工委员会(IEC)于2003年开始发布推广的IEC 61131标准以及等同的中国国家标准GB/T 15969,受到市场上主流PLC生产厂商的重视和接受,遵循IEC 61131-3标准设计的PLC编程软件和编程语言现已成为市场的主流和标准。有鉴于此,借新PLC设备之东风,全面改写以电动机为主要控制对象的继电接触控制和PLC控制,形成一套系统的分析和设计方法的想法,不可抑制地浮现。这个统一的分析和设计方法就是IEC 61131-3中作为PLC公共元素的顺序功能图(SFC)。具体处理上,在继电接触控制部分,将SFC作为控制功能的分析、描述工具;在PLC编程部分,按照SFC进行梯形图编制程序。其效果如何,留待读者评鉴,并提出宝贵意见。在教材中,出现具体公司、具体产品型号，我个人认为是不妥当的，但如何摆脱具体产品，处理可编程序控制器的指令和编程，受作者水平限制，在本书中仍未实现，是一大憾事。

参加修订的老师有：王勇（编写了第1章、第3章、第4章、第6章、第7章、第8章、第9章）、温照方（编写了第2章、第5章），全书由王勇统稿并担任主编。

北京理工大学信息与电子学院教师郜志峰、傅雄军、高玄怡、马玲、孙林、谢民以及退休教师李燕民副教授等在本书的编写过程中给予了极大的帮助与支持，在本书的使用以及与实验教学的有机结合方面，提出了许多宝贵的建设性意见，在此一并表示衷心的感谢。

这里，还要感谢使用过本书的广大读者和同学。正是你们在使用过程中发现问题、反馈问题，提出各种宝贵的建议，才能使本书不断完善，也是我不断改进的动力。

由于水平和能力有限，加之编写时间仓促，书中难免有疏漏和错误之处，敬请读者批评指正。

编 者

2020年11月于北京

前言（第3版）
PREFACE (Third Edition)

《电机与控制》（第2版）于2010年5月出版，迄今已6年。从教材的使用情况来看，我们认为它重视实用性和工程性，适应了当时教学改革的需要。

近年来，随着高等教育的迅猛发展、科学技术的日新月异、教育国际化进程的加速、工程教育认证的全面开展，我们认为有必要对教材进行修订。本版仍遵循前两版的体系、结构。在第2版的基础上，我们对全书内容进行了如下增补：

（1）改写了第1章"磁路"，在磁路计算中，明确提出了均匀磁路模型及其计算方法，从能量转换的观念处理磁体结构中电磁力的计算问题，并以例题的形式分析了典型电磁铁中磁力的计算问题。

（2）增加了第3章"电机概述与直流电机"，从"机-磁-电"能量转换的角度，考察了电机的一般特性。为机械、机电非电类专业的后续课程考虑，增加了直流电机内容，并重点介绍了并励直流电机。

（3）在第4章"交流异步电动机"中，对三相交流异步电动机的等效电路进行了改写，使其物理意义明确，具有实践指导意义。

（4）对第6章和第7章，重新绘制了几乎全部图例，并增加了部分例题和系统设计实例。

（5）在前7章，增加了部分习题，以利于学生掌握其内容、理论。

（6）在每个章节前，增加了该章需掌握的内容，以利于读者学习参考。

本书的编写，反映了北京理工大学近年来"电工和电子技术"课程全体任课教师面向世界一流，面向国际化，培养具有创新能力、开拓进取的一流人才而所进行的教学改革成果。

参加修订的老师有：王勇（编写了第1章、第3章、第4章、第6章、第7章、第8章、第9章）、温照方（编写了第2章、第5章）。全书由王勇统稿并担任主编，温照方担任副主编。

本书在编写过程中，得到了刘蕴陶教授、李燕民副教授、郜志峰副教授，以及高玄怡、叶勤、马玲、金兆健、孙林等老师的大力支持和帮助，在此表示衷心的感谢。特别感谢李燕民副教授，她从写作伊始便对编者不吝鼓励和帮助，书稿完成后，又细心审阅修改，为本书增色不少。由于编者水平和能力有限，加之编写时间仓促，书中难免有疏漏和错误之处，敬请读者批评指正。

编　者

2016 年 5 月

前言（第 2 版）

《电机与控制》（第 1 版）于 2004 年 1 月出版，迄今已经使用了 6 年。从使用教材的教学实践效果来看，本书在取材内容和组织上适应了工科大学的教学需要。

为了适应控制技术的迅速发展和大学工科类教学改革的深入，本教材进行了重新修订。在原教材的基础上，编者对书中内容进行了整合、补充和精炼。本书在内容编排上更清晰易读，并更重视实用性和工程性，在各章增加了相应的例题和应用实例，特别是在第 7 章增加了容易理解和掌握的小系统，并对第 8 章的软件进行了更新。

参加修订的教师有：温照方（编写了第 1 章、第 2 章、第 3 章、第 4 章），王勇（编写了第 5 章、第 6 章、第 7 章、第 8 章），本书由温照方担任主编，由王勇担任副主编，温照方对全书进行了统稿。

本书在编写过程中，得到了刘蕴陶教授及李燕民、吴仲、叶勤、李宇峰、邰志峰、姜明、许建华、高玄怡等老师的大力支持和帮助，在此表示衷心的感谢。由于水平和能力有限，加之编写时间仓促，书中难免有疏漏和错误之处，敬请读者批评指正。

编 者
2010 年 3 月

前言（第1版）
PREFACE (First Edition)

本书是按照教育部（前国家教育委员会）1995年颁发的高等工业学校"电工技术（电工学Ⅰ）"和"电子技术（电工学Ⅱ）"两门课程的教学基本要求，根据多年的教学实践经验编写的。

"电工和电子技术"课程是面向高等工科学校非电类专业本科生开设的技术基础课。几年来，我们对"电工和电子技术"课程的内容、体系及方法进行了改革和实践，并取得了一定的成效。在多年的教学实践、教学改革和探索的基础上，我们编写了这本《电机与控制》教材，并与《电路和电子技术》教材一起使用，作为"电工和电子技术"课程的配套教材。

"电工和电子技术"课程的总体框架是：电路基础–元件–线路–系统。本书在实现以上教学思想方面作了一些尝试，其特点是：

（1）打破了原"电工电子技术"课程中电路、电子、电机与控制相对独立的格局，加强了电路、电子、电机与控制的内在联系，并突出了系统性。改变了通常将"电工和电子技术"课程分为"电工技术"和"电子技术"两大部分的做法，将电路基础部分、电子技术的内容提前，将电机和控制内容安排在最后，从而增加了系统知识。

（2）"电工和电子技术"课程的新体系体现了一定的基础性，使学生通过本课程的学习，能够具有较为宽厚的基础理论知识，具有可持续发展和创新能力。为此，书中强调了课程内容的基础性和实用性，加强了对微电机的介绍，如引入直线电动机等内容。

（3）"电工和电子技术"课程的新体系体现了一定的先进性。为此，书中以西门子S7-200机型为主，介绍了可编程序控制器的基本工作原理、基本指令和应用，适当给出一些应用实例，以培养学生对新技术的浓厚兴趣，引导学生积极主动地学习。

（4）新体系的课程内容注重培养学生分析问题和解决问题的能力、综合运用所学知识的能力以及工程实践能力。本书第7章"电工与电子系统"举出一些较为综合的系统实例，引入了 PLC 与变频器组成的控制系统、温度测量控制系统等，帮助学生了解电工技术和电子技术在工程实际中的应用。第 8 章 "Protel99SE 原理图设计与仿真" 介绍了工程设计软件，使非电类学生具有一定的电子线路的设计能力。

（5）本书在选材和文字叙述上力求符合学生的认知规律，由浅入深，由简单到复杂，由基础知识到应用举例。本书配有丰富的例题和习题，并在书后给出了部分习题的参考答案。

本书编写的分工如下：温照方，第 1 章、第 2 章、第 3 章（3.5.2 节除外）、第 4 章、第 5 章、第 6 章；王勇，第 7 章的 7.1 节、7.2 节、7.5 节、第 8 章；李宇峰，第 3 章的 3.5.2 节，第 7 章的 7.3 节、7.4 节。全书由温照方统稿。

北京理工大学刘蕴陶教授对本书进行了认真的、逐字逐句的审阅，并提出了许多宝贵的意见和建议。此外，北京理工大学信息学院电工教研室的各位老师在本书的编写过程中也给予了很大的帮助，在此一并表示衷心的感谢。

由于我们的水平和能力有限，加之编写时间较为仓促，书中难免存在一些疏漏和错误之处，恳请读者批评指正，以便今后加以改进。

编　者

2004 年 1 月于北京

目　录

第1章　磁路 001
1.1　电和磁 001
1.1.1　磁场和法拉第定律 001
1.1.2　自感和互感 004
1.2　安培定律 005
1.3　磁路和磁路欧姆定律 008
1.3.1　磁路和磁路的欧姆定律介绍 008
1.3.2　磁路的计算 010
1.3.3　交流磁路和直流磁路的特点 015
1.3.4　交流磁路中的电磁关系 016
1.4　磁性材料和 B-H 特性曲线 017
1.4.1　高导磁性 018
1.4.2　磁饱和性 019
1.4.3　磁滞性与涡流 019
1.5　机电能量转换 020
1.5.1　磁结构中的力 021
1.5.2　直流电磁铁和交流电磁铁 025
习题 027

第2章　变压器 031
2.1　变压器的结构和工作原理 031
2.1.1　单相变压器的基本结构 031
2.1.2　变压器的工作原理 032
2.2　理想与非理想变压器 039
2.3　变压器的额定值 040
2.4　绕组的同名端及绕组的串联和并联 043
2.4.1　同名端的判别方法 043
2.4.2　绕组的串联与并联 044
2.5　三相变压器 045
2.6　自耦变压器与电流互感器 046

2.6.1　自耦变压器 046
　　2.6.2　电流互感器 048
习题 049

第3章　电机概述与直流电机 052
3.1　电机概述 052
　　3.1.1　电机的基本分类 052
　　3.1.2　电机的性能特点 054
　　3.1.3　旋转电机的基本原理 056
　　3.1.4　电机中的磁极 056
　　3.1.5　转矩的产生与槽 058
3.2　直流电机 060
　　3.2.1　直流电机的物理结构 060
　　3.2.2　直流电机的分类——按励磁方式 061
　　3.2.3　直流电机的模型 061
3.3　直流发电机 063
3.4　直流电动机 065
　　3.4.1　并励式直流电动机的转速——转矩特性和动态特性 065
　　3.4.2　玩具用电动机 067
习题 068

第4章　交流异步电动机 069
4.1　三相异步电动机的结构 069
4.2　三相异步电动机的型号与主要技术数据 071
4.3　三相异步电动机的工作原理 073
　　4.3.1　异步电动机的转动原理 073
　　4.3.2　三相绕组产生的旋转磁场 073
　　4.3.3　三相异步电动机的等效电路 078
4.4　三相异步电动机的功率与转矩 082
　　4.4.1　三相异步电动机的功率和转矩介绍 082
　　4.4.2　电磁转矩 083
　　4.4.3　机械特性 086
4.5　三相异步电动机的使用 089
　　4.5.1　三相异步电动机的起动 089
　　4.5.2　三相异步电动机的调速 092
　　4.5.3　三相异步电动机的制动 097
4.6　三相异步电动机的选择 098
习题 099

第 5 章　其他类型电动机 ··· 102
5.1　单相异步电动机 ··· 102
5.1.1　单相异步电动机的结构和特点 ··· 102
5.1.2　分相式单相异步电动机 ··· 104
5.1.3　罩极式单相异步电动机 ··· 105
5.1.4　单相异步电动机的应用 ··· 106
5.2　直线异步电动机 ··· 107
5.2.1　直线电动机概述 ··· 107
5.2.2　直线异步电动机的基本结构 ··· 108
5.2.3　直线异步电动机的工作原理 ··· 109
5.2.4　直线异步电动机的型号及主要参数 ··· 110
5.2.5　直线异步电动机推力的基本特性 ··· 111
5.2.6　直线异步电动机的应用 ··· 111
5.3　永磁直流电动机 ··· 112
5.3.1　永磁直流电动机的结构 ··· 112
5.3.2　永磁直流电动机的工作原理 ··· 112
5.4　控制电机 ··· 113
5.4.1　伺服电动机 ··· 113
5.4.2　步进电动机 ··· 116
5.4.3　测速发电机 ··· 120
5.4.4　开关磁阻电动机 ··· 122
习题 ··· 123

第 6 章　电动机的电气控制 ··· 125
6.1　常用低压电器 ··· 125
6.1.1　手动电器 ··· 125
6.1.2　自动电器 ··· 127
6.1.3　电气控制线路图的图形、文字符号及绘制原则 ··· 133
6.2　顺序功能图简介 ··· 137
6.2.1　步 ··· 137
6.2.2　转换 ··· 138
6.2.3　动作 ··· 138
6.2.4　有向连线 ··· 140
6.2.5　顺序功能图的结构 ··· 141
6.2.6　用 SFC 描述控制系统的功能 ··· 143
6.3　控制线路的基本环节和典型控制线路 ··· 145
6.3.1　电动机的点动和长动控制 ··· 146
6.3.2　正、反转控制线路 ··· 149
6.3.3　行程控制 ··· 151

| 6.3.4 顺序控制 | 152 |
| 6.3.5 时间控制 | 153 |

6.4 实际机床控制线路举例 156
6.5 继电器控制线路的一般设计原则 158
6.6 常用电气元件的选择 160
 6.6.1 交流接触器的选择 160
 6.6.2 继电器的选择 160
 6.6.3 熔断器的选择 161
习题 161

第 7 章 可编程序控制器的原理及应用 165

7.1 概述 165
7.2 可编程序控制器的基本结构和工作原理 167
 7.2.1 可编程序控制器的基本结构 167
 7.2.2 可编程序控制器的工作原理 171
7.3 S7-1200 CPU 的数据存储、存储区、I/O 和寻址 172
 7.3.1 CPU 存储器的有效范围 172
 7.3.2 PLC 数据类型 174
7.4 可编程序控制器的基本指令 176
 7.4.1 位逻辑运算指令 178
 7.4.2 定时器指令 184
 7.4.3 计数器指令 190
 7.4.4 比较指令 193
 7.4.5 传送指令 194
 7.4.6 数学函数指令 195
 7.4.7 字逻辑指令 197
 7.4.8 移位和循环移位指令 198
 7.4.9 高速计数指令 199
 7.4.10 脉冲输出指令 201
 7.4.11 模拟量输入/输出指令 203
7.5 编程方法与实例 204
 7.5.1 PLC 控制程序的设计方法概述 205
 7.5.2 PLC 系统设计与编程实例 207
习题 226

第 8 章 电工与电子系统 230

8.1 电工与电子系统概论 230
 8.1.1 电工与电子系统的基本概念 230
 8.1.2 电工电子系统的分类 230

8.2 温度测量控制系统………………………………………………………………………………231
　　8.2.1 简介…………………………………………………………………………………………231
　　8.2.2 温度的检测…………………………………………………………………………………231
　　8.2.3 信号的放大…………………………………………………………………………………232
　　8.2.4 温度控制……………………………………………………………………………………233
　　8.2.5 功率驱动和加热……………………………………………………………………………233
　　8.2.6 系统电路简介………………………………………………………………………………234
8.3 传统继电接触控制系统的 PLC 现代化改造…………………………………………………235
　　8.3.1 工程图纸的说明……………………………………………………………………………239
　　8.3.2 原理图说明…………………………………………………………………………………239
　　8.3.3 PLC 改造……………………………………………………………………………………239
8.4 PLC 控制的双坐标运动系统…………………………………………………………………248
　　8.4.1 双坐标运动系统的构成……………………………………………………………………248
　　8.4.2 驱动部分……………………………………………………………………………………248
　　8.4.3 用 PLC 实现对双坐标运动系统的控制…………………………………………………249
8.5 基于工业控制计算机的剑杆织机控制系统……………………………………………………251
　　8.5.1 剑杆织机的原理和系统组成………………………………………………………………251
　　8.5.2 工业控制计算机简介………………………………………………………………………252
　　8.5.3 系统硬件设计………………………………………………………………………………252
8.6 与电话机并行使用的多功能电路………………………………………………………………255
8.7 浴室灯的自动控制电路…………………………………………………………………………256

第 9 章　EDA 软件 Altium Designer 简介……………………………………………………258
9.1 Altium Designer Summer 09 简介……………………………………………………………258
　　9.1.1 EDA 技术……………………………………………………………………………………258
　　9.1.2 Altium Designer（Protel）的发展历史…………………………………………………258
　　9.1.3 Altium Designer Summer 09 的设计体系和结构………………………………………260
9.2 Altium Designer Summer 09 操作环境介绍…………………………………………………262
　　9.2.1 进入 Altium Designer Summer 09…………………………………………………………262
　　9.2.2 Altium Designer Summer 09 的文件系统…………………………………………………263
　　9.2.3 Altium Designer Summer 09 的常用键盘操作键…………………………………………263
9.3 电路原理图设计…………………………………………………………………………………264
　　9.3.1 概述…………………………………………………………………………………………264
　　9.3.2 原理图的组成………………………………………………………………………………264
　　9.3.3 Altium Designer Summer 09 电路原理图元件的属性……………………………………265
　　9.3.4 Altium Designer Summer 09 的原理图设计工具…………………………………………265
　　9.3.5 在平面上放置元件…………………………………………………………………………267
　　9.3.6 绘制电路原理图……………………………………………………………………………268
9.4 混合信号电路仿真………………………………………………………………………………270

9.4.1 概述 ·· 270
  9.4.2 仿真分析的操作步骤 ·· 270
  9.4.3 电路仿真常用电源/激励源简介 ··· 272
  9.4.4 常用仿真方式和应用 ·· 274
  9.4.5 仿真实例 ··· 277
 9.5 PCB 设计简介 ·· 281
  9.5.1 PCB 和元器件封装简介 ·· 281
  9.5.2 Altium Designer Summer 09 PCB 设计基础 ··· 283
  9.5.3 PCB 的布局设计 ·· 287
  9.5.4 电路板相关报表的输出 ··· 290

参考文献 ··· 291

第 1 章
磁　路

机电能量转换在电气工程和其他领域之间建立起重要的桥梁，成为非电类工程师必须重点关注的领域之一。机电转换器广泛用于工业、航空和生物医学等领域。

学习本章后，应能：

- 分析简单磁路，计算机电能量转换的性能和能量；
- 描述机电系统中的能量转换过程；
- 对机电转换器进行简单线性分析。

1.1　电和磁

19 世纪早期，丹麦物理学家奥斯特（H. C. Oersted）率先提出电和磁是相互联系的概念，并验证了电流能产生磁场。很快，法国科学家安培（André Marie Ampère）建立了安培定律，精确表示了二者之间的相互关系。随后，英国科学家法拉第验证了安培定律的逆问题也成立，即变化的磁场也能产生电场（法拉第定律）。

在随后的章节中，读者将看到磁场构成了电能与机械能之间必不可少的联系。安培定律和法拉第定律描述了电场和磁场之间的关系。事实上，人们常说的机电转换器，更准确地说，应该叫电–磁–机能量转换器，因为它们绝大多数都是通过电能–磁能–机械能来完成能量转换的。

1.1.1　磁场和法拉第定律

用来定量描述磁场的物理量有磁通 Φ（单位为韦伯，Wb）、磁通密度或磁感应强度 B（单位为韦伯/米^2，Wb/m^2，或特斯拉，T）。磁感应强度 B 与磁场强度 H（单位为安培/米，A/m）紧密相连，均是矢量。因此，磁感应强度和磁场强度通常用矢量形式来描述。但在后续讨论中，我们总假定场是标量场，即磁场方向处于单一的空间方向，以简化分析和计算。

习惯上，用磁感（应）线来表示磁场。通过观察磁感线在空间中的分布密度，就可直观地确定磁场强度。磁场之间的相对强弱可通过磁感线的分布密度来确定，如图 1.1.1 所示。

运动的电荷产生磁场，这种效应可通过磁场作用于运动电荷的力来进行测量。在磁感应强度 B 中以速度 v 运动的电荷 q 所受到的力 f 由下式确定：

$$f = qv \times B \tag{1.1.1}$$

式中，"×"表示叉乘。若电荷运动速度与磁感应强度之间有角度 θ，则力的大小为

$$f = qvB\sin\theta \tag{1.1.2}$$

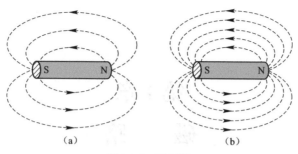

图 1.1.1　磁感线

(a) 磁感线稀疏，磁场弱；(b) 磁感线密集，磁场强

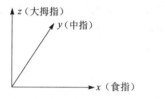

图 1.1.2　运动电荷在恒定磁场中所受的力

式中，v、B 分别为其矢量的大小，力的方向垂直于矢量 B 和 v 所组成的平面，可用右手定则确定，即右手食指指向运动方向，中指指向磁场方向，则大拇指所示方向为力的方向，其关系如图 1.1.2 所示。

磁通 Φ 则定义为磁感应强度在一定面积内的积分。为了分析简单，常常考虑磁感线垂直于某一截面积 S 的情况，此时磁通

$$\Phi = \int_S B dS \tag{1.1.3}$$

式（1.1.3）中，积分下限 S 表示积分是在整个表面积 S 上进行。如果通过表面积 S 的磁通是不变的恒定磁通，那么积分运算就可简化如下：

$$\Phi = B \cdot S \tag{1.1.4}$$

图 1.1.3 中，假定磁感线穿过表面积 S，磁场为均匀磁场，则可利用式（1.1.4）计算穿过表面积 S 的磁通 Φ。

法拉第定律说明，如果由导体限定了表面积 S，则变化的磁场将产生感应电压，进而有电流流过该导体。更精确地说，法拉第定律描述了随时间变化的磁通所引起的感应电动势，其关系如下：

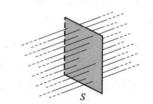

图 1.1.3　穿过表面积 S 的磁感线

$$e = -\frac{d\Phi}{dt} \tag{1.1.5}$$

考虑只有一匝的线圈组成的圆形截面积，如图 1.1.4（a）所示，磁感应强度 B 垂直向上穿过该线圈构成的平面。如果穿过线圈的磁场（或者说磁通）是恒定不变的，则在端子 a 和 b 之间没有感应电动势产生。若磁通增加，在端子 a 和 b 之间连接电阻 R，则线圈中有电流 i 流过。电流 i 产生的磁场将阻碍原磁通增加的磁场，如图 1.1.4（b）所示。式（1.1.5）中的负号说明感应电流产生的磁感应强度方向与原磁感应强度 B 变化的方向相反，这就是楞次定律。在图 1.1.4（a）中，感应磁通的方向垂直向下，在图 1.1.4（b）中为进入纸面。通过右手定则，图 1.1.4（b）中的感应磁通将感应出顺时针方向的电流，即电流从 b 点流出，然后通过电阻 R 流入 a 点。这就导致电阻 R 两端的电压是负的。如果原磁通是减小的，线圈中的感应电流将重建原磁通（即阻碍原磁通的减小），这意味着感应电流产生的磁通方向必须向上

[图 1.1.4（a）]，流出纸面 [图 1.1.4（b）]，相应的，电压也必须改变方向。

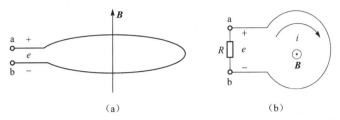

图 1.1.4　磁场中的感应电动势

（a）磁通恒定；（b）变化磁场产生感应电动势

感应电动势的方向常常能通过物理方法获得。因此，式（1.1.5）中的负号可省略。

在实际应用中，常常通过增加线圈的匝数来获得更高的感应电压，而不是改变磁通的变化率。对穿过截面积 S 的 N 匝线圈，其感应电动势为

$$e = -N\frac{\mathrm{d}\Phi}{\mathrm{d}t} \tag{1.1.6}$$

图 1.1.5 中，N 匝线圈与一定量的磁通交链。即使 N 很大且线圈缠绕紧密，仍不能认为通过每匝线圈的磁通是一样的。实际中，为了方便，定义磁链 λ（单位为 Wb 或 Vs）为

$$\lambda = N\Phi \tag{1.1.7}$$

因此

$$e = -\frac{\mathrm{d}\lambda}{\mathrm{d}t} \tag{1.1.8}$$

式（1.1.8）描述了磁链与感应电动势之间的关系，该式类似于电荷与电流的关系：

$$i = \frac{\mathrm{d}q}{\mathrm{d}t} \tag{1.1.9}$$

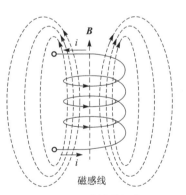

图 1.1.5　磁链的概念

换句话说，磁链可看作电路分析中的电荷。需要注意的是，之前假设均匀磁场穿过紧密缠绕的线圈，而电路分析中的电感线圈往往满足不了这个假设条件。

什么样的物理结构能引起磁通变化，进而产生感应电动势呢？有两种结构能满足这样的功能。第一种由在线圈附近运动的永磁体，产生时变的磁通；第二种先由电流产生磁场，然后改变电流，则磁通随之变化。在多数情况下，不采用永磁体，而采用改变励磁电流来改变磁场强度。但是第一种方法在概念上更简单、直观。由运动磁场产生的感应电动势叫作动生电压，而由时变磁场产生的感应电动势叫作感生电压（transformer voltage）。

在电路分析中，假设磁链和电流的关系是线性的：

$$\lambda = Li \tag{1.1.10}$$

其结果是时变电流将在感应线圈中感应出感生电压

$$u = L\frac{di}{dt} \tag{1.1.11}$$

事实上,式(1.1.11)定义了理想自感 L。除了自感外,在相邻电路间可能产生的磁耦合也很重要。在电路中,电流流过,产生磁场,该磁场在同一电路中感应出的电压由自感来度量。一个电路中的磁场变化可能在附近的另一个电路中产生感应电压,这就是互感和变压器的原理。

1.1.2 自感和互感

图 1.1.6 中各有一对线圈,其中 L_1 由电流 i_1 激励,因此建立磁场并产生感应电压 u_1;而另一线圈 L_2 没有电流激励,但与电流 i_1 在线圈 L_1 中产生的磁场部分交链。这两个线圈之间建立的磁耦合用互感 M 来定量描述,并由下式定义:

$$u_2 = M\frac{di_1}{dt} \tag{1.1.12}$$

图 1.1.6 中的小黑点"·"表示两个线圈耦合的极性。如果点"·"在线圈的同一端,则线圈 1 中的电流 i_1 在线圈 2 中的感应电压的方向与该电流在线圈 1 中感应电压的方向相同。反之,电压方向相反。在两个线圈中表示磁耦合和感应电压方向的小黑点"·"叫作同名端。显然,若线圈 2 中有电流流过,则也会在线圈 1 中产生互感电压。通常,线圈的感应电压为自感电压与互感电压之和。

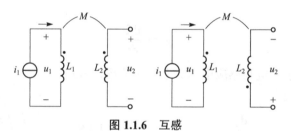

图 1.1.6 互感

在实际的电磁电路中,电路的自感 L 通常不是常数,而取决于磁场强度的大小,因此不太可能采用简单的公式 $u = L\,di/dt$。考虑式(1.1.6),在电感线圈中,电感量由下式给定:

$$L = \frac{N\Phi}{i} = \frac{\lambda}{i} \tag{1.1.13}$$

当磁路是线性时,式(1.1.13)描述了电流和磁链之间的关系。而实际上,磁性材料中磁链和电流的关系曲线是非线性的,因此电路分析中所用的简单线性的电感参数并不能描述本章磁路中的行为特点。在任何实际应用中,磁链 λ 和电流 i 的关系都是非线性的,如图 1.1.7 所示。由于其电路形式为非线性的,因此,用能量计算方式来分析磁路更为方便。

在磁路中,储存在磁场中的能量等于瞬时功率的积分,而瞬时功率等于电压和电流的乘积:

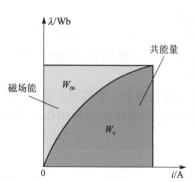

图 1.1.7 磁链、电流、能量和共能量的关系

$$W_\mathrm{m} = \int ei\mathrm{d}t \tag{1.1.14}$$

式中，e 为感应电动势。由法拉第定律有

$$e = \frac{\mathrm{d}\lambda}{\mathrm{d}t} = N\frac{\mathrm{d}\Phi}{\mathrm{d}t} \tag{1.1.15}$$

即感应电动势与磁通的变化率成正比。式（1.1.14）可表示为电流积分的形式：

$$W_\mathrm{m} = \int ei\mathrm{d}t = \int \frac{\mathrm{d}\lambda}{\mathrm{d}t}i\mathrm{d}t = \int i\mathrm{d}\lambda \tag{1.1.16}$$

可见，存储在电磁场中的能量等于图 1.1.7 所示 $\lambda-i$ 曲线上部的面积。同时，定义假想能量，称作共能量，等于 $\lambda-i$ 曲线下半部分的面积，记作 W_c。从图 1.1.7 中可见，共能量与存储在电磁场中的能量有如下关系：

$$W_\mathrm{c} = i\lambda - W_\mathrm{m} \tag{1.1.17}$$

磁路中储存在电磁场中的能量计算，在本章后续内容中非常重要。

【例 1.1】 有一带铁芯的电感线圈，已知 $\lambda-i$ 曲线 $i = \lambda + 0.5\lambda^2$，磁链 $\lambda_0 = 0.5$ Vs，线圈电阻 $R = 1\ \Omega$，以及通入线圈的电流 $i = 0.625 + 0.01\sin(400t)$（A），分别计算铁芯电感器的能量、共能量、线性电感量以及给定电流下电感线圈两端的电压。

【解】（1）计算能量和共能量。根据式（1.1.16），可计算能量如下：

$$W_\mathrm{m} = \int_0^\lambda i(\lambda)\mathrm{d}\lambda = \int_0^\lambda (\lambda + 0.5\lambda^2)\mathrm{d}\lambda = \frac{\lambda^2}{2} + \frac{\lambda^3}{6}$$

本例中，电感工作在磁链 $\lambda_0 = 0.5$ Vs 处，因此能量为

$$W_\mathrm{m} = \left(\frac{\lambda^2}{2} + \frac{\lambda^3}{6}\right)\bigg|_{\lambda=0.5} = 0.145\,8\,(\mathrm{J})$$

由式（1.1.17）可计算出共能量：

$$W_\mathrm{c} = i\lambda - W_\mathrm{m} = (\lambda + 0.5\lambda^2)\lambda - W_\mathrm{m}$$
$$= 0.5(0.5 + 0.5\times 0.5^2) - 0.145\,8 = 0.166\,7\,(\mathrm{J})$$

（2）计算电感量。由 $\lambda-i$ 曲线 $i = \lambda + 0.5\lambda^2$ 知 $\mathrm{d}i/\mathrm{d}\lambda = 1 + \lambda$，则可计算线性电感量 L 如下：

$$L = \frac{\mathrm{d}\lambda}{\mathrm{d}i}\bigg|_{\lambda=0.5} = \frac{1}{1+\lambda}\bigg|_{\lambda=0.5} = \frac{1}{1+0.5} = 0.666\,7\,(\mathrm{H})$$

（3）计算电感线圈的电压。采用电感的线性模型进行电路分析，可计算电感线圈的电压。通过线圈的电流 $i = 0.625 + 0.01\sin(400t)$ 已知，电感量在上一步计算中已获得，则可计算出电感线圈两端的电压：

$$u = iR + L\frac{\mathrm{d}i}{\mathrm{d}t} = [0.625 + 0.01\sin(400t)]\times 1 + 0.666\,7\times 4\cos(400t)$$
$$= 0.625 + 2.668\sin(400t + 89.8°)\,(\mathrm{V})$$

1.2 安培定律

如前所述，法拉第定律是揭示电场和磁场之间关系的两个基本定律之一。而另一个定律

即安培定律。安培定律描述了在导体附近的磁场强度 H 与流过导体的电流之间的关系。

如前所述,用磁感应强度 B 和磁通 Φ 来描述磁场。为了解释安培定律和磁性材料的行为,定义磁场强度 H 和磁感应强度 B 之间的关系为

$$B = \mu H = \mu_r \mu_0 H \tag{1.2.1}$$

式中,μ 为磁导率,为特定介质下的标量常数,可表示为真空磁导率($\mu_0 = 4\pi \times 10^{-7}$ H/m,为常数)与相对磁导率 μ_r 的乘积。介质不同,其相对磁导率不同(见表 1.1)。例如空气、大多数导体和绝缘体,其相对磁导率约为 1;而磁性材料,其相对磁导率可达几百到几千。相对磁导率是对材料磁性能的度量。从式(1.2.1)可见,磁导率 μ 越大,在磁体中产生较大磁感应强度所需的电流越小。因此,多数机电设备采用高磁导率铁磁材料(叫铁芯)来增强其磁性能。

表 1.1 常见材料的相对磁导率

材料	μ_r	材料	μ_r
空气	1	坡莫镍铁合金	100 000
铸钢	1 000	薄板钢	4 000
铸铁	5 195	—	—

引入磁场强度的原因在于其与材料的性质独立,即给定磁场强度 H,对不同材料有不同的磁感应强度 B。因此用磁场强度来表示对磁场的激励作用(称作磁源)非常有用,并能从不同的磁路结构和材料在给定的相同激励下进行分析、比较。与电动势类似,这个磁源叫作磁通势。如前所述,磁感应强度和磁场强度均是矢量,但为了便于分析,常常选用标量磁场。

安培定律描述了磁场强度矢量沿闭合路径的线积分等于穿过该闭合路径所包围的全部电流的代数和:

$$\oint \boldsymbol{H} \cdot \mathrm{d}\boldsymbol{l} = \sum i \tag{1.2.2}$$

即磁场强度沿任意闭合路径的线积分只与产生它的电流有关,而与磁场中的介质无关。若所选闭合路径与磁场同向,则式(1.2.2)可标量化如下:

$$\int H \mathrm{d}l = \sum i \tag{1.2.3}$$

图 1.2.1 中,流过导线的电流为 i,选择以导线为圆心、半径为 r 的圆为闭合路径。应用右手定则,拇指指向电流方向握住导线,则其余四指指向的方向即磁场的方向。图 1.2.1 中,因为选择闭合路径与磁场同向,闭合路径的积分等于 $2\pi r H$,因此磁场强度的大小为

$$H = \frac{i}{2\pi r} \tag{1.2.4}$$

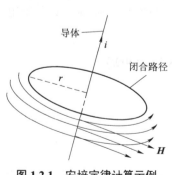

图 1.2.1 安培定律计算示例

可见,磁场强度与导体周围的介质无关,但 $B = \mu H$,因此磁感应强度与介质相关。这意味着,在距导线相同的距离下,处于磁性材料周围的磁感应强度将远大于空气中的磁感应强

度。单匝导线产生的磁场不是很强，所以将导线紧密绕制成多匝线圈，就能极大地提高磁场的强度。对于 N 匝线圈，可以通过验证得知激励磁场的能力提高了 N 倍。常常用磁通势 $\mathscr{F}$（单位为 A）表示电磁电路中电流与线圈匝数的乘积，其作用与电动势在电路中的作用类似：

$$\mathscr{F} = Ni \tag{1.2.5}$$

图 1.2.2 所示为通电线圈附近的磁感线的分布情况。当线圈中嵌入铁磁材料时，能获得更大的磁感应强度。常用的铁磁材料有钢和铁。除了铁磁材料外，许多合金、铁氧化物和某些人造陶瓷材料（如亚铁盐）也具有很好的磁性能。将线圈绕制在铁磁材料上有如下好处：强迫磁场集中在线圈附近。特别是如果铁磁材料形状设计合适，将几乎完全限制磁场在铁磁材料内部闭合。典型的铁芯和圆环电感器如图 1.2.3 所示，其磁感应强度由下式计算：

$$B = \frac{\mu Ni}{l} \quad (\text{紧密绕制圆形线圈}) \tag{1.2.6}$$

$$B = \frac{\mu Ni}{2\pi r_2} \quad (\text{环形线圈}) \tag{1.2.7}$$

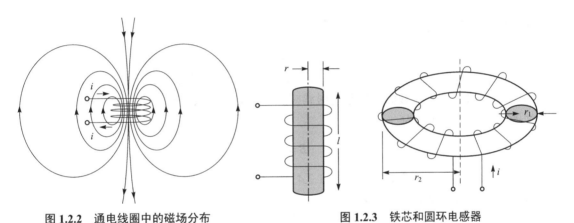

图 1.2.2　通电线圈中的磁场分布　　　图 1.2.3　铁芯和圆环电感器

靠近磁激励附近的高导磁材料的存在，促使磁通在高导磁材料中集中，而不是大部分通过空气闭合，这与电路中电流流过的路径相似。图 1.2.4 所示为磁路的实例，在后续章节中，读者将会发现该例是变压器的基础。表 1.2 总结了电和磁的基本变量。

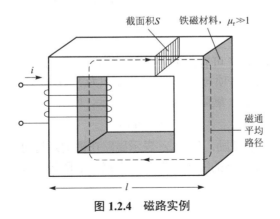

图 1.2.4　磁路实例

表 1.2 有关磁场的物理量及其单位

物理量	符号	单位
电流	I	A
磁感应强度	$\boldsymbol{B}$	Wb/m² = T
磁通	Φ	Wb
磁场强度	$\boldsymbol{H}$	A/m
电动势	e	V
磁通势	$\mathscr{F}$	A
磁链	λ	Wb

1.3 磁路和磁路欧姆定律

1.3.1 磁路和磁路的欧姆定律介绍

分析图 1.2.4 所示的电磁装置,可通过等效磁路的方法进行,而等效磁路与电路在许多方面都非常相似。首先,需作几个简单的近似。第一个近似是假设在磁路中存在一条平均路径,第二个近似是将通过磁体截面积的平均磁感应强度近似为常数。这样,绕制在铁芯截面积为 S 的线圈,其磁感应强度为

$$B = \frac{\Phi}{S} \tag{1.3.1}$$

其中,假设截面积 S 垂直于磁感线。图 1.2.4 中,磁路截面积为 S,磁路平均路径长度为 l。若已知磁感应强度,则磁场强度为

$$H = \frac{B}{\mu} = \frac{\Phi}{\mu S} \tag{1.3.2}$$

若已知磁场强度,则线圈的磁通势 $\mathscr{F}$ 等于磁场强度与磁路平均路径长度的乘积:

$$\mathscr{F} = Ni = Hl \tag{1.3.3}$$

则磁通势等于磁通乘以磁路的长度,再除以材料的磁导率与截面积的乘积:

$$\mathscr{F} = \Phi \frac{l}{\mu S} \tag{1.3.4}$$

考察式(1.3.4),磁通势 $\mathscr{F}$ 可看作串联电路中的电压源,磁通 Φ 则类似串联电路中的电流,而 $l/\mu S$ 项称作磁阻。$l/\mu S$ 项与长度为 l、截面积为 S 的柱形导体的电阻相似,只不过将电导率 σ 换成了磁导率 μ 而已。磁阻常用符号 $\mathscr{R}$ 表示,则式(1.3.4)等效为

$$\mathscr{F} = \Phi \mathscr{R} \tag{1.3.5}$$

式中,磁通势 $\mathscr{F}$ 产生磁场的激励,磁阻 $\mathscr{R}$ 表示磁路在磁通通过时呈现阻碍作用的大小。式(1.3.4)或式(1.3.5)称作磁路的欧姆定律,与电路中的欧姆定律对应。磁路中,磁阻和电感的关系如下:

$$L = \frac{\lambda}{i} = \frac{N\Phi}{i} = \frac{N}{i}\frac{Ni}{\mathscr{R}} = \frac{N^2}{\mathscr{R}} \tag{1.3.6}$$

【例 1.2】 具有矩形横截面的环形铁芯如图 1.3.1 所示。若铁芯的磁通密度是均匀的，试推导该环形铁芯的电感量的表达式。若 $\mu_r = 1\,000$，$r_2 = 120$ mm，$r_1 = 100$ mm，$h = 20$ mm，$N = 400$ 匝，求该环形电感器的电感量。

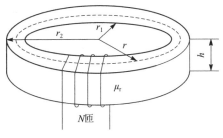

图 1.3.1 环形铁芯电感计算

【解】 铁芯截面积为 $S = h(r_2 - r_1)$，而磁路平均路径的半径 $r = (r_2 + r_1)/2$，则有铁芯的磁阻为

$$\mathscr{R} = \frac{2\pi r}{\mu_r \mu_0 S} = \frac{\pi(r_2 + r_1)}{\mu_r \mu_0 h(r_2 - r_1)}$$

有电感量的表达式为

$$L = \frac{N^2}{\mathscr{R}} = \frac{N^2 \mu_r \mu_0 h(r_2 - r_1)}{\pi(r_2 + r_1)}$$

代入已知数值，可求得电感量为

$$L = \frac{N^2 \mu_r \mu_0 h(r_2 - r_1)}{\pi(r_2 + r_1)} = \frac{400^2 \times 1\,000 \times 4\pi \times 10^{-7} \times 20(120 - 100)}{\pi(120 + 100)} = 116.36 \ (\text{mH})$$

当电流为 i 的 N 匝线圈绕制成图 1.3.2（a）所示的铁芯时，若在线圈中的磁通 Φ 绝大多数集中在铁芯，且恒定不变，则在此假设下，磁路分析与电阻电路的分析类似，二者的类比见表 1.3。

表 1.3 电路和磁路的类比

电路参数	磁路参数
电场强度，E（V/m）	磁场强度，H（A/m）
电压，u（V）	磁通势，$\mathscr{F}$（A）
电流，i（A）	磁通，Φ（Wb）
电流密度，J（A/m²）	磁感应强度，B（Wb/m²）
电阻，R（Ω）	磁阻，$\mathscr{R}$（A/Wb）
电导率，σ（1/Ω·m）	磁导率，μ（Wb/A·m）

图 1.3.2（a）所示的铁芯磁路可用图 1.3.2（b）所示电路来类比计算。图 1.3.2（a）中，磁通势 $\mathscr{F} = Ni$ 激励磁路，而铁芯磁路由四段组成：其中两段的平均长度是 l_1，截面积为 $S_1 = d_1 w$，另两段的平均长度是 l_2，截面积为 $S_2 = d_2 w$，则在铁芯中，磁通所经过路径的总磁阻为

$$\mathscr{R} = 2\mathscr{R}_1 + 2\mathscr{R}_2 \tag{1.3.7}$$

其中，

$$\mathscr{R}_1 = \frac{l_1}{\mu S_1} \quad \mathscr{R}_2 = \frac{l_2}{\mu S_2} \tag{1.3.8}$$

在分析铁芯磁路采用简化模型时，作了如下假设：
（1）所有磁通与线圈的全部匝数交链；
（2）磁通被集中在铁芯内，没有通过铁芯外闭合；

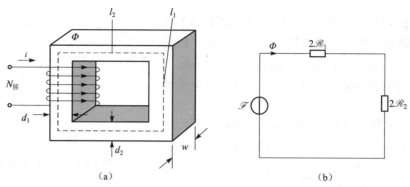

图 1.3.2 磁路和电路的类比

(a) 由磁动势 $\mathscr{F}=Ni$ 激励的铁芯磁路;(b) 磁路的电路类比

(3) 通过铁芯截面积的磁通相同。

在线圈的两端,上述假设(1)可能并不成立,但如果线圈绕制紧密,该假设是合理的。假设(2)可等效描述为铁芯的相对磁导率远高于空气的相对磁导率,则磁通极大地被限制在铁芯中。这跟电路中将导线看作理想导体(电阻为零)相似。对于磁性材料,即使是磁性能最好的合金材料,其相对磁导率仅仅达 $10^3 \sim 10^4$ 量级。与电路中的情形比较,假设(2)显得不是那么好。在图 1.2.4 和图 1.3.2 中,就有一些磁通没有通过铁芯闭合,而是通过空气闭合(即有漏磁通)。最后,当为有限磁导率介质时,假设通过铁芯的磁通是相同的不能成立,但在磁路中,这种近似平均的方法有助于简化分析计算。

当缺乏电磁场理论、矢量微积分和高级数字仿真软件等工具时,采用磁路类比电路的方法是分析磁路最合适的工具。基于这种类比的方法,对一些常用的典型磁路能获得近似解。这些典型磁路包括扬声器、螺线管、线速度/位置传感器、角速度/位置传感器等。

1.3.2 磁路的计算

下面以例子的形式,讨论有关磁路的计算问题。

【例 1.3】磁路如图 1.3.3 所示,已知相对磁导率 $\mu_r = 1\,000$,线圈匝数 $N = 500$,电流 $i = 0.1$ A,磁体长 $l = 0.1$ m,高 $h = 0.1$ m,宽 $w = 0.01$ m,其余尺寸如图 1.3.3 所示。计算磁路的磁通、磁感应强度和磁场强度。

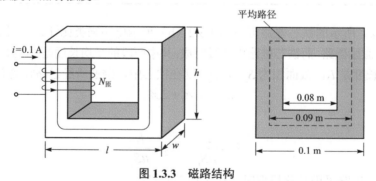

图 1.3.3 磁路结构

【解】已知:相对磁导率 μ_r、线圈匝数 N、通入线圈的电流 i 以及磁体的几何尺寸。

需求解:磁通 Φ、磁感应强度 B 和磁场强度 H。

（1）计算磁通势。从式（1.3.3）可计算出磁通势：

$$\mathscr{F} = Ni = 500 \times 0.1 = 50 \text{（A）}$$

（2）计算平均路径。从图 1.3.3 中，可计算出磁通流过的平均路径，且假设流过此路径的磁通相同。平均路径为

$$l_a = 4 \times 0.09 = 0.36 \text{（m）}$$

同时，磁路的截面积为

$$S = w \times \frac{l - 0.08}{2} = 0.01 \times \frac{0.1 - 0.08}{2} = 0.0001 \text{（m}^2\text{）}$$

（3）计算磁路的磁阻。已知磁路平均路径长度和截面积，就可以计算其磁阻：

$$\mathscr{R} = \frac{l_a}{\mu S} = \frac{l_a}{\mu_r \mu_0 S} = \frac{0.36}{1000 \times 4\pi \times 10^{-7} \times 0.0001} \approx 2.865 \times 10^6 \text{（A/Wb）}$$

则相应的等效磁路如图 1.3.4 所示。

（4）计算磁通、磁感应强度和磁场强度。

磁路中磁通为

$$\Phi = \frac{\mathscr{F}}{\mathscr{R}} = \frac{50}{2.865 \times 10^6} = 1.75 \times 10^{-5} \text{（Wb）}$$

图 1.3.4 例 1.2 的等效磁路

磁感应强度为

$$B = \frac{\Phi}{S} = \frac{1.75 \times 10^{-5}}{0.0001} = 0.175 \text{（Wb/m}^2\text{）}$$

磁场强度为

$$H = \frac{B}{\mu} = \frac{0.175}{1000 \times 4\pi \times 10^{-7}} = 139 \text{（A/m）}$$

上述步骤表示了有关磁路计算的基本方法。分析过程中利用 3 个假设简化了问题的计算，这样仅需简单的几步就能得到问题的近似数值解。实际上，考虑磁通通过磁体时的漏磁通、边沿效应、非均匀分布，需要用到有限元方法求解三维方程。这种方法超出本书的范畴，不作讨论，但对实际工程设计是必要的。当给定磁通或磁感应强度，需要快速计算出所需的激磁电流的大小时，近似方法非常有用。

有关磁路问题的求解方法，总结见表 1.4。

表 1.4 磁路问题的求解方法

正问题	逆问题
已知：磁路几何尺寸、线圈参数（如匝数、激磁电流等） 求解：磁通 步骤： ① 计算磁通势； ② 计算每段磁路的长度和截面积； ③ 计算每段磁路的磁阻； ④ 绘出等效磁路，计算总的等效磁阻； ⑤ 计算磁通、磁感应强度和磁场强度等参数	已知：磁通或磁感应强度，磁路几何尺寸 求解：线圈匝数或所需的激磁电流 步骤： ① 在所需磁通下，计算总的等效磁阻； ② 绘出等效磁路； ③ 计算建立所需磁通要求的磁通势； ④ 计算所求磁通势下线圈的匝数或激磁电流的大小

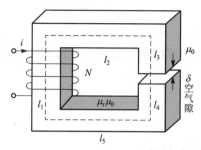

图 1.3.5 含空气隙的铁芯磁路

考虑含空气隙的铁芯磁路,如图 1.3.5 所示。这种有气隙的磁路结构很常见,如为了使电机内部铁芯能自由旋转,需采用这样的结构。

图 1.3.5 中气隙的存在打破了磁通高导磁路径的连续性,为等效磁路增加了一个高磁阻项。这类似于在串联电路中加入了一个非常大的电阻。虽然必须考虑两种不同的磁导率,但前面的基本概念仍然适用。

图 1.3.5 所示磁路的等效磁路如图 1.3.6 所示,其中 $\mathscr{R}_n$($n=1,2,\cdots,5$)是铁芯各段磁路的磁阻,$\mathscr{R}_g$ 是空气隙的磁阻,若假设各段铁芯磁路的截面积相同,为 S,则磁阻分别为

$$\mathscr{R}_1 = \frac{l_1}{\mu_r \mu_0 S}, \quad \mathscr{R}_2 = \frac{l_2}{\mu_r \mu_0 S}, \quad \mathscr{R}_3 = \frac{l_3}{\mu_r \mu_0 S}$$

$$\mathscr{R}_4 = \frac{l_4}{\mu_r \mu_0 S}, \quad \mathscr{R}_5 = \frac{l_5}{\mu_r \mu_0 S}, \quad \mathscr{R}_g = \frac{\delta}{\mu_0 S_g}$$

需要注意的是,在空气隙磁阻的计算中,气隙长度为 δ,磁导率为 μ_0,但截面积 S_g 不同于铁芯的截面积 S。其原因在于磁感线穿过气隙时有边沿效应现象,磁感线不再通过高磁导率介质而出现变形膨胀,如图 1.3.7 所示。通常,磁感线通过气隙的截面积 S_g 要大于通过铁芯的截面积 S。

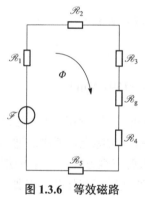

图 1.3.6 等效磁路

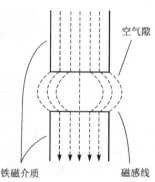

图 1.3.7 空气隙中的边沿效应

【例 1.4】铁芯材料的相对磁导率 $\mu_r = 10\ 000$,其余参数示于图 1.3.8 中,计算磁路的等效磁阻和底部磁条的磁感应强度。

【解】已知:相对磁导率 $\mu_r = 10\ 000$,线圈匝数 $N = 100$,励磁电流 $i = 1$ A 以及磁路的几何尺寸。

需求解:磁路的等效磁阻 $\mathscr{R}$、底部磁条的磁感应强度 B_{bar}。

(1)计算磁通势。磁路的磁通势为

$$\mathscr{F} = Ni = 100 \times 1 = 100 \text{(A)}$$

(2)计算平均路径长度。平均路径如图 1.3.9 所示,可分为三段,分别是上方倒"U"字形部分、空气隙和底部磁条部分。忽略底部磁条的厚度,则三段的平均长度分别为

$$l_U = l_1 + l_2 + l_3, \quad l_{bar} = l_4 + l_5 + l_6 \approx l_4, \quad l_{gap} = l_g + l_g$$

则 $l_U = 0.18$ m，$l_{bar} = 0.09$ m，$l_{gap} = 0.05$ m。

接下来，需计算每段磁路的截面积。对上方倒"U"字形部分，其截面积为 $S_U = 0.01^2 = 0.0001 (m^2)$。对底部磁条，其截面积为 $S_{bar} = 0.01 \times 0.005 = 0.00005 (m^2)$。对空气隙，考虑到边沿效应，根据经验，计算截面积时需加上空气隙的长度：

$$S_{gap} = (0.01 + 0.025)^2 = 0.001225 (m^2)$$

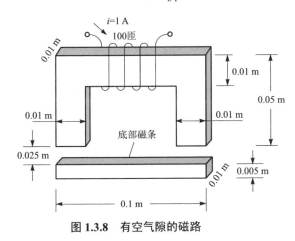

图 1.3.8 有空气隙的磁路

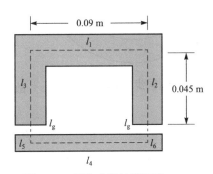

图 1.3.9 平均路径计算示意

（3）计算各段磁阻。现在已知各段磁路的平均长度、截面积和磁导率，则可分别计算其磁阻如下：

$$\mathscr{R}_U = \frac{l_U}{\mu_r \mu_0 S_U} = \frac{0.18}{10000 \times 4\pi \times 10^{-7} \times 0.0001} = 1.43 \times 10^5 \text{（A/Wb）}$$

$$\mathscr{R}_{bar} = \frac{l_{bar}}{\mu_r \mu_0 S_{bar}} = \frac{0.09}{10000 \times 4\pi \times 10^{-7} \times 0.00005} = 1.43 \times 10^5 \text{（A/Wb）}$$

$$\mathscr{R}_{gap} = \frac{l_{gap}}{\mu_0 S_{gap}} = \frac{2 \times 0.025}{4\pi \times 10^{-7} \times 0.001225} = 3.25 \times 10^7 \text{（A/Wb）}$$

虽然空气隙的长度比铁磁介质的长度小很多，但其磁阻远大于铁磁介质的磁阻。其原因在于空气的磁导率远小于铁磁介质的磁导率。因此，该磁路的等效磁阻为

$$\mathscr{R} = \mathscr{R}_U + \mathscr{R}_{gap} + \mathscr{R}_{bar} \approx \mathscr{R}_{gap} = 3.25 \times 10^7 \text{（A/Wb）}$$

由于空气隙磁阻远大于铁磁介质的磁阻，则忽略铁磁介质的磁阻值，只用空气隙磁阻计算磁通大小是合理的。

（4）计算磁通和底部磁条的磁感应强度。磁路中的磁通为

$$\Phi = \frac{\mathscr{F}}{\mathscr{R}} = \frac{100}{3.25 \times 10^7} = 3.08 \times 10^{-6} \text{（Wb）}$$

则底部磁条的磁感应强度为

$$B_{bar} = \frac{\Phi}{S_{bar}} = \frac{3.08 \times 10^{-6}}{0.00005} = 6.16 \times 10^{-2} \text{（Wb/m}^2\text{）}$$

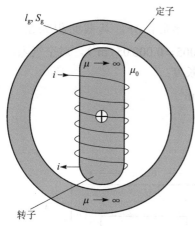

图 1.3.10 同步电机的结构示意

【例 1.5】图 1.3.10 所示为同步电机的结构示意。电机由定子和转子组成。转子绕组线圈匝数为 $N=1\,000$,电流 $i=10\,\text{A}$,转子顶端到定子的长度 $l_g=0.01\,\text{m}$,截面积 $S_g=0.2\,\text{m}^2$,定子、转子的相对磁导率趋于无穷大,即 $\mu_r\to\infty$。试计算通过空气隙的磁通和磁感应强度。

【解】已知:相对磁导率、线圈匝数、线圈电流和结构几何尺寸。

需求解:空气隙磁通 Φ_{gap} 和磁感应强度 B_{gap}。

(1) 计算磁通势。由公式可得磁通势为
$$\mathscr{F}=Ni=1\,000\times10=10\,000\,(\text{A})$$

(2) 计算磁路磁阻。空气隙磁阻远大于铁磁介质磁阻,故总的等效磁阻计算中,可忽略铁磁介质的磁阻:

$$\mathscr{R}_{\text{eq}}\approx 2\mathscr{R}_g=2\frac{l_g}{\mu_0 S_g}=\frac{2\times0.01}{4\pi\times10^{-7}\times0.2}=7.96\times10^4\,(\text{A/Wb})$$

(3) 计算磁通和磁感应强度。
$$\Phi_{\text{gap}}=\frac{\mathscr{F}}{\mathscr{R}_{\text{eq}}}=\frac{10\,000}{7.96\times10^4}=0.126\,(\text{Wb})$$

$$B_{\text{gap}}=\frac{\Phi}{S_g}=\frac{0.126}{0.2}=0.63\,(\text{Wb/m}^2)$$

由于磁通势和空气隙面积较大,在本例有空气隙的磁路结构中,磁通和磁感应强度比前例要大很多。

【例 1.6】图 1.3.11 所示磁路结构中有两段空气隙。假设已知其结构尺寸,试确定其等效磁路。

【解】为简化分析,假设所有磁通均通过铁芯闭合,磁感应强度不变,铁芯磁阻可忽略。

(1) 计算磁通势。
$$\mathscr{F}=Ni$$

(2) 计算磁阻。已知磁路的长度和截面积,则可分别计算两段空气隙的等效磁阻:
$$\mathscr{R}_1=\frac{l_1}{\mu_0 S_1},\qquad \mathscr{R}_2=\frac{l_2}{\mu_0 S_2}$$

(3) 计算磁通和磁感应强度。此处,磁通被分成两路,因此每路空气隙的磁通不同,有
$$\Phi_1=\frac{\mathscr{F}}{\mathscr{R}_1}=\frac{Ni\mu_0 S_1}{l_1}$$
$$\Phi_2=\frac{\mathscr{F}}{\mathscr{R}_2}=\frac{Ni\mu_0 S_2}{l_2}$$

则由线圈产生的总磁通为

$$\Phi=\Phi_1+\Phi_2$$

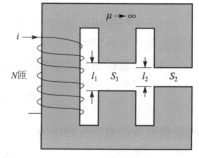

图 1.3.11 有两段空气隙的磁路

其等效磁路如图 1.3.12 所示，其形式与电阻并联电路类似。

【例 1.7】 图 1.3.5 中，线圈匝数 N 为 500，磁性材料的相对磁导率 μ_r 为无穷大，空气隙长度 $\delta = 0.002$ m，截面积 $S_g = 0.0001$ m^2。（1）若通入电流 $i = 0.1$ A，试求磁体的电感量和存储的能量大小；（2）假设空气隙中的磁感应强度 $B(t) = 0.6\sin(314t)$（Wb），试求线圈两端的感应电压 e。

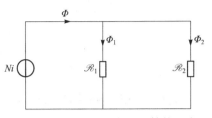

图 1.3.12　有两段空气隙的等效磁路

【解】（1）为了计算电感，需先计算磁体的磁阻：

$$\mathscr{R}_g = \frac{\delta}{\mu_0 S_g} = \frac{0.002}{4\pi \times 10^{-7} \times 0.0001} = 1.59 \times 10^7 \text{（A/Wb）}$$

则磁体的电感量

$$L = \frac{N^2}{\mathscr{R}} = \frac{500^2}{1.59 \times 10^7} = 0.0157 \text{（H）}$$

那么，磁体中存储的能量

$$W_m = \frac{1}{2}Li^2 = \frac{1}{2} \times 0.0157 \times 0.1^2 = 7.85 \times 10^{-5} \text{（J）}$$

（2）变化的磁通产生感应电动势，则

$$e = -\frac{d\lambda}{dt} = -N\frac{d\Phi}{dt} = -NS_g\frac{dB(t)}{dt} = -500 \times 0.0001\frac{d}{dt}(0.6\sin 314t)$$
$$= -9.42\cos(314t) \text{（V）}$$

1.3.3　交流磁路和直流磁路的特点

磁路按照励磁电流种类的不同，可以分为直流磁路和交流磁路。

1. 直流磁路

直流磁路励磁线圈中通入的电流是直流电流，其特点是：

（1）直流磁路中的磁通 Φ 是恒定的，所以线圈中不会产生感应电动势，因此，可以把磁路与线圈电路分开来进行分析研究。这时线圈电路中的电压、电流关系与一般直流电路相同，可以独立进行分析计算，其电流只取决于线圈电阻 R 及所加的端电压 U，即符合电路的欧姆定律 $I = U/R$。

（2）恒定磁通的磁路中不存在铁芯损耗，这时的全部功率损耗只有线圈电路的电阻损耗（I^2R），这种功率损耗称为铜损。

直流电机、直流电磁铁等就是直流磁路的典型运用。

2. 交流磁路

交流磁路的励磁线圈中通入的是交流电流，这时发生在磁路中的物理现象要比直流磁路复杂得多。其特点是：

（1）交流励磁电流在磁路中产生周期性变化的磁通，这种交变磁通又在线圈中产生感应电动势，并反过来对电流产生影响。这时线圈电路与磁路已成为一个整体，必须将其结合起来分析研究，所以这时的线圈电路称作交流铁芯线圈电路。

（2）除了在线圈电路中产生的铜损之外，交变磁通还在铁芯中产生涡流损耗和磁滞损耗，这种发生在铁芯中的功率损耗称为铁芯损耗，简称铁损。因此，在交流铁芯线圈电路中存在两种功率损耗：铜损和铁损。

1.3.4 交流磁路中的电磁关系

下面以图1.3.13为例，讨论交流铁芯线圈电路中的电磁关系、电压电流关系等。

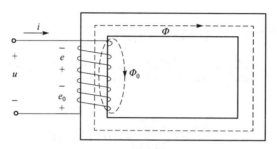

图1.3.13 交流铁芯线圈磁路

1. 各电磁量的关系和它们的正方向

励磁线圈的匝数是N，外加正弦交流电压u，励磁电流为i，磁通势为Ni，在磁通势的作用下将建立交变磁场，它所产生的磁通分为两部分：绝大部分沿铁芯闭合，称这部分磁通为主磁通或工作磁通，用Φ表示；另外还有很少一部分磁通杂散在线圈周围空间，沿空气或其他非磁性材料闭合，这部分磁通叫漏磁通，用Φ_0表示。因为空气的磁导率μ_0远小于磁性材料的磁导率μ，因此，漏磁通Φ_0也远小于主磁通Φ。在交流磁路中，Φ和Φ_0都是交变的，它们分别在线圈中产生感应电动势e和e_0。以上各电磁量的关系可以用如下方式表示：

$$u \longrightarrow i(Ni) \begin{cases} \text{主磁通}\Phi \longrightarrow e=-N\dfrac{d\Phi}{dt} \\ \text{漏磁通}\Phi_0 \longrightarrow e_0=-N\dfrac{d\Phi_0}{dt} \end{cases}$$

有关各电磁量的正方向已经表示在图1.3.13中，它们是根据以下原则确定的：电压u的正方向按习惯取上正下负，电流i与电压u之间是关联正方向。磁通Φ和Φ_0与i的正方向之间符合右手螺旋法则。而感应电动势e和e_0的正方向与磁通Φ和Φ_0之间均应符合电磁感应定律$e=-N\dfrac{d\Phi}{dt}$中对负号的规定，即感应电动势e和e_0的正方向与磁通Φ和Φ_0的正方向之间也符合右手螺旋法则。这样感应电动势e和e_0的正方向和电流i的正方向一致，在图中表示为自线圈上方指向下方（电动势的正方向自"–"端指向"+"端）。

2. 主磁通与感应电动势

当线圈外接正弦交流电压时，可近似认为铁芯中的主磁通Φ也是按照正弦规律变化的。

设主磁通

$$\Phi = \Phi_m \sin(\omega t)$$

则感应电动势

$$e = -N\frac{d\Phi}{dt} = -N\frac{d}{dt}[\Phi_m \sin(\omega t)]$$
$$= -N\omega\Phi_m \cos(\omega t)$$
$$= 2\pi f N\Phi_m \sin(\omega t - 90°)$$

记 $E_m = 2\pi f N\Phi_m$ 为主磁通产生的感应电动势的幅值，其有效值为

$$E = \frac{E_m}{\sqrt{2}} = \frac{2\pi f N\Phi_m}{\sqrt{2}} \approx 4.44 f N\Phi_m \tag{1.3.9}$$

式中，f 是电源的频率，N 是线圈的匝数，Φ_m 是主磁通的幅值。这个公式十分重要，是分析变压器、电动机的工作原理的重要依据，请注意理解与掌握。

3. 电压平衡方程

励磁线圈内除了感应电动势 e 和 e_0 之外，还有一定的电阻 R，电流通过时要产生电阻压降。按照图 1.3.12 中交流铁芯线圈磁路所规定的各电量的正方向，根据基尔霍夫电压定律可得电压平衡方程

$$u = iR + (-e) + (-e_0) \tag{1.3.10}$$

当外加电压 u 为正弦交流电压时，电流 i 亦可视为正弦交流电流，式（1.3.10）写成相量形式：

$$\dot{U} = \dot{I}R + (-\dot{E}) + (-\dot{E}_0) = \dot{I}R + \dot{U}' + \dot{U}_0 \tag{1.3.11}$$

式（1.3.11）表明，外加电压用来平衡电阻压降 $\dot{I}R$、漏磁通引起的电压降 $\dot{U}_0 = -\dot{E}_0$ 和主磁通引起的电压降 $\dot{U}' = -\dot{E}$ 三部分电压降。因为根据楞次定律，感应电动势具有阻碍电流变化的作用，所以必须用电源电压的一部分来与之平衡。

在一般情况下，线圈导线的电阻 R 很小，电阻压降就很小；同时漏磁通 Φ_0 也很小，其感应电动势引起的电压降（$U_0 = E_0$）也很小，二者均可略去不计，故有

$$\dot{U} \approx -\dot{E} \tag{1.3.12}$$

有效值

$$U \approx E = 4.44 f N\Phi_m \tag{1.3.13}$$

式（1.3.13）表明，电源电压 U 和频率 f 保持不变时，只要线圈的匝数 N 是定值，主磁通的幅值 Φ_m 就基本不变。这一性质称为恒磁通原理，它对于分析交流电磁铁、变压器等的工作原理是很有用的。

1.4 磁性材料和 B-H 特性曲线

在前述磁路分析中，相对磁导率 μ_r 被看作常数来处理。但事实上，磁感应强度 B 和磁场强度 H 的关系 $B = \mu H = \mu_r \mu_0 H$ 并非线性。磁性材料的相对磁导率也不是常数，而是磁场强度的函数。实际上，所有磁性材料都有磁饱和现象，即磁感应强度随磁场强度增加到一定程度后，就不随之改变。图 1.4.1 所示的磁性材料的 B-H 特性曲线是非线性的，磁导率 μ 的值取决于磁场强度的大小。根据在外磁场作用下，物质所表现的磁化性能的不同，物质可以分为两大类。一类是非磁性材料，如铜、铝、纸、空气等，它们在外磁场的作用下，基本上不表现出磁性，磁导率 μ 不随磁场强度的大小而变化，近似等于常数，且 $\mu \approx \mu_0$，即相对磁导率

$\mu_r \approx 1$。另一类是磁性材料,它们在外界磁场的作用下会被强烈地磁化,并大大增强原有的外磁场。因此磁性材料的磁导率 μ 很大,可为 μ_0 的几百到几千倍,例如电机中所用磁性材料的相对磁导率 $\mu_r = 2\,000 \sim 6\,000$。磁性材料是构成磁路的主要材料。常用的磁性材料有铁、镍、钴及其合金。

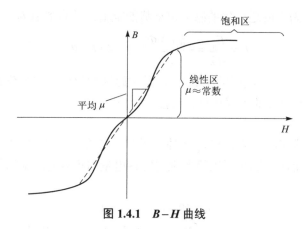

图 1.4.1 $B-H$ 曲线

磁性材料具有高导磁性、磁饱和性和磁滞性。

1.4.1 高导磁性

磁性材料的磁导率 μ 很高,这表明它们在外磁场的作用下被强烈磁化,产生的附加磁场大大加强了原来的外磁场。

为什么磁性材料具有能够被强烈磁化的特性呢?这可以用磁畴的理论来解释。在磁性材料的分子中,分子电流产生磁场,每个分子就相当于一个小磁铁。在没有外磁场作用时,磁性材料内部已经形成一个个小区域,在每个小区域内,分子电流形成的小磁铁都已排列整齐,显示磁性。这些具有自发磁化性质的小区域叫磁畴。在没有外磁场作用时,各个磁畴的取向不同,排列杂乱无章,对外界的作用相互抵消,不显示宏观的磁性,如图 1.4.2(a)所示。

当把磁性材料置于外磁场中,在外磁场的作用下,各磁畴沿外磁场方向取向,产生了附加磁场。而且随着外磁场的加强,会有更多的磁畴逐渐转到与外磁场相同的方向,从而大大加强了外磁场,即磁性材料被强烈地磁化了,如图 1.4.2(b)所示。

磁性材料的这一特性,使得用较小的励磁电流就可以产生足够强的磁场,并使磁感应强度 B 足够大。因此在工程上凡是需要强磁场的场合,如在电机、变压器、电磁铁和电磁仪表等电气设备中,都广泛采用磁性材料构成磁路。

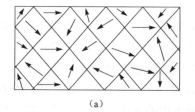
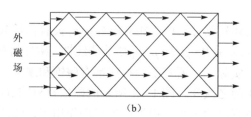

(a) (b)

图 1.4.2 磁性材料的磁化

(a)未磁化时;(b)磁化后

1.4.2 磁饱和性

为了便于理解磁性材料的磁饱和现象，需要简要地回顾磁化的机理。电子的旋转使电荷运动，进而引起了材料的磁效应。对大多数材料而言，电子的旋转运动从宏观来看被抵消了，因而表现不出总的磁效应。但在铁磁材料中，原子能对齐，因此电子旋转引起净磁化效应。在磁性材料中，存在叫作磁畴的有较强磁性的小区域。磁畴未被磁化时，其极性随机分布，从总体来看，磁畴间彼此相互抵消，从而不显示磁性。当材料被磁化时，磁畴极性趋向于排列一致，其一致程度取决于施加的磁场强度。

实际上，材料内的大量微小磁体被外部磁场极化。随着磁场强度的增加，越来越多的磁畴趋向于排列一致。当所有的磁畴都排列一致后，再增加磁场强度不再使磁感应强度增加。在前节中，磁通随磁通势的增加而成比例增加，如图 1.4.1 所示，该关系仅在线性区成立。当进入饱和区后，再增加激磁电流，磁通不再随之成比例增加。

1.4.3 磁滞性与涡流

与线性 $B-H$ 曲线的理想模型相背离的还有两个现象：涡流和磁滞。涡流由铁芯中的时变磁通产生。因为时变磁通将产生感应电压，从而在闭合路径中产生电流。当铁芯内有时变磁通时，感应电压将在铁芯内产生涡流，其电流大小取决于材料的电阻率。如图 1.4.3 所示，这些电流将以热能的形式消耗能量。选择高电阻率材料或者用叠片铁芯，可减小涡流。叠片绝缘层在叠片间引入了微小且不连续的空气隙，在不影响铁芯的磁性能的情况下，大大减小了涡流。

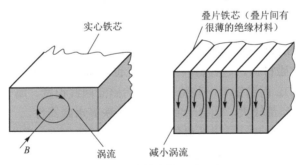

图 1.4.3 磁体中的涡流现象

磁滞损耗是磁性材料中的另一种损耗，其机理与材料的磁化特性有关。当励磁线圈中通入大小及方向均改变的交流电流时，磁性材料受到反复磁化。当电流变化一个周期时，磁感应强度 B 随磁场强度 H 的变化规律如图 1.4.4 所示。励磁电流从 0 开始增加，$B-H$ 曲线亦从坐标原点开始变化。当电流达到正最大值，H 加大到确定值 $+H_m$ 时，$B-H$ 曲线变化到"1"点，然后励磁电流减小，$B-H$ 曲线则沿 1—2 规律变化，当 H 减小到 0 值时，B 并不为 0，仍保留部分磁

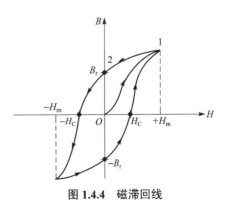

图 1.4.4 磁滞回线

性，称为剩磁，用 B_r 表示。若要剩磁消失，使 $B=0$，则应在励磁线圈中通入反向电流（此时 H 是负值），对应该值的磁场强度是 H_C，被称为矫顽磁场强度（又称矫顽力）。这种现象表明磁性材料在反复磁化时，磁感应强度 B 的变化滞后于磁场强度 H 的变化，称为磁滞现象。

磁性材料在幅值一定的交流电作用下，反复磁化，可以得到一个封闭的回线。这种回线称为磁滞回线。用磁滞回线分析和计算磁路问题是非常复杂的，为了简化磁路的计算，通常用一条基本磁化曲线来代表磁性材料的 $B-H$ 关系。它的做法是：用不同幅值的交流电流对磁性材料反复磁化，可以得到一族不同的磁滞回线，连接各磁滞回线在第一象限的正向顶点所形成的曲线就是基本磁化曲线，简称磁化曲线。它具有平均值的特点，并且和原始磁化曲线相近。今后就用基本磁化曲线来表示磁性材料的 $B-H$ 关系，并进行工程计算。

图 1.4.5 给出了几种常用磁性材料的基本磁化曲线，可供分析、计算磁路问题时查阅。

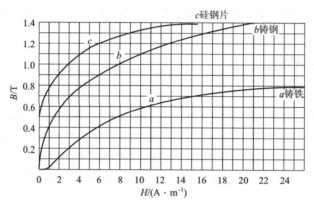

图 1.4.5　常用磁性材料的基本磁化曲线

由于磁性材料成分与制造工艺的不同，它们的磁滞回线也各不相同。工程上按矫顽磁场强度 H_C 的不同，将磁性材料分为硬磁材料和软磁材料两类。软铁、硅钢、铁镍合金等材料的磁滞回线很窄，属于软磁材料。这种材料易于磁化也容易去磁，适用于制作电机、变压器等电气设备的铁芯（磁路）。而钴钢等一些特殊合金的磁滞回线很宽，属于硬磁材料，它们的剩磁 B_r 和矫顽磁场强度 H_C 都较大，适合于制作永久磁铁等永磁器件。

在交变磁场中铁芯反复磁化，磁性材料的内部磁畴反复取向，发生摩擦，亦使铁芯发热，产生功率损耗，这种损耗称为磁滞损耗。可以证明，在频率一定的情况下，铁芯反复磁化一次所产生的磁滞损耗与磁滞回线所包围的面积成正比，即与磁性材料的性质有关。采用硅钢片制成的铁芯，其磁滞回线所包围的面积较小，可以减小铁芯的磁滞损耗。

1.5　机电能量转换

显然，机-电-磁装置能将机械力和位移转换为电磁能量，反之亦然。本节主要关注机-电-磁系统能量转换的基本原理及其应用。所谓能量变换器，即能将电能转换为机械能（如电动机）或反之将机械能转换为电能（如传感器）的装置。

机电转换的物理结构有多种，其基本形式有压电效应［晶体（如石英）承受压力时其电场产生变化］、电致伸缩和磁致伸缩效应（材料几何尺寸的变化导致其电或磁性质的变化）。

虽然这些效应有很广泛的应用，但本节仅考虑通过磁场将电能转换为机械能的机电转换器。后面的章节将讨论的旋转机械（电动机和发电机）也适用于本节所述的基本定义。

1.5.1 磁结构中的力

存储在磁场中的能量通过磁场耦合，可将电能转换为机械能，反之亦然。接下来讨论机械力和相应的电磁量的计算，这些计算在机电转换器的设计和应用中非常重要，例如在机电装置中如何计算产生给定磁力所需电流的大小。

机电系统不仅包含电系统和机械系统，还包括二者之间的相互作用。理解电系统和机械系统之间通过磁场的耦合，机电能量转换的基本原理，在电磁场中各种能量存储和损耗的机理，是本节的重点。图 1.5.1 所示为机电系统间的耦合及其能量损耗。

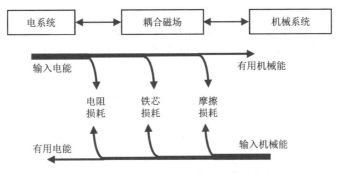

图 1.5.1 机电系统间的耦合及其能量损耗

可动铁芯式转换器是一种重要的电-磁-机能量转换器，这里将推导磁力的表达式，给出在电磁铁、螺线管和继电器中的计算应用实例。图 1.5.2 所示为可动铁芯式能量转换器的简单实例，其中倒"U"字形铁芯固定不动，而条形铁芯可移动，施加于线圈的电流、可动条形铁芯的位移以及作用于空气隙的电磁力之间的关系，是关注的焦点。

一质量块要产生位移，必须做功，而做功相应改变了存储在电磁场中的能量。图 1.5.2 中，f_e 表示作用于条形铁芯上的电磁力，x 表示其位移，其方向如图所示。那么电磁场中的静功 W_m 等于电路所做功与机械功之和，则对功的增量，有

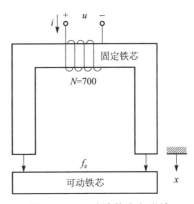

图 1.5.2 可动铁芯式电磁铁

$$dW_m = eidt - f_e dx \tag{1.5.1}$$

式中，e 为线圈的电动势。考虑电动势 e 等于磁链的导数，进一步有

$$dW_m = i\frac{d\lambda}{dt}dt - f_e dx = id\lambda - f_e dx \tag{1.5.2}$$

或

$$f_e dx = id\lambda - dW_m \tag{1.5.3}$$

图 1.5.2 所示磁路中，磁通与两个变量有关：流入线圈的电流和条形铁芯的位移。这两个

量都会引起磁路中磁通的变化。同理，电磁场中存储的能量也与电流和可动铁芯的位移有关，因此式（1.5.3）改写为

$$f_e \mathrm{d}x = i\left(\frac{\partial \lambda}{\partial i}\mathrm{d}i + \frac{\partial \lambda}{\partial x}\mathrm{d}x\right) - \left(\frac{\partial W_m}{\partial i}\mathrm{d}i + \frac{\partial W_m}{\partial x}\mathrm{d}x\right) \tag{1.5.4}$$

由于电流 i 和位移 x 分别独立，有

$$f_e = i\frac{\partial \lambda}{\partial x} - \frac{\partial W_m}{\partial x} \tag{1.5.5}$$

$$0 = i\frac{\partial \lambda}{\partial i} - \frac{\partial W_m}{\partial i} \tag{1.5.6}$$

从式（1.5.5），有

$$f_e = \frac{\partial}{\partial x}(i\lambda - W_m) = \frac{\partial W_c}{\partial x} \tag{1.5.7}$$

式中，W_c 即式（1.1.17）中的共能量。吸引条形铁芯向倒"U"字形铁芯移动的力 f 与电磁力 f_e 方向相反：

$$f = -f_e = -\frac{\partial W_c}{\partial x} = -\frac{\partial W_m}{\partial x} \tag{1.5.8}$$

式（1.5.8）中，假设电磁能量与共能量相等。而从图 1.1.7 可见，通常电磁能量和共能量并不相等。只有当 $\lambda - i$ 曲线是线性时，二者才相等。因此式（1.5.8）描述了线性磁路中，作用于可动铁芯上的磁力与存储在磁场中的能量相对其位移的变化率成正比。

为了确定磁体中磁力的大小，需首先计算出存储在磁场中的能量大小。为了简化分析计算，假设磁路是线性的。当然，这是一种近似分析方法，忽略了诸如 $\lambda - i$ 曲线的非线性和磁性材料的铁芯损耗等。在线性条件下，磁路中存储的能量为

$$W_m = \frac{1}{2}\lambda i = \frac{1}{2}(N\phi) \cdot i = \frac{1}{2}\phi(Ni) = \frac{\Phi \mathscr{F}}{2} \tag{1.5.9}$$

而磁通和磁通势有如下关系：

$$\Phi = \frac{Ni}{\mathscr{R}} = \frac{\mathscr{F}}{\mathscr{R}} \tag{1.5.10}$$

则存储的能量为

$$W_m = \frac{\Phi^2 \mathscr{R}(x)}{2} = \frac{1}{2}\frac{(Ni)^2}{\mathscr{R}(x)} \tag{1.5.11}$$

式中，磁阻为可动铁芯位移的函数。作用于可动铁芯的电磁力可近似计算如下：

$$f = -\frac{\mathrm{d}W_m}{\mathrm{d}x} = -\frac{\Phi^2}{2}\frac{\mathrm{d}\mathscr{R}(x)}{\mathrm{d}x} \tag{1.5.12}$$

【例 1.8】 图 1.5.2 中，电磁铁由实心钢支撑，磁路截面积 $S = 0.01 \text{ m}^2$，可动铁芯位移 $x = 0.0015 \text{ m}$，作用于可动铁芯的电磁力大小 $|f| = 8900 \text{ N}$，试计算所需施加的最小线圈电流。

【解】 忽略铁芯磁阻与空气隙磁路的边沿效应。为了计算所需的励磁电流，首先需计算磁路中空气隙磁阻的大小，然后确定磁路中的磁通，即可求得所需励磁电流的大小。

磁路中磁阻的大小为

$$\mathcal{R}(x) = \frac{2x}{\mu_0 S} = \frac{2x}{4\pi \times 10^{-7} \times 0.01} = 1.59 \times 10^8 x \text{（A/Wb）}$$

令上式中 $\alpha = 1.59 \times 10^8$，则 $\mathcal{R}(x) = \alpha x$，而磁通

$$\Phi = \frac{Ni}{\mathcal{R}(x)} = \frac{Ni}{\alpha x}$$

空气隙中磁力的大小

$$|f| = \frac{\Phi^2}{2} \frac{\mathrm{d}\mathcal{R}(x)}{\mathrm{d}x} = \frac{\left(\dfrac{Ni}{\alpha x}\right)^2}{2} \frac{\mathrm{d}(\alpha x)}{\mathrm{d}x} = \frac{(Ni)^2}{2(\alpha x)^2}\alpha = \frac{N^2 i^2}{2\alpha x^2}$$

$$\Rightarrow i = \pm\sqrt{\frac{2\alpha x^2 |f|}{N^2}} = \pm\sqrt{\frac{2 \times 1.59 \times 10^8 \times (0.0015)^2 \times 8\,900}{700^2}} = \pm 3.61 \text{（A）}$$

随着空气隙逐渐变小，空气隙磁阻也减小，到一定程度铁芯磁阻就不能忽略。当空气隙为零时，即条形可动铁芯与倒"U"字形铁芯接触，所需电流达到最小。反之，若条形铁芯初始距倒"U"字形铁芯大于例中的初始位移值，则要达到相同的电磁力所需的电流要远大于示例所计算的电流。在图 1.5.2 所示磁路中，磁阻 $\mathcal{R}(x) = \dfrac{2x}{\mu_0 S}$，则电磁力

$$|f| = \frac{\Phi^2}{2}\frac{\mathrm{d}\mathcal{R}(x)}{\mathrm{d}x} = \frac{\Phi^2}{2} \times \frac{2}{\mu_0 S} = \left(\frac{\Phi}{S}\right)^2 \frac{S}{\mu_0} = \frac{1}{\mu_0} B^2 S \tag{1.5.13}$$

式中，S 为空气隙的截面积，B 为空气隙中的磁感应强度。

【例 1.9】图 1.5.3 所示为一简化的螺线管模型，弹簧提供了活塞的恢复力。若已知结构参数 $a = 0.01$ m，空气隙长度 $l_g = 0.001$ m，弹簧弹性系数 $k = 10$ N/m。

（1）推导作用于活塞上的力与活塞位置 x 的关系式；
（2）当活塞到达最终位置（$x = a$）时，确定拉动活塞所需的磁通势。

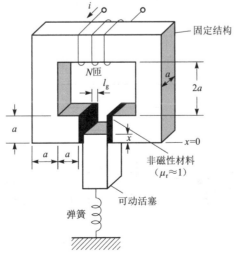

图 1.5.3　螺线管模型

【解】（1）作用于活塞的力。为了计算推动活塞运动的电磁力的通用表达式，需推导活塞在空气隙中力的表达式。根据式（1.5.12），需先求解磁阻和磁通的大小。忽略铁芯磁阻，空气隙磁阻与可动铁芯移动形成的空气隙的面积有关：

$$\mathscr{R}_g(x) = \frac{2l_g}{\mu_0 S_g} = \frac{2l_g}{\mu_0 ax}$$

空气隙磁阻相对活塞位移的导数为

$$\frac{d\mathscr{R}(x)}{dx} = \frac{-2l_g}{\mu_0 ax^2}$$

磁阻已知，则可计算磁路中的磁通：

$$\Phi = \frac{Ni}{\mathscr{R}(x)} = \frac{Ni\mu_0 ax}{2l_g}$$

则空气隙中电磁力的大小为

$$f_g = \frac{\Phi^2}{2}\frac{d\mathscr{R}(x)}{dx} = \frac{(Ni\mu_0 ax)^2}{8l_g^2}\frac{-2l_g}{\mu_0 ax^2} = -\frac{\mu_0 a(Ni)^2}{4l_g}$$

可见，空气隙中力的大小与激磁电流的平方成正比，而与活塞的位置无关。

（2）计算磁通势。磁力必须克服弹簧力，因此 $f_g = kx = ka$。对题设值，有

$$f_g = ka = 10 \times 0.01 = 0.1 (\text{N})$$

则磁通势为

$$Ni = \sqrt{\frac{4l_g f_g}{\mu_0 a}} = \sqrt{\frac{4 \times 0.001 \times 0.1}{4\pi \times 10^{-7} \times 0.01}} = 178.4 (\text{A})$$

当线圈匝数足够大时，用较小的励磁电流即可获得所需的磁通势。

继电器是工业控制中常见的电磁装置。继电器实质上是一种通过磁路接通或关断电触点的机电开关。继电器的结构如图1.5.4所示，其工作过程如下：当线圈通入220 V交流电时，有电流流过线圈而产生磁场，产生电磁力驱使动衔铁向固定端运动，导致电触点 C_1 和 C_2 的两端接触，从而可使较大电流流过，驱动负载工作。继电器的作用是用小电流控制触点的闭合和断开，从而控制大电流的通断。下面的例子说明了简单继电器的电气特性和机械原理。

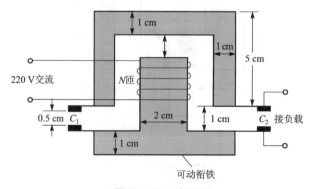

图1.5.4 继电器

【例 1.10】 图 1.5.5 所示为简化的继电器模型。已知空气隙截面积 $S_g = 0.0001\ m^2$，动衔铁的位移 $x = 0.05\ m$，弹簧的恢复力 $f_r = 5\ N$，线圈匝数 $N = 10\ 000$，其他参数见图示。试确定使继电器触点闭合所需的激磁电流。

【解】 空气隙磁阻为

$$\mathscr{R}_g(x) = \frac{2x}{\mu_0 S_g}$$

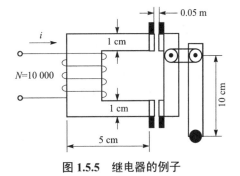

图 1.5.5 继电器的例子

则磁阻相对动衔铁的位移的导数为

$$\frac{d}{dx}\mathscr{R}_g(x) = \frac{2}{\mu_0 S_g}$$

且磁路中的磁通为

$$\Phi = \frac{Ni}{\mathscr{R}_g(x)} = \frac{Ni\mu_0 S_g}{2x}$$

则当动衔铁位于 x 时，产生的电磁力

$$f_g = \frac{\Phi^2}{2}\frac{d\mathscr{R}_g(x)}{dx} = \frac{(Ni\mu_0 S_g)^2}{8x^2}\frac{2}{\mu_0 S_g} = \frac{\mu_0 S_g (Ni)^2}{4x^2}$$

动衔铁需克服弹簧力，因此 $f_r = f_g$，则所需电流

$$i = \frac{2x}{N}\sqrt{\frac{f_r}{\mu_0 S_g}} = \frac{2 \times 0.05}{10\ 000}\sqrt{\frac{5}{4\pi \times 10^{-7} \times 0.0001}} \approx 1.995\ (A)$$

因为继电器的触点闭合，空气隙为零，此时磁阻很小，因此使触点闭合的电流要远大于保持触点闭合所需的电流。

1.5.2 直流电磁铁和交流电磁铁

1. 直流电磁铁

直流电磁铁是直流磁路的一种典型应用，具有直流磁路的特点。

直流电磁铁的励磁电流是恒定不变的，所以在一定的气隙下，磁路中的磁通也是恒定不变的，因此不存在铁芯损耗（涡流和磁滞损耗）。结构上，直流电磁铁的铁芯可以用整块的磁性材料如铸钢、软钢等制成。

直流电磁铁线圈通电，在衔铁被吸合的前后，电磁吸力是不相同的。因为直流电磁铁励磁电流的大小只取决于电源电压 U 和线圈电阻 R（感应电动势为 0），现二者都是恒定不变的，电流 I 和磁通势 NI 就是定值。衔铁未被吸合时，磁路中有空气隙，磁路的磁阻很大，根据磁路的欧姆定律，磁通 Φ（或磁感应强度 B）数值较小，如图 1.5.2 所示，电磁吸力 f 相应就较小。电磁铁吸合后，空气隙基本消失，磁路的磁阻减小，而电流 I 和磁通势 NI 保持不变，使磁通 Φ（或磁感应强度 B）的数值增大，电磁吸力 f 增大。

由此可知，在直流电磁铁（图 1.5.2）的衔铁被吸合的过程中，电磁吸力逐渐增大，衔铁完全被吸合后，电磁吸力最大。衔铁吸合前后，线圈中的电流不变。

2. 交流电磁铁

交流电磁铁的工作原理与直流电磁铁的工作原理基本相同。但是由于交流电磁铁励磁线圈中通入的是交流电流，在铁芯中所产生的磁通也是交变的，所以交流电磁铁具有如下特点：

第一，交变磁通在铁芯中产生涡流和磁滞损耗，为了减小这两种损耗，它的铁芯必须用硅钢片叠制而成。

第二，交变磁通所产生的电磁吸力也是随时间变化的，电磁吸力的瞬时值 f 随时间变化的规律如图 1.5.6 中的曲线所示，它表明电磁吸力 f 随时间在零值和最大值 F_m 之间脉动变化。衔铁被吸合的效果取决于瞬时吸力 f 在一个周期内的平均值 F。

值得注意的是，对于频率为 50 Hz 的交流电源来说，电磁吸力 f 在 1 s 内就有 100 次为零、100 次为最大值 F_m。当电磁吸力 f 为零时，复位弹簧将衔铁从与铁芯闭合处拉开；当电磁吸力 f 大于复位弹簧的反作用力时，衔铁又被吸合。这就引起了衔铁的频繁振动，既产生了噪声，又使铁芯的端面部分产生机械磨损，降低了电磁铁的使用寿命。

为了消除衔铁的振动，可以在铁芯的某一端面部分套上一个短路铜环，如图 1.5.7 所示。当交变磁通穿过具有短路铜环的铁芯时，会分成两个分量。由励磁线圈电流产生的穿过不具有短路铜环的磁通分量是 Φ_2，而穿过短路铜环的磁通分量则是 Φ_1。因为励磁线圈电流产生的磁通穿过短路铜环时，必然会在短路铜环内产生感应电动势和感应电流，这个感应电流要阻碍磁通的变化，从而使 Φ_1 与 Φ_2 之间产生了相位差。这样，这两部分磁通之和以及电磁吸力便不会同时是零，也不会同时到达最大值，避免了衔铁的振动，降低了噪声。

第三，在使用中应该注意的是，交流铁芯线圈通入电流后，衔铁应立即吸合。倘若因某种原因，如机械上被卡住，衔铁不能吸合，则励磁线圈将因电流长时间过大，温升过高而烧毁。

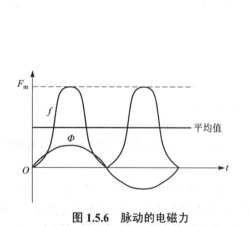

图 1.5.6　脉动的电磁力

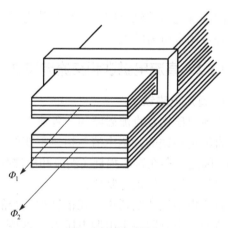

图 1.5.7　短路铜环

出现这种情况的原因是根据公式 $U \approx 4.44 f N \Phi_m$，在电源频率 f 和线圈匝数 N 一定时，Φ_m 只取决于电源电压 U，而与其他因素无关。当 U 一定时，主磁通 Φ_m 基本上保持不变，此即恒磁通原理。

以上分析表明，交流电磁铁在衔铁吸合前后的 Φ_m 值基本上是不变的。在衔铁吸合前，磁路中包含空气隙，磁路的磁阻大；在衔铁吸合后，磁路中不含空气隙，磁阻显著变小。

为了维持同样大小的主磁通 Φ_m，衔铁吸合前，励磁线圈的磁通势 NI 要比衔铁吸合后大得多，即衔铁吸合前的电流大于吸合后的电流。由于线圈通电后，衔铁的吸合过程所需时间极短，电磁铁长时间工作在吸合状态，所以电磁铁都是按照吸合时的发热情况设计的。为此，要防止线圈通电后衔铁受阻卡住或吸合不紧，否则会因长时间过流而将线圈烧毁。同样的原因，交流电磁铁不宜频繁操作。

凡是利用交流电磁铁作为动力的交流电器，如交流接触器（将在第 6 章介绍）等都同样存在上述问题，在使用中应该加以注意。

习　题

1.1　若某磁场的磁通在 2 s 内从 80 mWb 均匀变小到 30 mWb，则在 100 匝的线圈中产生的感应电压为多少伏？

1.2　如果某磁性材料的磁链－电流关系为 $\lambda = 6i(2i+1)$，试确定当 $\lambda = 2$ Wb 时，磁场中存储了多少焦耳的能量？

1.3　一个均匀铁芯磁路，材料是一般电工钢片，磁路截面积 $S = 5$ cm^2，磁路的平均长度 $l = 0.3$ m，$N = 600$，磁路中的磁通 $\Phi = 6 \times 10^{-4}$ Wb。

（1）计算励磁电流 I；

（2）计算磁性材料的相对磁导率 μ_r 和该磁路的磁阻 $\mathscr{R}_m$。

1.4　在 1.3 题所示的磁路中开一个空气隙，空气隙的长度是 2 mm，其他条件不变。若仍在该磁路中建立磁通 $\Phi = 6 \times 10^{-4}$ Wb，则：

（1）计算励磁电流 I；

（2）计算空气隙的磁阻。

1.5　假设磁性材料的相对磁导率 μ_r 为无穷大，磁路结构如题图 1.1 所示，空气隙长度 $\delta = 2$ mm，铁芯的截面积 $S = 1$ mm^2，线圈匝数 $N = 500$，励磁电流 $i = 0.5$ A，考虑空气隙的边沿效应，试求空气隙中的磁通和磁体中磁感应强度的大小。

1.6　磁路如题图 1.2 所示，若 $\mathscr{R}(x) = 7 \times 10^8 (0.002 + x)$ H^{-1}（x 为空气隙或可动铁芯的位移，单位为 m），线圈匝数 $N = 980$，线圈电阻 $R = 30$ Ω，若线圈两端所加电压为 120 V 的直流电压，试求：

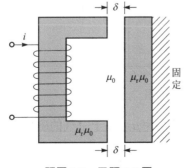 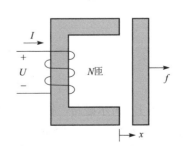

题图 1.1　习题 1.5 图　　　　　题图 1.2　习题 1.6 图

（1）当可动铁芯位移 $x=0.005$ m 时，磁场中存储能量的大小；

（2）当可动铁芯位移 $x=0.005$ m 时，电磁力的大小。

1.7　题图 1.2 所示磁路，铁芯磁导率趋于无穷大，铁芯截面积为 600 mm^2，气隙长度为 1 mm。若线圈流过电流 $I=25$ A 时，动铁芯上的力为 500 N，试计算线圈的匝数。

1.8　题图 1.2 所示磁路，磁路几何尺寸同题 1.7。若线圈由 $i=35.35\sin(120\pi t)$ A 的交流电流激励，为了产生平均值为 500 N 的电磁力，则线圈所需匝数为多少？平均电磁力的大小与激励电流的频率有关吗？

1.9　磁路如题图 1.3 所示，磁路各段几何尺寸分别为 $l_1=30$ cm，$S_1=100$ cm^2，$l_2=10$ cm，$S_2=25$ cm^2，$l_3=30$ cm，$S_3=100$ cm^2，线圈匝数 $N=100$，磁性材料的磁导率 $\mu=300\mu_0$。

（1）当没有于 a 处切割空气隙时，试求各段磁路的磁阻；

（2）试确定磁路的电感量；

（3）若在 a 处切割了长度为 0.1 mm 的空气隙，试求此时磁体的电感量；

（4）随着空气隙长度增加，磁体的电感量改变，试求磁体电感量的极限值。

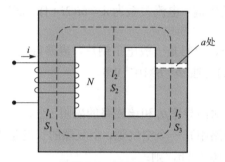

题图 1.3　习题 1.9 图

1.10　继电器如题图 1.4 所示，其中空气隙截面积 $S_g=0.001$ m^2，线圈匝数 $N=500$，弹簧系数 $k=1\,000$ N/m，电阻 $R=18$ Ω，继电器可动部分（衔铁）距固定部分的距离 $L=0.02$ m，当闭合开关 S 时，至少需要多大的直流电压 U 才能使衔铁闭合？

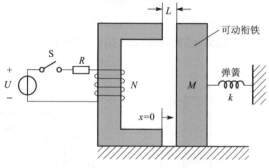

题图 1.4　习题 1.10 图

1.11　如题图 1.5 所示磁路，铁芯磁性材料的磁导率 μ 远高于空气的磁导率，$N_1=1\,600$，$N_2=400$，电流 $i=0.8$ A，$l_g=0.005$ m。试求：

（1）可动铁芯在位置 x 时的磁路磁阻表达式；

（2）磁路中的磁动势大小；

（3）在位移为 $x=0.01$ m 时，空气隙中存储的能量大小；

（4）在位移为 $x=0.01$ m 时，求可动铁芯所受电磁力的大小。

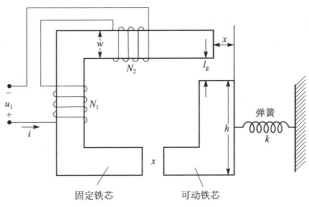

题图 1.5　习题 1.11 图

1.12　圆柱形螺线管的结构示意图见题图 1.6。其中，套筒平均半径 $R=20$ mm，厚度 $b=2$ mm，圆柱体铁芯直径 $h=40$ mm，空气隙长度 $x=5$ mm，线圈匝数 $N=500$，通入直流电流 $I=10$ A。求：

（1）推导活塞上电磁力的表达式；

（2）在图示参数下，求电磁力的大小。

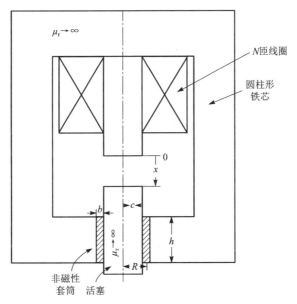

题图 1.6　习题 1.12 图

1.13　上题（1.12），若所施加的电流由直流电改为 50 Hz、10 A 的交流电流，计算可动活塞上电磁力的瞬时值表达式和平均力的大小。

1.14　螺线管可采用铁芯电感器表示，其电感值是可动铁芯位置的函数。若题图 1.6 所示螺线管的电感值为 $L(x)=(200+50x)$ mH，线圈供电电压为 $u=100\sin t$ V，计算 $x=20$ cm 时施加在可动铁芯上的瞬时作用力和平均作用力。

1.15　我们知道电感上存储的能量 $W = \frac{1}{2}Li^2$，联合式（1.5.8）和式（1.1.13），试推导电磁力的表达式，并分析其与式（1.5.12）的异同。

1.16　一个继电器的电磁系统及其参数示于题图 1.7 中，试建立质量块的动力学方程。

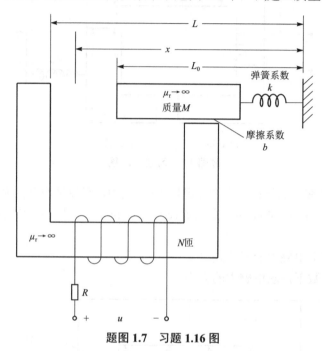

题图 1.7　习题 1.16 图

1.17　已知某交流铁芯线圈电路，励磁线圈的电压 $U = 10$ V，频率 $f = 50$ Hz，铁芯中的磁通 $\Phi_m = 1.24 \times 10^{-3}$ Wb。计算励磁线圈的匝数 N。

1.18　比较交流磁路与直流磁路有什么不同。如果给一个交流铁芯线圈电路加上直流电压，其数值与交流电压的有效值相等，会产生什么后果？说明原因。

1.19　涡流损耗和磁滞损耗是怎样产生的？在直流磁路中存在这两种损耗吗？如何减小这两种损耗？

1.20　分析在下面两种情况下，交流磁路的磁通和励磁电流将如何变化（假定磁路工作在 $B-H$ 曲线的线性段）：

（1）绕组匝数增加一倍，电压有效值和频率保持不变；

（2）电压有效值增加一倍，频率减小一半。

第 2 章
变　压　器

变压器是一种常用的静止电气设备，它利用电磁感应原理，将某一电压等级的交流电变换为同频率的另一电压等级的交流电。

在生产和日常生活中，常常会用到电压数值高低不同的多种交流电。例如在输电方面，当输送的功率（$P=UI\cos\varphi$）一定及负载的功率因数（$\cos\varphi$）一定时，电压越高，输电线路上的电流越小。这不仅可以减小输电线的截面积，节约有色金属，还可以减小输电线路的功率损耗。所以在输电时都采用高压（110～220 kV）和超高压（330～750 kV）输电。而工厂用电，大型动力设备多使用 10 kV 或 6 kV；小型动力设备及照明、家庭用电分别使用 380 V 或 220 V；特殊场合由于安全等原因要用 36 V 或 24 V 的电压。为了满足这些不同电压等级要求就要使用变压器。

此外，变压器还具有变换电流、变换阻抗的功能，用来传递信号、实现阻抗匹配等，成为电工测量和电子技术等领域不可缺少的电气设备。

变压器的类型很多，有不同的分类方法。如按照用途分类有电力变压器、仪用互感器等，按照变换电能的相数分类有单相变压器和三相（多相）变压器。尽管变压器类型多，但是它们的结构和工作原理都是基本相同的。本章内容以介绍单相小型变压器为主，同时也介绍一些其他常用变压器的特点及使用方法。

学习本章后，应能：
- 掌握变压器变压比和变压的特性；
- 掌握变压器变电流、变阻抗的特性，并能分析有关最大功率传输问题；
- 掌握变压器同名端的概念及其判断方法；
- 理解自耦变压器的特点及其应用。

2.1　变压器的结构和工作原理

2.1.1　单相变压器的基本结构

单相变压器是指接在单相交流电源上，用来改变单相交流电压的变压器，其容量通常都很小，主要用于局部照明和控制用途。一般电工测量和电子线路中使用的也多为单相变压器。

变压器主要由铁芯和绕在铁芯上的线圈两部分组成。

变压器铁芯的作用是构成磁路。为了降低涡流和磁滞损耗，铁芯一般用很薄的硅钢片交错叠装而成，硅钢片的表面都涂有绝缘漆，形成绝缘层，如图 2.1.1（a）所示。另外，铁芯也有用冷轧硅钢片卷制后切割而成的，如图 2.1.1（b）所示。

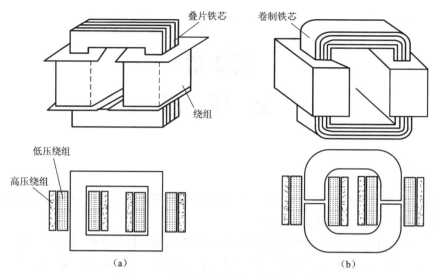

图 2.1.1　心式变压器的外形和结构示意

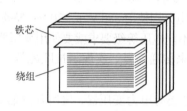

图 2.1.2　壳式变压器的外形和结构示意

变压器的铁芯也有两种不同的结构形式，图 2.1.1 所示是心式变压器的外形及结构示意，其特点是线圈包围铁芯。功率较大些的单相变压器多采用心式结构，以减少铁芯金属材料的用量。图 2.1.2 所示是壳式变压器的外形及结构示意，其特点是铁芯包围线圈，这样就不需要专门的变压器外壳。功率较小的单相变压器多采用壳式结构。

变压器的线圈通常称为绕组，这是变压器的电路部分。变压器在工作时高电压侧的绕组称为高压绕组，低电压侧的绕组称为低压绕组。

两个绕组中与电源相连的一方称为原绕组，又称为初级绕组或一次绕组，凡表示原绕组各有关电磁量的字母均采用下标"1"来表示，如原绕组电压 U_1、原绕组匝数 N_1 等。与负载相连的绕组称为副绕组，又称次级绕组或二次绕组，凡表示副绕组各有关电磁量的字母均采用下标"2"来表示，如副绕组电压 U_2、副绕组匝数 N_2 等，如图 2.1.3 所示。当变压器副绕组电压 U_2 高于原绕组电压 U_1 时，称之为升压变压器；反之，就称之为降压变压器。

通过以上对基本结构的介绍可知，变压器的基本工作原理就是通过一个共同的磁场（磁路），将两个或两个以上的绕组耦合在一起，以电磁感应原理为基础，进行交流电能的转换与传递。

2.1.2　变压器的工作原理

由于变压器的工作原理涉及电路、磁路及它们之间的相互联系和影响，比较复杂，为了分析方便，先分析变压器的空载运行状态，然后再分析其负载运行状态。

1. 空载运行状态——变电压作用

所谓空载运行状态，是指变压器原绕组外接正弦交流电源，其电压为额定电压，而副绕组开路的情况。图 2.1.3 所示是变压器的空载运行状态及其电路符号（实际上变压器的两个绕组是套在同一芯柱上的，以增大其间的电磁耦合作用。为了画图清楚起见，现将这两个绕组分画在铁芯的两侧）。变压器的图形符号也同时表示在该图中。

变压器空载运行时副绕组的电流 $i_2 = 0$。将图 2.1.3 与图 1.3.2 进行比较，不难看出，这时的变压器就是交流铁芯线圈，所不同的只是在铁芯上又多加了一个开路的线圈。

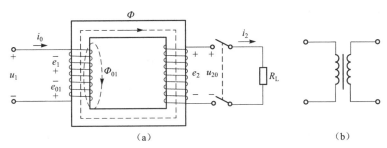

图 2.1.3　变压器的空载运行状态及其电路符号
（a）铁芯线圈磁路；（b）变压器的电路符号

1）原绕组的电压平衡方程

原绕组外加正弦交流电压 u_1，此时原绕组中通过的电流称为空载电流，又称励磁电流，用 i_0（或 i_{10}）表示。若原绕组的匝数为 N_1，则产生磁通势 $N_1 i_0$，建立磁场。其中绝大部分磁感线沿铁芯闭合，形成主磁通，即工作磁通 Φ，它同时与原、副绕组交链，根据电磁感应定律在原、副绕组中产生感应电动势 e_1 和 e_2。磁通势 $N_1 i_0$ 在产生主磁通 Φ 的同时，还有少量漏磁通 Φ_{01} 沿原绕组周围空间的非磁性材料闭合。漏磁通通常只占总磁通量的百分之零点几，且 Φ_{01} 只与原绕组交链，而不与副绕组交链，所以它不起传递能量的作用，只是在原绕组中产生很小的感应电动势 e_{01}。

以上原、副绕组中各电磁量正方向的确定方法与第 1 章中交流铁芯线圈部分所述方法相同。变压器副绕组中感应电动势 e_2 的正方向与主磁通 Φ 的正方向之间符合右手螺旋定则。副绕组中产生感应电动势之后，在副绕组的两端出现电压，副绕组的开路电压用 u_{20} 来表示，其正方向如图 2.1.3 中所示。在图示正方向下，$e_2 = u_{20}$。

变压器在空载运行状态下，原、副绕组中的电压、电流及磁通势 $N_1 i_0$ 和主磁通 Φ、漏磁通 Φ_{01} 之间的电磁关系可用如下方法表示：

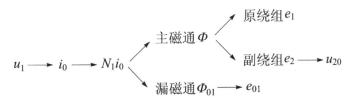

根据基尔霍夫电压定律，对原绕组可以列写电压平衡方程，该方程与式（1.3.10）相同：

$$u_1 = i_0 R_1 + (-e_{01}) + (-e_1) \tag{2.1.1}$$

如同在交流铁芯线圈电路部分所分析过的，当电源电压是正弦电压时，主磁通也是按照正弦规律变化的，如果磁路内磁通不饱和，电流也可视作正弦量。上式可以写成相量形式：

$$\dot{U}_1 = \dot{I}_0 R_1 + (-\dot{E}_{01}) + (-\dot{E}_1) \tag{2.1.2}$$

由于绕组导线的电阻 R_1 很小，空载电流 I_0 也很小（通常只占额定电流的百分之几），故绕组的电阻压降 $I_0 R_1$ 可以忽略不计（这部分压降仅占绕组总压降的 1% 以下）。同时漏磁通产生的感应电动势 E_{01} 也很小，它所产生的电压降只占绕组总电压的 0.10%~0.25%，也可以略去不计。所以可近似认为电源电压 U_1 只用来平衡 E_1 所造成的电压降，即

$$\dot{U}_1 \approx -\dot{E} \tag{2.1.3}$$

与式（1.3.9）的推导过程相同，有

$$E_1 = 4.44 f N_1 \Phi_m \tag{2.1.4}$$

$$U_1 \approx E_1 = 4.44 f N_1 \Phi_m \tag{2.1.5}$$

式中，f 是电源的频率，N_1 是原绕组的匝数，Φ_m 是主磁通的幅值。

2）副绕组的电压平衡方程

对于变压器副绕组来说，主磁通 Φ 穿过次级绕组，产生感应电动势 $e_2 = -N_2 \dfrac{\mathrm{d}\Phi}{\mathrm{d}t}$。当主磁通按正弦规律 $\Phi = \Phi_m \sin(\omega t)$ 变化时，也可以推导出

$$E_2 = 4.44 f N_2 \Phi_m \tag{2.1.6}$$

空载状态下，

$$u_{20} = e_2 \tag{2.1.7}$$

其有效值

$$U_{20} = E_2 = 4.44 f N_2 \Phi_m \tag{2.1.8}$$

3）变电压作用

对比式（2.1.4）和式（2.1.6）可以看出：由于原、副绕组的匝数 N_1 和 N_2 不相等，感应电动势 E_1 和 E_2 也不相等，因而输出电压 U_{20} 和电源电压 U_1 也不相等。这时原、副绕组的电压比

$$\frac{U_1}{U_{20}} \approx \frac{E_1}{E_2} = \frac{N_1}{N_2} = K_u = K \tag{2.1.9}$$

式中，K_u 称为变压器的变压比，也可用 K 来表示，这是变压器最重要的参数之一。

由式（2.1.9）可见，当电源电压 U_1 一定时，只要改变原、副绕组的匝数 N_1 和 N_2，就可以得到不同的输出电压 U_{20}，达到了变换电压的目的。

当 $K_u > 1$，即 $N_1 > N_2$，$U_1 > U_{20}$ 时，是降压变压器。

当 $K_u < 1$，即 $N_1 < N_2$，$U_1 < U_{20}$ 时，是升压变压器。

变压器铭牌上所标注的额定电压是以分数形式表示的原、副绕组的电压值，是空载运行状态下的电压。例如"6 000/230 V"表明原绕组的额定电压（原绕组应加的电源电压）$U_{1N} = 6\,000\ \text{V}$，副绕组的额定电压 $U_{2N} = 230\ \text{V}$。U_{2N} 是指原绕组施加额定电压 U_{1N} 后，副绕组的空载电压。

2. 负载运行状态——变电流作用

1）原绕组电压平衡方程和磁通势平衡方程

当图 2.1.3 所示的副绕组电路中的开关闭合后，副绕组中就有电流 i_2 流过，并向负载 Z_L 供电，变压器处于负载运行状态，如图 2.1.4 所示。

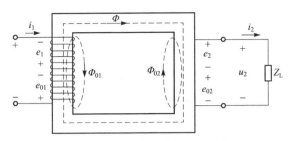

图 2.1.4　变压器的负载运行状态

变压器空载运行时，副绕组不向负载输出功率，原绕组电流只是用来产生确定大小的工作磁通。而变压器的铁芯又是用磁性材料做成的，导磁能力极强，所需的激磁电流，即空载电流 i_0 极小。而在负载运行状态下情况就不一样了，这时副绕组中流过电流 i_2，其磁通势 $N_2 i_2$ 将影响铁芯中的磁通，因此，副绕组接入负载后，铁芯中的工作磁通是由原副绕组共同作用产生的。磁通势 $N_2 i_2$ 的出现将会使磁路中的工作磁通发生变化，从而必然会使原绕组中的感应电动势 e_1（E_1）也发生变化。根据式（2.1.2）知，在 U_1 不变时，原绕组电流必然要发生变化。

前面在分析变压器空载运行状态时，已得出式（2.1.5）：$U_1 \approx 4.44 f N_1 \Phi_m$，此式在负载运行状态下依然成立。因为原绕组的电阻很小，即使在负载运行状态下其电压降仍可略去，漏磁通的影响亦可略去，所以 $U_1 \approx E_1$。这个式子表明，只要电源电压 U_1 保持不变，电源频率 f 和原绕组匝数 N_1 也保持不变，工作磁通的幅值 Φ_m 也就近似不变。为此原方电流必然要变化，从 i_0 变成 i_1，其有效值从 I_0 变为 I_1，以抵消副绕组电流 i_2（I_2）对工作磁通的影响，保持 Φ_m 近似不变。

这时原绕组中除了电流由 i_0 变为 i_1 以外，其余的物理过程是不变的，故原绕组电压平衡方程变为

$$\dot{U}_1 = \dot{I}_1 R_1 + (-\dot{E}_{01}) + (-\dot{E}_1) \tag{2.1.10}$$

从能量的观点看，副绕组向负载输出电功率，必然要求原绕组从电源获取更大的电功率，并且通过工作磁通传递到副绕组。在电源电压 U_1 不变时，原绕组电流必然要加大，即从空载时的 I_0（i_0）加大到 I_1（i_1）。

上面分析的各物理量之间的关系可以用如下方式表示：

根据以上分析可知，铁芯中工作磁通最大值 Φ_m 在变压器空载运行状态及负载运行状态下是保持基本不变的。因此产生它的激励——空载时的磁通势 $N_1 i_0$ 和负载运行状态下作用在磁路中的合成磁通势（$N_1 i_1 + N_2 i_2$）应该近似相等，即

$$N_1 i_1 + N_2 i_2 \approx N_1 i_0 \tag{2.1.11}$$

相量式表示为

$$N_1 \dot{I}_1 + N_2 \dot{I}_2 \approx N_1 \dot{I}_0 \tag{2.1.12}$$

式（2.1.11）或式（2.1.12）称为变压器的磁通势平衡方程。还应该指出的是，式中负载状态下的合成磁通势 $N_1\dot{I}_1 + N_2\dot{I}_2$，其中的加号是根据安培环路定律关于电流正、负的规定得到的。

磁通势平衡方程是分析变压器工作原理的一个十分重要的公式。原、副绕组之间并没有电的直接联系，而是通过磁场耦合联系起来的。磁通势平衡方程就明确表示了原、副绕组电流之间的关系。

2）变压器的变电流作用

将磁通势平衡方程改写为如下形式：

$$\dot{I}_1 = \dot{I}_0 + \left(-\dot{I}_2 \frac{N_2}{N_1}\right) = \dot{I}_0 + \dot{I}_2' \qquad (2.1.13)$$

上式表明，在负载运行状态下，原绕组电流由两部分组成：一部分是产生工作磁通 Φ_m 的励磁分量 $\dot{I}_0$；另一部分是补偿副绕组电流 $\dot{I}_2$ 对工作磁通产生影响的分量，称为负载分量 $\dot{I}_2'$，$\dot{I}_2' = -\dot{I}_2 \frac{N_2}{N_1}$，即 $\dot{I}_2'$ 与 $\dot{I}_2$ 在数值上成正比，但相位相反。

前面已经分析过，由于励磁电流分量很小，它只占原绕组电流的百分之几，所以在额定运行状态下可以略去不计，故有

$$\dot{I}_1 \approx \dot{I}_2' = -\frac{N_2}{N_1} \cdot \dot{I}_2 \qquad (2.1.14)$$

其有效值表示式为

$$I_1 \approx \frac{N_2}{N_1} I_2 \qquad (2.1.15)$$

$$I_1 \approx K_i I_2 \qquad (2.1.16)$$

或

$$\frac{I_1}{I_2} \approx K_i \qquad (2.1.17)$$

式（2.1.16）和式（2.1.17）中，K_i 称为变压器的变流比，$K_i = \frac{N_2}{N_1} = \frac{1}{K_u}$。

式（2.1.17）也是变压器的基本公式之一，它表明变压器具有变电流的作用，且在额定状态下，原、副绕组的电流之比等于其匝数之比的倒数。后面将要介绍的电流互感器是一种测量交流电流的仪器，它就是利用变压器的变电流作用原理做成的。

变压器的副绕组电流 I_2 取决于负载阻抗 Z_L 的大小，但原、副绕组电流的比值在一定范围内是近似不变的。例如当负载电流 I_2 增加时，$N_2 I_2$ 加大，它对工作磁通的影响加大。表现在式（2.1.13）中，负载分量 I_2' 加大，在略去了极小的励磁分量之后，I_1 近似地按一定比例相应变化。这个变化过程是变压器根据电磁感应定律的原理，自动调节、自动进行的。

3）变压器的外特性

变压器在负载状态下运行时，副绕组也要产生少量的漏磁通 Φ_{02}。Φ_{02} 只与副绕组交链，如图 2.1.4 所示，且 Φ_{02} 是交变的，同样会在副绕组中产生漏磁电动势 E_{02}。由于漏磁通是通过空气等非磁性材料闭合的，漏磁电动势产生的电压降可以用一个漏磁感抗（空心线圈的感

抗）$X_2 = \omega L_2$ 两端的电压降来等效表示，并进行计算。若按图 2.1.4 所示的正方向，有 $\dot{E}_{02} = -j\dot{I}_2 X_2$。此外副绕组也有电阻 R_2，也要产生电压降 $I_2 R_2$。根据基尔霍夫电压定律，有副绕组的电压平衡方程：

$$\dot{E}_2 + \dot{E}_{02} = \dot{U}_2 + \dot{I}_2 R_2$$

$$\dot{E}_2 = \dot{U}_2 + \dot{I}_2 R_2 + j\dot{I}_2 X_2 = \dot{U}_2 + \dot{I}_2(R_2 + jX_2)$$

$$\dot{E}_2 = \dot{U}_2 + \dot{I}_2 Z_2 \tag{2.1.18}$$

或

$$\dot{U}_2 = \dot{E}_2 - \dot{I}_2 Z_2 \tag{2.1.19}$$

式中，$\dot{E}_2$ 为副绕组中的感应电动势；$\dot{U}_2$ 为副绕组的端电压，即负载的端电压；R_2 为副绕组的导线电阻；X_2 为副绕组的漏磁感抗；E_{02} 为副绕组的漏磁感应电动势；Z_2 为副绕组的复阻抗。

式（2.1.19）表明，变压器在负载状态下运行时，副绕组的端电压已不再是 $U_{20} = E_2$，而变成了 U_2。从副绕组的电压平衡方程可知，当负载增加时，I_2 加大，副绕组复阻抗（$Z_2 = R_2 + jX_2$）上的电压降也加大，使得副绕组的端电压 U_2 发生变化。可以用变压器的外特性来表示这种变化关系。

变压器的外特性就是保持电源电压 U_1 和负载的功率因数 $\cos\varphi_2$ 不变的条件下，U_2 随 I_2 的变化关系，即 $U_2 = f(I_2)$，一般用曲线表示。在感性负载条件下，变压器的外特性是稍微向下倾斜的，表明 U_2 随 I_2 的增加而稍有下降，如图 2.1.5 所示。

一般应用场合都希望 U_2 随负载（I_2）增加而下降的数值越小越好，为此引出电压调整率 $\Delta U\%$ 的概念。

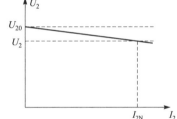

图 2.1.5　变压器的外特性曲线

$$\Delta U\% = \frac{U_{20} - U_2}{U_{20}} \times 100\% \tag{2.1.20}$$

电压调整率表示变压器从空载（$I_2 = 0$）到额定工作状态（副绕组电流等于额定值 I_{2N}）时，副绕组电压的变化量与空载电压值之比。它反映了供电电压的稳定性，是变压器的一个重要性能指标。$\Delta U\%$ 越小，变压器副绕组输出的电压越稳定。由于绕组电阻及漏磁感抗均很小，变压器的 $\Delta U\%$ 都比较小，如常用变压器的 $\Delta U\%$ 为 3%～5%。

3. 变压器的变阻抗作用

变压器除了具有变换电压和变换电流的作用之外，还有变换阻抗的作用。应用变压器的变换阻抗作用可以实现电路的阻抗匹配，使负载获得最大的功率输出。

如图 2.1.6 所示，负载接于副绕组，而电功率却是从原绕组通过工作磁通传到副绕组的。根据等效的观点可以认为，当变压器原绕组直接接入一个阻抗 Z'_L 时，原绕组的电压、电流和功率与其副绕组接上负载阻抗 Z_L 时，原绕组的电压、电流和功率完全一样。这就可以认为，对交流电源来说与副绕组接负载阻抗 Z_L 是等效的。阻抗 Z'_L 称为 Z_L 折算到原绕组的等效阻抗。

为了简化计算，并突出阻抗变换作用，可将原、副绕组中的导线电阻、漏磁阻抗和铁芯

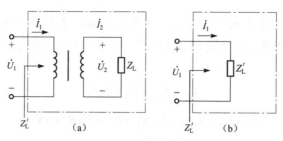

图 2.1.6 变压器的变阻抗作用

（a）Z'_L 变压器电路；（b）Z'_L 等效电路

损耗略去不计，则有

$$U_1 \approx E_1 = 4.44 f N_1 \Phi_m$$
$$U_2 \approx E_2 = 4.44 f N_2 \Phi_m$$

而负载阻抗的大小为

$$|Z_L| = \frac{U_2}{I_2}$$

从原绕组看的等效负载阻抗为

$$|Z'_L| = \frac{U_1}{I_1}$$

将式（2.1.9）和式（2.1.14）代入上式可得

$$|Z'_L| = \frac{\dfrac{N_1}{N_2} U_2}{\dfrac{N_2}{N_1} I_2} = \left(\frac{N_1}{N_2}\right)^2 \cdot \frac{U_2}{I_2} = k_u^2 |Z_L| \tag{2.1.21}$$

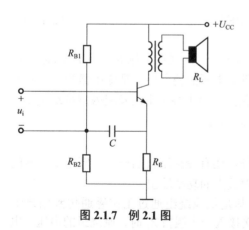

图 2.1.7 例 2.1 图

式（2.1.21）表明原绕组等效接入的负载阻抗 $|Z'_L|$ 是 $|Z_L|$ 的 K_u^2 倍，这就是变压器的变换阻抗作用。只要改变变压器原、副绕组的匝数就可以将负载阻抗 $|Z_L|$ 变换成所需要的数值。

【例 2.1】图 2.1.7 所示为半导体收音机输出级部分电路，所接负载电阻为扬声器，其阻值为 8 Ω，为使扬声器获得最大功率，电路的负载电阻的最佳阻值应为 75 Ω，所以电路中接入变压器，进行阻抗变换。试求其变压比。

【解】根据 $|Z'_L| = K_u^2 |Z_L|$，变压比为

$$K_u = \sqrt{\frac{|Z'_L|}{|Z_L|}} = \sqrt{\frac{75}{8}} = 3.06$$

以上介绍的变压器的三种功能（变电压、变电流和变换阻抗），在电力传输、电工测量及电子电路中都得到了广泛应用。

2.2 理想与非理想变压器

如果假设变压器铁芯具有无穷大导磁性,即相对磁导率为无穷大,线圈绕组无铜损和铁损,也没有漏磁通,则称此变压器为理想变压器,此时,式(2.1.9)、式(2.1.17)和式(2.1.21)等号严格成立。

在此基础上,考虑原方和副方的电压平衡方程式(2.1.10)与式(2.1.18)将产生漏磁感应电动势的线圈用漏磁电感表示,可得到非理想变压器的等效电路如图 2.2.1 所示。

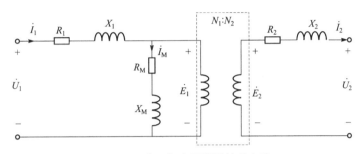

图 2.2.1　非理想变压器的等效电路

在图 2.2.1 中,用理想变压器将原、副方绕组耦合起来,其中 $N_1:N_2=K$ 为理想变压器的匝数比,$\dot{U}_1$ 为原方端电压,$\dot{U}_2$ 为副方端电压,$\dot{E}_1$ 为原方感应电压,$\dot{E}_2$ 为副方感应电压,R_1、R_2 分别为原、副方绕组电阻,R_M 为表征绕组铁芯损耗的等效电阻,X_1、X_2 分别为原、副方绕组的漏电抗,X_M 为励磁电抗。

利用阻抗变换,可将变压器的副方折算到原方,以方便计算和分析,并将该电路称为变压器的 T 型等效电路,如图 2.2.2 所示。图中,$\dot{E}'_2 = K\dot{E}_2$,$\dot{I}'_2 = \dot{I}_2 / K$。

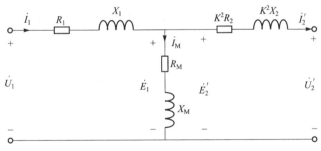

图 2.2.2　非理想变压器的 T 型等效电路

当用变压器的等效电路来分析计算其运行问题时,必须知道变压器的参数,以及绕组的电阻、漏磁电抗和励磁电抗等。在设计变压器时,可根据设计数据和变压器的铁芯、绕组所用的材料来计算这些参数。而对已经制造好的变压器,可通过试验的方法来求得这些参数。其具体方法可查阅有关资料。

【例 2.2】 参见图 2.2.2 所示非理想变压器模型。某台额定电压为 220 V,频率为 50 Hz,$N_1 = 500$ 匝的单相变压器空载接到 220 V 的交流电源时,吸收功率为 40 W、电流为 0.8 A。若原方绕组电阻 $R_1 = 0.3\ \Omega$,求:

(1)该变压器的铁芯损耗;
(2)空载时的功率因数;
(3)铁芯磁通的幅值。

【解】 因变压器空载,副方电流为零。

(1)铁芯损耗

$$P_{Fe} = 40 - 0.8^2 \times 0.3 = 39.81(W)$$

(2)空载时的功率因数

$$\cos\varphi_0 = \frac{40}{220 \times 0.8} = 0.227\ 3$$

(3)根据式(2.1.5),可得铁芯磁通的幅值为

$$\Phi_m = \frac{220}{4.44 \times 50 \times 500} = 1.98(mWb)$$

知道了铁芯损耗,还可以求出等效铁芯电阻为

$$R_M = \frac{P_{Fe}}{I_{10}^2} = \frac{39.81}{0.8^2} = 62.2(\Omega)$$

2.3 变压器的额定值

为了使变压器能够长时间安全可靠地运行,制造厂家将它的额定值标示在铭牌上。在使用变压器之前,首先要正确理解各额定值的意义,这样才能正确地使用它。

变压器的额定值主要有:

(1)额定电压 U_{1N} 和 U_{2N}。原、副绕组的额定电压用分数线分开,表示为 U_{1N}/U_{2N},例如"6 000/400 V"。原绕组额定电压 U_{1N} 指的是应接入的正常的电源电压的数值,它是根据变压器的绝缘强度及允许发热等条件规定的。副绕组额定电压 U_{2N} 是指原绕组接入 U_{1N} 时,副绕组空载(开路)时的电压。考虑到接上负载后,副绕组的输出电压 U_2 将随负载电流的增加而下降,所以副绕组的空载电压一般应高于负载额定电压5%左右。例如为保证在额定负载时能输出 380 V 的电压,该变压器副绕组的额定电压 U_{2N} 应为 400 V。对于固定负载的电源变压器,副绕组的额定电压有时是指额定负载下的副绕组电压。

(2)额定电流 I_{1N} 和 I_{2N}。原、副绕组的额定电流是根据变压器所允许的温升而规定的电流值。若实际电流超过 I_{1N} 和 I_{2N},会使变压器温升过高,造成绝缘老化,缩短变压器的使用寿命。

(3)额定容量 S_N。额定容量是指变压器在额定运行状态下,副绕组的视在功率。对单相变压器,有

$$S_N = U_{2N} \cdot I_{2N} \tag{2.3.1}$$

且可近似认为

$$S_N = U_{1N} \cdot I_{1N} \tag{2.3.2}$$

额定容量表示的是变压器传送电功率的能力,其单位是 VA 或 kVA。

(4)额定频率 f_N。我国规定的电力标准频率是 50 Hz。当变压器的额定频率与交流电源的频率不一致时,一般是不能使用的。

【例2.3】一台电源变压器如图 2.3.1 所示，原绕组匝数 $N_1 = 660$，接电源电压 $U_1 = 220\text{ V}$。两个副绕组的空载电压 $U_{20} = 36\text{ V}$ 和 $U_{30} = 12\text{ V}$。求两个副绕组的匝数 N_2 和 N_3。

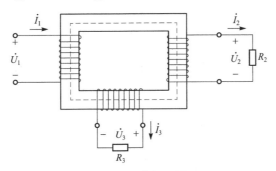

图 2.3.1　例 2.3 图

【解】该变压器有两个副绕组，其工作原理与双绕组变压器相同。每个副绕组的电压与原绕组电压之比的关系仍然不变，因为铁芯中的工作磁通是相同的，所以

$$\frac{U_1}{U_{20}} = \frac{N_1}{N_2}, \quad \frac{U_1}{U_{30}} = \frac{N_1}{N_3}$$

副绕组匝数：

$$N_2 = \frac{U_{20}}{U_1} \cdot N_1 = \frac{36}{220} \times 660 = 108$$

$$N_3 = \frac{U_{30}}{U_1} \cdot N_1 = \frac{12}{220} \times 660 = 36$$

【例2.4】在例 2.3 中，若两个副绕组均接有纯电阻负载，且 $I_2 = 1\text{ A}$，$I_3 = 2\text{ A}$，求原绕组电流及原、副绕组的功率（假设励磁电流可以忽略不计）。

【解】由于励磁电流可以略去，则根据图 2.3.1 中的电流正方向，可得磁通势平衡方程：

$$N_1 \dot{I}_1 + N_2 \dot{I}_2 + N_3 \dot{I}_3 \approx 0$$

$$N_1 \dot{I}_1 \approx -(N_2 \dot{I}_2 + N_3 \dot{I}_3)$$

因为是纯电阻负载，$\lambda_2 = \cos\varphi_2 = 1$，$\lambda_3 = \cos\varphi_3 = 1$，所以 $\dot{I}_1$、$\dot{I}_2$ 和 $\dot{I}_3$ 为同相位。上式的有效值之间存在如下关系式：

$$N_1 I_1 \approx N_2 I_2 + N_3 I_3$$

原绕组电流：

$$I_1 \approx \frac{N_2 I_2 + N_3 I_3}{N_1} = \frac{108 \times 1 + 36 \times 2}{660} = 0.273\text{（A）}$$

当略去原绕组中的导线电阻及漏磁通的影响时，

原绕组功率：$P_1 = U_1 I_1 = 60\text{（W）}$

副绕组功率：$P_2 = U_2 I_2 = 36\text{（W）}$

$$P_3 = U_3 I_3 = 24\text{（W）}$$

这表明：

$$P_1 = P_2 + P_3$$

【例 2.5】 已知交流信号源电压有效值 $U=6$ V，内阻 $R_0=100$ Ω，负载是扬声器，其电阻 $R_L=8$ Ω。

（1）将扬声器直接接在信号源的输出端，如图 2.3.2（a）所示，计算负载的功率 P'。

（2）为使负载得到最大的输出功率，需进行阻抗变换，所以在信号源与负载之间接入变压器，如图 2.3.2（b）所示，使 R_L 折算到原绕组的等效电阻 $R'_L=R_0$。计算满足这一条件的变压器变比 K_u 及负载得到的功率 P。

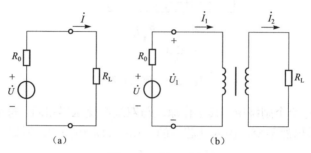

图 2.3.2　例 2.5 图

【解】（1）据图 2.3.2（a），电流的有效值：

$$I = \frac{U}{R_0+R_L} = \frac{6}{100+8} = 0.056\,(\text{A})$$

负载功率：

$$P = I^2 \cdot R_L = 0.056^2 \times 8 = 0.025\,(\text{W})$$

（2）据式（2.1.21）有

$$R'_L = K_u^2 R_L$$

要使负载得到最大功率，则

$$R'_L = R_0$$

即

$$R'_L = K_u^2 R_L = R_0$$

代入数据：

$$K_u^2 \times 8 = 100$$

$$K_u = \sqrt{\frac{100}{8}} = 3.53$$

变压器原绕组电流有效值：

$$I_1 = \frac{6}{100+100} = 0.03\,(\text{A})$$

负载功率，就是信号源输出的功率：

$$P = I_1^2 \cdot R'_L = 0.09\,(\text{W})$$

以上计算表明，利用变压器的变阻抗作用，可使负载得到的功率是 R_L 直接接入信号源时所得功率的 3.6 倍，且可证明，此时负载得到了最大输出功率。

【例 2.6】 额定容量 $S_N = 10$ kVA 的变压器，电压是 3 300/220 V。求：

（1）原、副绕组的额定电流；

（2）若负载是 220 V、40 W、$\cos\varphi = 0.44$ 的日光灯，变压器满载时可接入多少盏日光灯？

【解】（1）原绕组的额定电流：

$$I_{1N} = \frac{S_N}{U_N} = \frac{10 \times 10^3}{3300} = 3.03（\text{A}）$$

副绕组的额定电流：

$$I_{2N} = \frac{S_N}{U_N} = \frac{10 \times 10^3}{220} = 45.45（\text{A}）$$

（2）每盏日光灯的电流：

$$I = \frac{P}{U\cos\varphi} = \frac{40}{220 \times 0.44} = 0.41（\text{A}）$$

变压器满载时可接入的日光灯为

$$\frac{I_{2N}}{I} = \frac{45.45}{0.41} \approx 110（\text{盏}）$$

2.4 绕组的同名端及绕组的串联和并联

为了提高变压器的通用性，变压器的原绕组和副绕组往往不止一个。在使用时，可以根据需要将绕组串联以提高电压，或将绕组并联以增加电流。这时就会遇到绕组的正确连接问题，而实现绕组正确连接的关键就是要理解和判断绕组的同名端。

同名端又称同极性端，它是指绕在同一铁芯上的两个绕组，在工作磁通的作用下，在任何瞬时都极性相同的两个对应端。如图 2.4.1 所示，变压器有两个各自独立的副绕组 II 和 III，由工作磁通将它们耦合在一起。当工作磁通交变时，任一瞬间，绕组 II 的极性一端为正，另一端为负，绕组 III 的极性也必有一端为正，另一端为负。将极性同时为正的两个对应端（或同时为负的两个对应端）称作同名端。可以判定③和⑤（或④和⑥）为绕组 II 和 III 的同名端。同名端通常用"·"标出。

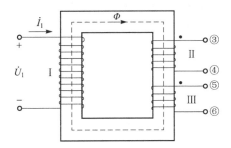

图 2.4.1 绕组的同名端

2.4.1 同名端的判别方法

对于绕向已知的两个绕组，可以从它们的任意两端通入电流，根据右手螺旋法则判别，如果电流在铁芯中所产生的磁通方向一致，这两端便是同名端，如图 2.4.2（a）所示。如果电流在铁芯中所产生的磁通方向是相反的，则该两端便不是同名端，并可称作异名端，如图 2.4.2（b）所示。

对于一台已经制成的变压器，已经无法从外部观察其绕组的绕向，这时只能用实验的方

法确定其绕组的同名端。实验方法有交流法和直流法两种,现将交流法简述如下:

若需要判别同名端的两绕组(如图 2.4.3 中的 Ⅰ 和 Ⅱ),把它们的任意两端,例如②和④连在一起,然后在一个绕组(如绕组 Ⅰ)的两端加上一个较低的交流电压 u,再用交流电压表分别测量①、②端,①、③端和③、④端的电压有效值 U_{12}、U_{13}、U_{34}。如果测量结果是: $U_{13}=U_{12}-U_{34}$,则①、③端是同名端;如果 $U_{13}=U_{12}+U_{34}$,则①、③端是异名端。有关原理请自行分析。

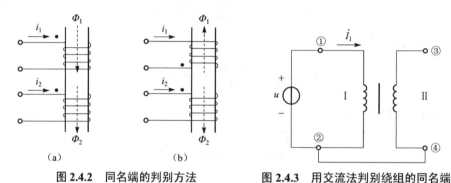

图 2.4.2　同名端的判别方法　　　　图 2.4.3　用交流法判别绕组的同名端

2.4.2　绕组的串联与并联

对于原绕组来说,为了能够适应较高的电源电压,或对于副绕组来说,为了能够输出较高的电压,需要把两个绕组串联连接。正确的连接方法如图 2.4.4(a)所示,即将绕组的两个异名端连在一起,余下的两端接电源(原绕组)或负载(副绕组)。如果接错,对于原绕组,将会把绕组烧毁;对于副绕组,将使输出电压为零。

如果要得到大一些的电流,就需要把两个绕组并联连接使用。正确的连接方法是将两个绕组的同名端对应连接,如图 2.4.4(b)所示。如果接错,将会把绕组烧毁。

【例 2.7】图 2.4.5 所示为某电子仪器中的变压器原理,它有两个原绕组 a–b、c–d,额定电压均为 110 V。副绕组有三个:e–f 绕组,额定电压为 24 V;g–h、i–j 绕组,额定电压均为 6.3 V,额定电流均为 0.25 A。请回答:

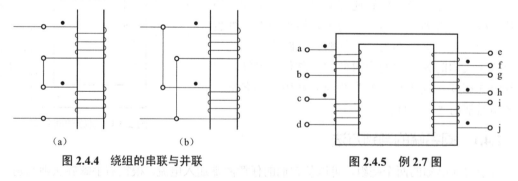

图 2.4.4　绕组的串联与并联　　　　图 2.4.5　例 2.7 图

(1) 电源电压为 110 V 时,原绕组应如何连接?
(2) 电源电压为 220 V 时,原绕组应如何连接?
(3) 若负载需要 6.3 V 电压、0.2 A 电流,副绕组应如何与负载连接?
(4) 若负载需要 6.3 V 电压、0.4 A 电流,副绕组应如何与负载连接?

（5）若负载需要 12.6 V 电压、0.2 A 电流，副绕组应如何与负载连接？

【解】根据绕组的绕向可以判断绕组的同名端，并表示在图中。

（1）原绕组应并联连接：a 与 c 相连，b 与 d 相连，并分别外接交流电源。

（2）原绕组应串联连接：c 与 b 相连，a 与 d 分别外接交流电源。

（3）副绕组 g–h 或 i–j 可直接与负载连接，即可满足负载要求。

（4）副绕组 g–h 与 i–j 应并联连接：g 和 i 相连，h 和 j 相连，然后分别与负载相连。

（5）副绕组 g–h 与 i–j 应串联连接：h 和 i 相连，g 和 j 分别与负载相连。

2.5 三相变压器

现代交流供电系统都是以三相交流电的形式产生、输送和使用的，因而广泛使用三相变压器来实现三相电压的转换。三相变压器的工作原理与单相变压器基本相同，现仅将其特点简述如下。

三相变压器可以由三台同容量的单相变压器组成，如图 2.5.1（a）所示。图中铁芯可以认为是三个单相变压器的铁芯搭接，组成一个整体。U、V、W 三相电源的原、副绕组分别绕在三个独立的芯柱上，现只画出 U 相的原、副绕组 U_1-U_2、u_1-u_2，其余两相则略去未画。由于三相绕组通入对称三相电流，它们所产生的工作磁通 Φ_U、Φ_V、Φ_W 也是对称的，$\Phi_U+\Phi_V+\Phi_W=0$，即通过中间铁芯柱的磁通为零，所以中间铁芯柱可以省去，如图 2.5.1（b）所示。在工程实际中，为了简化变压器铁芯芯片的裁减及叠装工艺，而采用将 U、V、W 三个铁芯柱置于同一平面上的结构形式，如图 2.5.1（c）所示。

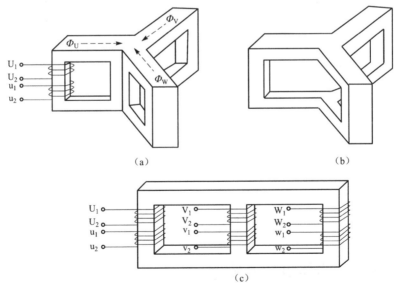

图 2.5.1 三相变压器的结构

三相变压器三个原绕组的首、末端分别用 U_1-U_2、V_1-V_2、W_1-W_2 表示，三个副绕组的首、末端分别用 u_1-u_2、v_1-v_2、w_1-w_2 表示。与三相电源的三相绕组一样，它们可以按星形方式连接，也可以按三角形方式连接。这样三相变压器就有多种连接方式，并且用分数的形式来表示。分子表示三相高压绕组的接法，分母表示三相低压绕组的接法。当三相绕组按星形方式连接，并具有可以接出的中线时，通常用符号"Y_O"表示。

我国规定三相变压器有 5 种标准连接组，其中以 Y/Y_O、Y/△和 Y_O/△三种连接组应用最广。

Y/Y_O 接法如图 2.5.2（a）所示。当高压边的线电压为 U_{L1} 时，相电压是 $\frac{U_{L1}}{\sqrt{3}}$，只是线电压的 $\frac{1}{\sqrt{3}}$，降低了对每相绕组的绝缘要求。若变压器的变比为 K_u，则低压边的线电压是 $\frac{U_{L1}}{K_u}$，相电压是 $\frac{U_{L1}}{\sqrt{3}K_u}$。这种连接组的低压边的线电压一般是 400 V，适用于容量不大的三相配电变压器，供给动力和照明混合负载。这时电动机等动力设备接于线电压上，而照明负载等家用电器则接于相电压上。

Y/△接法如图 2.5.2（b）所示。其高压绕组接成星形，低压绕组接成三角形。三角形连接时相电流只是线电流的 $\frac{1}{\sqrt{3}}$，因而绕组导线的截面积可以缩小，故大容量的变压器经常采用此种连接方式。

Y_O/△连接方式主要用于输电线路上，它提供了在高压边电网接地的可能。

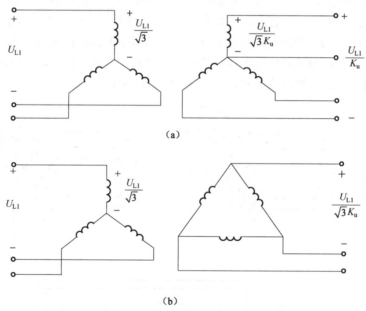

图 2.5.2　三相变压器绕组连接方式举例

2.6　自耦变压器与电流互感器

2.6.1　自耦变压器

自耦变压器是一种常用的实验室设备。它所输出的电压数值可以根据需要连续均匀地调节，使用起来非常方便。

自耦变压器在结构上的特点是它只有一个绕组,在绕组的中间处有一个抽头。其结构示意及图形符号如图 2.6.1 所示。

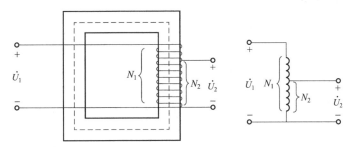

图 2.6.1　自耦变压器的结构示意及图形符号

图 2.6.1 表明,自耦变压器的原、副方共用一个公共绕组,低压绕组是高压绕组的一部分。因此原、副绕组之间不止有磁的联系,还有电的联系。

尽管原、副方共用一个公共绕组,但它的工作原理与普通双绕组变压器相同。前述的变压、变流、变阻抗的关系也适用于自耦变压器。

当原绕组两端加入电源电压 U_1 时,在铁芯中产生工作磁通 Φ,则在原、副绕组中产生感应电动势 E_1 和 E_2,且

$$E_1 = 4.44 f N_1 \Phi_m$$
$$E_2 = 4.44 f N_2 \Phi_m$$

所以在空载时有

$$\frac{U_1}{U_{20}} \approx \frac{E_1}{E_2} = \frac{N_1}{N_2} = K_u$$

K_u 是自耦变压器的变比。略去绕组的阻抗压降,在负载状态下仍可近似认为

$$\frac{U_1}{U_2} \approx \frac{N_1}{N_2} = K_u \qquad (2.6.1)$$

在图 2.6.1 中,副绕组的中心抽头做成能沿着裸露的绕组表面上下滑动的电刷触头,移动电刷的位置,改变副绕组的匝数 N_2,就能够均匀平滑地调节输出电压 U_2。根据这样的原理就做成了调压器。为了便于电压的调节,把调压器的铁芯做成圆筒状,如图 2.6.2 所示。

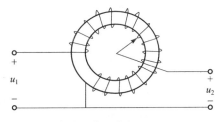

图 2.6.2　自耦变压器的实物及其示意

自耦变压器的主要优点是结构简单、用铜量小、效率较高。它的缺点是原、副绕组的电路直接连在一起,高压绕组一侧的电气故障会波及低压绕组一侧,这是很不安全的。因此在使用自耦变压器时必须正确接线,且外壳必须接地,并规定安全照明变压器不允许采用自耦

变压器的结构形式。

2.6.2 电流互感器

电流互感器也是根据变压器的原理做成的,在电工测量技术中用来按比例变换交流电流的数值,以扩大交流电流表的量程。同时在测量高压电路的电流时,也能够使电流表与被测高压电路隔开,确保人身及仪表的安全。

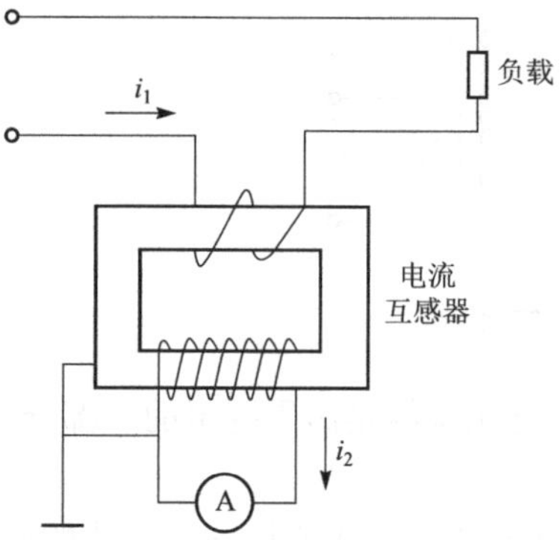

电流互感器的基本结构形式及工作原理与单相变压器相似。其接线如图 2.6.3 所示。

电流互感器原绕组的匝数 N_1 极小,通常只有一匝或几匝,并用粗导线绕制,允许通过较大的电流。使用时原绕组串联接入被测电路,流过它的是被测电流 I_1。副绕组的匝数 N_2 较多,它与交流电流表(或电度表、功率表等电工仪表)连接。

图 2.6.3 电流互感器电路的原理

根据变压器变换电流作用的原理,

$$\frac{I_1}{I_2} = \frac{N_2}{N_1} = K_i$$

故

$$I_1 = K_i I_2 \tag{2.6.2}$$

K_i 称为电流互感器的额定电流比,标示于电流互感器的铭牌上。实际进行测量时只需读出接在副绕组中的电流表 I_2 的示数,就可以根据式(2.6.2)得到被测电流 I_1 的数值。

通常交流电流表均采用量程为 5 A 的仪表,只需改变所用电流互感器的变流比 K_i,就可以测知不同大小的电流 I_1。

使用电流互感器必须注意以下两点:第一,副绕组的一端和铁芯必须接地(图 2.6.3),以防止原、副绕组间绝缘损坏时危及人身及设备安全;第二,副绕组不允许开路,以免造成触电事故和损坏设备。

图 2.6.4 所示的钳形电流表,又叫测流钳。它是电流互感器的一种变形,其铁芯做成钳状,并用弹簧压紧,形成闭合磁路。测量时用手将钳口张开,把被测载流导线钳入铁芯窗口中,

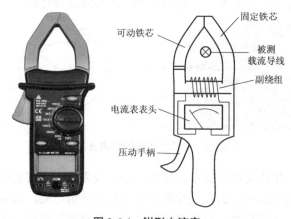

图 2.6.4 钳形电流表

该被测载流导线就相当于电流互感器的原绕组。副绕组则绕在铁芯上，与电流表相连，可直接读出被测电流的数值。其优点是使用方便，可以随时随地测量电流，而不必断开被测电路接入互感器。

习　　题

2.1　单相变压器原绕组接到 25 kV 的工频交流电源上，副绕组的开路电压是 6.6 kV。铁芯截面积 $S=1\,120\text{ cm}^2$，磁感应强度最大值 $B_m=1.5$ T。计算这个变压器的变压比和原、副绕组的匝数。

2.2　一单相变压器的原绕组匝数等于 450，接到工频交流电源上。铁芯中的磁通最大值 $\Phi_m=2.2\times10^{-3}$ Wb，副绕组的电压 $U_{20}=36$ V。计算副绕组的匝数和变压器的变压比。

2.3　一单相变压器，额定容量 $S_N=40$ kVA，额定电压是 3 300/230 V。计算：

（1）变压器的变压比 K_u 是多少？

（2）高、低压绕组的额定电流 I_{1N} 和 I_{2N} 是多少？

（3）该变压器在额定状态下工作时，$U_2=220$ V。这时的电压调整率是多少？当它向额定电压是 220 V、额定功率是 60 W、功率因数 $\lambda=\cos\varphi=0.89$ 的日光灯供电时，可接多少盏这样的日光灯？

2.4　一台单相变压器，额定容量 $S_N=50$ kVA，额定电压是 6 600/230 V。低压绕组接入感性负载 $Z_L=(0.6+\text{j}0.83)$ Ω 后，变压器恰好达到额定工作状态。计算变压器的电压调整率。

2.5　一台单相变压器，额定容量 $S_N=250$ VA，额定电压是 220/36 V。现电源电压为 220 V，负载是 36 V、25 W 的白炽灯。计算该变压器最多能够接入多少盏这样的白炽灯，而不超过其额定值，并计算这时原、副绕组的电流值。

2.6　变压器电路如题图 2.1 所示，已知电源电压有效值 $U_1=220$ V，变压器的变压比 $K_u=10$，负载电阻 $R=10$ Ω。

（1）计算原绕组电流 I_1。

（2）从 a、b 端看入的等效电阻 R_i 是多少？

2.7　变压器电路如题图 2.2 所示，已知电源电压有效值 $U_S=10$ V，负载电阻 $R=4$ Ω。当变压器的变压比 K_u 为何值时负载获得最大功率？该最大功率的数值是多少？

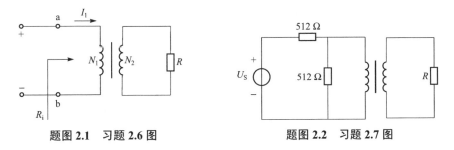

题图 2.1　习题 2.6 图　　　　　题图 2.2　习题 2.7 图

2.8　变压器电路如题图 2.3 所示，原绕组的匝数是 N_1，副绕组两部分的匝数分别是 N_2 与 N_3。负载 $R=9$ Ω 时接在 b-o 两端；负载 $R=25$ Ω 时接在 a-o 两端。

在这两种情况下均可实现阻抗匹配（负载获得最大功率），计算匝数 N_2 与 N_3 之间的关系。

2.9 电路如题图 2.4 所示，试用实验方法判别一台变压器绕组的同名端。当开关 S 闭合时，电压表的指针正向偏转，试在图中标出绕组的同名端。

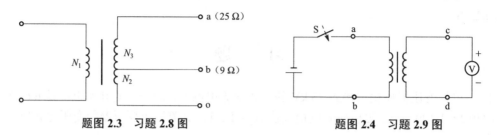

题图 2.3 习题 2.8 图　　　　题图 2.4 习题 2.9 图

2.10 一台变压器如题图 2.5 所示，它有两个原绕组，每个绕组的额定电压是 110 V，匝数是 440。它有一个副绕组，匝数是 80。

（1）判别并标出两个原绕组的同名端。

（2）当电源电压为 220 V 时，画图说明两个原绕组应如何正确连接，计算变压器的变比及副绕组的端电压。

（3）当电源电压为 110 V 时，画图说明两个原绕组应如何正确连接，计算变压器的变比及副绕组的端电压。

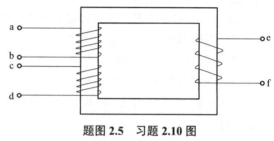

题图 2.5 习题 2.10 图

（4）如果分别把 a、c 连在一起，b、d 连在一起，外接 220 V 交流电源，变压器能否正常工作？说明原因。

2.11 变压器如题图 2.6 所示，其副方有三个绕组：c–d、e–f 和 g–h。试问副方能有多少种不同的输出电压？说明副方绕组的接法。

2.12 一个容量为 1 kVA、220/110 V 的双绕组变压器如题图 2.7 所示，现欲将其改接成 220/330 V 的自耦变压器。试问：

（1）应该怎样连接？指出输入端和输出端。

（2）副绕组所允许接入的最小电阻 R_L 是多少？

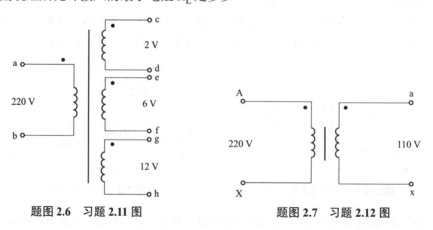

题图 2.6 习题 2.11 图　　　　题图 2.7 习题 2.12 图

2.13 电路如题图 2.8 所示，图中 T_0 是自耦变压器，T_1、T_2 是双绕组变压器。负载电阻 $R_L = 0.1\ \Omega$，电流表的读数是 10 A，计算：

(1) 负载上的电流 I_L；

(2) 自耦变压器的原方输入电压 U_1。

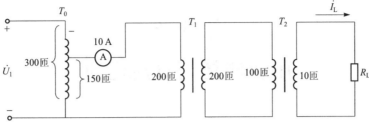

题图 2.8　习题 2.13 图

第 3 章
电机概述与直流电机

本章主要介绍旋转电机的基本原理。本书在第 1 章的基础上，首先尽可能直观地介绍直流（DC）、同步、感应这三大类电机的一般原理，然后在第 4 章和第 5 章介绍不同类型电机的基本原理。

本章的重点是各类电机的性质特点，特别是优点和缺点，电机的分类、运行特性和应用领域。直流电机因其原理较为简单，本章对其进行简要介绍。鉴于交流感应电动机的重要性，将单独在第 4 章对其进行讨论。学习本章后，应能：
- 叙述直流电机的工作原理；
- 理解电动机的机械特性曲线；
- 根据给定应用能选择合适的电机。

3.1 电机概述

不同类型的旋转电机，有不同的体积、功率和物理性质，要想用短短的一节来解释旋转电机的基本原理，颇具挑战性，但无论何种电机，都具有一些共同点。本节主要关注旋转电机的共同点。图 3.1.1 所示为一虚拟的简化电机模型，图中小正方形内的圆点"•"表示电流从剖面（纸面）流出，而十字叉"×"表示电流流入剖面（纸面）。

图 3.1.1 中，外围圆筒状的叫定子——静止不动的部分，中心圆柱形的叫转子——电机中旋转的部分，定子和转子之间有空气隙。定子和转子都由磁芯、起电气隔离作用的绝缘材料和建立磁场的绕组（某些电机由永磁体产生磁场）构成。转子安装在由轴承支承的轴上，并通过机械轴连接机械负载（电动机）或原动力（发电机）。绕组中的电流产生磁场，传递能量到负载，同时构成闭合回路的绕组也有感应电压产生。

3.1.1 电机的基本分类

可根据电机绕组中电流的不同和电流的作用来对电机进行分类。若电流仅用来激励产生磁场，且磁场与负载独立，则该电流叫励磁电流，而通入励磁电流的绕

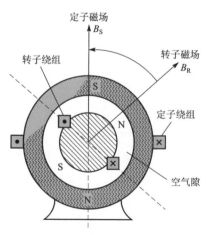

图 3.1.1 旋转电机简化模型

组叫励磁绕组。由于励磁电流仅用以磁化铁芯，通常总是直流，且功率相对较小。若绕组仅流过负载电流，则叫电枢。对直流和同步电机而言，有独立的电枢和励磁绕组。而对于感应电机，励磁电流和负载电流流入同一绕组，这时绕组叫输入绕组或一次绕组，输出绕组叫二次绕组。感应电机绕组这种叫法与变压器类似，表明感应电机的工作原理可用变压器类比。

电机还可根据能量转换的性质来分类。发电机是将从原动力（如发动机燃烧）获得的机械能转换为电能的旋转电机。电动机是将电能转换为机械能的装置。电动机在工业生产中被大量使用，以提供力或转矩，产生机械的运动，如电锤、机器人、磨床、冲压机和电动汽车等。

如图 3.1.1 所示，电机内有转子磁场 B_R 和定子磁场 B_S。对不同的电机，这些磁场由不同的方式产生，如永磁体、交流电流和直流电流。正是这些磁场的出现，使电动机旋转或发电机产生电能。图 3.1.1 中，转子磁场的北极会寻找定子磁场的南极，并自动对准。正是这种磁场的相互吸引力在电动机内部产生机械转矩，反过来，发电机因为电磁感应定律，将变化的磁场转换为电流。

为了简化后续讨论，这里简单介绍旋转电机的基本工作原理。如图 3.1.2 所示，可写出作用于绕组单匝导线上的力为

$$f = il \times B \tag{3.1.1}$$

式中，i 为流过导线的电流，l 为沿导线方向的矢量，"×"表示两矢量的叉积，则多匝线圈的力矩为

$$T = KBi\sin\alpha \tag{3.1.2}$$

式中，B 为定子磁场的磁感应强度，K 为与线圈有关的常数，α 为磁感应强度 B 与线圈平面的夹角。

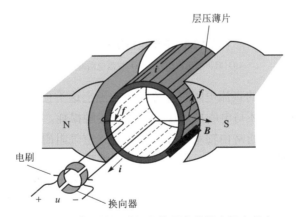

图 3.1.2 定、转子磁场和作用在旋转电机上的力

在图 3.1.2 所示的虚拟电机中，存在定子产生的磁场和转子绕组产生的磁场。这两个磁场中的任一个既可由电流产生，也可由永磁体产生。那么，图 3.1.2 中由永磁体构成的定子就可用合适的绕组代替。若定子由半径为 r 的环形线圈组成，则定子绕组产生的磁感应强度为

$$B = \mu H = \mu \frac{Ni}{2\pi r} \tag{3.1.3}$$

式中，N 为定子绕组的匝数，i 为线圈电流。力矩的方向按定、转子磁场相互对准的原则确定，

图 3.1.2 中力矩的方向为逆时针方向。

要注意的是,图 3.1.2 仅仅是旋转电机的示意模型。线圈中通入不同性质的电流,或采用永磁体,图 3.1.2 的相应部分应随之改变。根据绕组中励磁电流的不同,可将电机分为如下三类:

(1) 直流电机——定子和转子中均是直流电流;
(2) 同步电机——一个绕组中是交流电流,而另一个绕组中是直流电流;
(3) 感应电机——定子和转子中均是交流电流。

交流感应电机,因其结构简单可靠,在工业生产中被广泛使用,但其分析计算相对复杂。直流电机结构复杂,但分析计算相对简单。

3.1.2 电机的性能特点

电机是一类能量转换装置的统称,自然的,能量转换的效率就成为关注点之一。无论是电动机还是发电机,均需考虑其有关的能量损耗问题。图 3.1.3 示意性地表示出直流电机中的不同损耗组成。电机中的损耗源可分为三类:铜损(I^2R)、铁芯损耗和机械损耗。

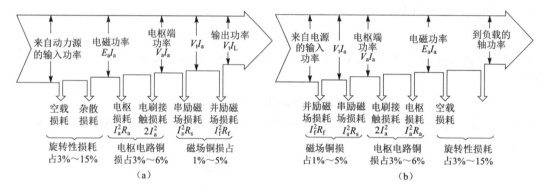

图 3.1.3 直流电机损耗示意

(a) 直流发电机损耗;(b) 直流电动机损耗

I^2R 损耗常常用 75 ℃时的直流电阻来计算,但实际上这类损耗随工作条件不同而变化。在直流电机中,还需计算滑环与电刷接触造成的电刷接触损耗。

机械损耗通常由摩擦(通常由轴承摩擦)和风阻(空气阻碍转子的转动)造成。另外,如需额外的设备如风扇通风冷却电机,则这些设备所消耗的能量也要计入机械损耗。

开路铁芯损耗包括磁滞损耗和涡流损耗,这些损耗仅限于励磁绕组。通常,磁滞和涡流损耗加上摩擦和风阻损耗,总称为空载旋转性损耗。当计算效率时,空载旋转性损耗很有用。由于开路铁芯损耗没有考虑由负载电流引起的磁感应强度的变化,所以未考虑由此引起的额外磁场损耗。杂散负载损耗用于集中考虑绕组中因非理想电流分布效应而额外增加的铁芯损耗。杂散负载损耗往往难以准确计算,对直流电机常常考虑它为输出功率的 1%,对同步和感应电机可通过实验确定。

电机的运行特性可用多种方式来表示。对电动机而言,常用机械特性(转矩-转速关系)曲线来描述。不同类型的电动机,其机械特性曲线不同。机械特性曲线描述了当电动机与机械负载连接时,电机转矩和其转速之间的关系。图 3.1.4 所示为某电动机的机械特性曲线。观察该曲线，首先注意到电动机不是理想的转矩输出源，因为该曲线不是一条平行于转速轴的直线。当电动机转速达到某一速度时，电动机输出最大转矩。电动机的实际运行速度、输出转矩和功率取决于所连接的机械负载的转矩-转速特性，这与实际电压源的端电压和输出功率由其所连接的负载决定一样。图 3.1.4 中的工作点由电动机的机械特性曲线和其所连接负载的转矩-转速曲线的交点决定。

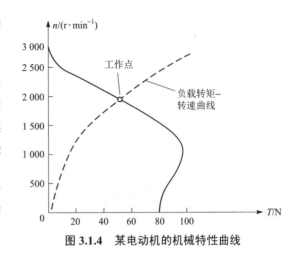

图 3.1.4 某电动机的机械特性曲线

其次，图 3.1.4 所示的机械特性曲线，当转速为零时，电动机的输出转矩不为零，即一旦电动机接通电源，就能提供一定的转矩。该零速时的转矩值叫作起动转矩。当电动机所连接的机械负载所要求的转矩小于电动机能提供的起动转矩时，电动机就可加速起动负载，直到工作点时，电动机的转速和转矩达到某一稳定值。有时，电动机不能提供足够大的起动转矩，以克服负载转矩，即带不动负载起动，这往往会造成电动机过热损坏。

电机的铭牌数据对电机的使用有重要意义，常常包括如下内容：
（1）电机类型（如直流电动机、交流发电机）；
（2）制造商；
（3）额定电压和额定频率；
（4）额定电流和额定容量；
（5）额定转速和额定功率。

额定电压是电机的定子端电压，在设计时已确定，用以建立所需的磁通。电机工作电压较高，会引起磁饱和使铁芯损耗增加。额定电流和额定容量是指在不引起由铜损（I^2R）所导致的电机绕组过热时的端电流和容量。这些额定值并不绝对精确，但能保证当电机在运行时只要不超出这些额定值，电机就不会过热。电机可短时超额运行，有时电压、电流或转矩可达到额定值的 6~7 倍，但若长时间超额运行，其会造成电机过热，甚至永久损坏。因此，在电机选型时，既要考虑电机的长时稳态运行情况，还要考虑短时过载（即超额）运行的情况。对转速的考虑也是如此，若电机短时超速运行，会产生较大的离心力，增加电机不必要的结构压力，特别的，对于电机转子，过大的转速会使转子自毁，造成不可挽回的损失。

需关注的参数还有电机的转速（对于电动机）或输出电压（对于发电机）的调整率。调整率表征了当负载变化时，电机保持其输出转速或电压不变的能力。可通过闭环负反馈控制来提高电机的转速或电压调整率。调整率可定义如下：

$$转速调整率 = \frac{空载转速 - 额定转速}{空载转速} \quad (3.1.4)$$

$$电压调整率 = \frac{空载电压 - 额定电压}{空载电压} \quad (3.1.5)$$

上面调整率的定义中，额定值是指电机的铭牌数据值。

3.1.3 旋转电机的基本原理

由第 1 章可知，电-磁-机设备中，磁场起到了电系统和机械系统之间的耦合作用。这种耦合，对电机的工作原理而言，有两个方面：

（1）磁极间相互吸引或排斥的力产生了机械转矩；

（2）在电机绕组（线圈）中因为磁场作用，产生感应电动势。

基于此，就可分析电机的工作原理。如前所述，电动机将输入电功率，通过磁耦合产生机械功率，而发电机的输入功率是机械功率，输出功率是电功率，如图 3.1.5 所示。

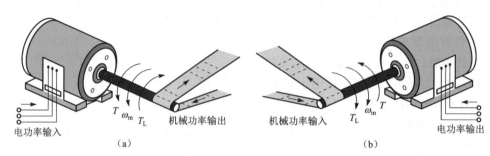

图 3.1.5　电动机和发电机

(a) 电动机；(b) 发电机

耦合磁场有如下作用：当放置在磁场中的导体中有电流 i 时，根据式（3.1.1），在每个导体上均产生力。若这些导体放置在圆筒结构上，则产生力矩。进一步，若圆筒结构能自由转动，则将以角速率 ω_m 旋转。随着导体旋转，它们切割磁力线，则产生感应电动势。该感应电动势阻碍电流 i 的变化。反过来，若电机的旋转部分由原动力驱动，则磁场中的旋转线圈中产生感应电动势。若电枢连接负载，则有电流 i 流入负载。电枢中电流 i 的存在将反过来在电枢上产生电磁转矩，该转矩将阻碍由原动力加载的转矩。

显见，能量转换的发生，需要两个条件：

（1）耦合磁场 B，常由励磁绕组产生；

（2）电枢绕组，有负载电流 i 和感应电动势 e。

3.1.4 电机中的磁极

在讨论旋转电机的具体结构前，先看看电机中磁极的作用和意义。定子和转子中磁极间的相互吸引或排斥力，产生转矩，进而使转子加速转动，并在定子上产生反作用转矩。自然的，人们就会希望能有一种结构，使电磁力持续、方向不变，即能产生持续不断的转矩。如果转子的磁极数等于定子的磁极数，则可实现这样的转矩的目的。

电机的转动和相应的电磁转矩是定子和转子这两个磁场相互作用，像南极和北极彼此相互吸引寻求对准的结果。图 3.1.6 中，用两个永磁体表示了这种相互吸引，使安装在转轴上的转子能绕其轴心转动。

如图 3.1.7 所示，定子磁极凸出，尽可能靠近转子且不能碰到定子结构。这种磁极的结构很常见，叫作凸极。显然，转子也可制作成凸极式。

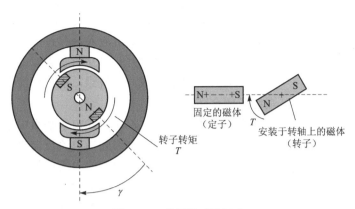

图 3.1.6 磁极的对准运动

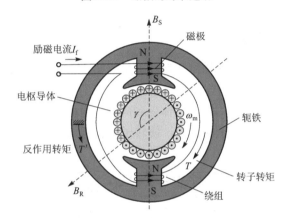

图 3.1.7 定子凸极式 2 极电机

为了理解磁极的极性，考虑通电线圈中磁场的方向。图 3.1.8 表示了如何应用右手螺旋定则确定通电线圈中磁场的方向。习惯上，磁感线从磁体的南极进入，北极流出。在图 3.1.9 中，绕制在凸极式转子上的线圈产生的磁场方向和磁极极性，可通过右手螺旋定则判断。

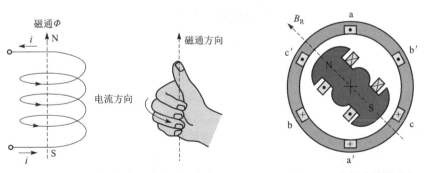

图 3.1.8 用右手螺旋定则确定磁场方向　　图 3.1.9 凸极式转子磁场

通常，线圈绕组并不是如前述凸极式那样简单排列。有很多电机，在转子或定子中切割开槽，然后将绕组嵌入狭长的槽中，如图 3.1.10 所示。图 3.1.10 为电机的剖面图，可以看成导线（即电流）从"·"穿出，然后从"×"穿入。虚线是根据右手螺旋定则画出的定子磁场轴对称线，显示出沟槽式定子从等效角度来看，也相当于一对磁极。磁感线从图 3.1.10 的底

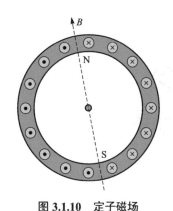

图 3.1.10 定子磁场

部流入,顶部流出,因此南极和北极如图 3.1.10 所示。从图 3.1.10 来看,电流从右侧定子绕组流入,穿过后端,然后从定子左侧流出,则可想象成线圈与图 3.1.9 所示类似。实际电路中,a–a′,b–b′,c–c′ 分别组成一组绕组,能使电流从定子的前端到后端组成闭合回路。

换另一角度考虑,若深槽式定子绕组中通入交流电流,则磁通的方向也是交变的,因此当电流反向时,磁极极性也随之反向。由于磁通与线圈中通过的电流近似成正比,那么如果电流按正弦规律变化,则磁路中的磁感应强度也按正弦规律变化。因此,定子磁场不仅随空间位置变化,也随时间变化。在线圈中通入交流电流,励磁产生旋转磁场,这就是交流电机的特点。

3.1.5 转矩的产生与槽

前面我们已经讨论了在磁极下如何获得高磁感应强度,现在讨论如何最大效能产生转矩。如图 3.1.11 所示,将导体与转子固连,并确保在 N 极下的导体电流流入纸面,在 S 极下的导体电流流出纸面。显然,在 N 极的载流导体受到向下的电磁力,而 S 极下的载流导体受到向上的电磁力,从而产生作用于转子的转矩,使转子旋转起来。

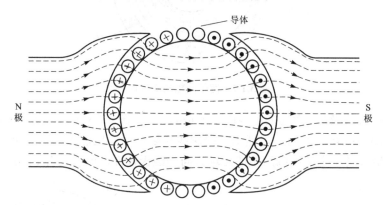

图 3.1.11 转子中的载流导体产生力矩

图 3.1.11 中,转子的载流导体是放置在转子表面的,这样,转子与磁极间的空气隙长度至少等于导体的直径。为了减小空气隙长度和提高转子的坚固程度,转子导体自然就需埋入转子上开凿的槽内,如图 3.1.12 所示。此时磁通通过气隙、转子槽之间的齿闭合,如果在图 3.1.11 和图 3.1.12 的转子表面的平均磁感应强度相同,研究表明在转子产生的转矩也相同。在转子直径一定的情况下,为了获得最大转矩,显然需转子导体流过更大的电流,从而选用高导电性能的铜导体并尽可能加大导体的截面积;然而另一方面,大导体截面积使转子槽更宽,导致齿更窄小,从而使穿过齿闭合的磁感应强度(或磁通)极易磁饱和,进而导致磁路性能下降。因此,转子直径、开槽大小和选用的导体截面积需要综合考虑。

设磁负荷 $\bar{B}$ 为转子表面径向磁感应强度的平均值,由于转子开槽,磁负荷小于在转子齿的磁感应强度。比电负荷(specific electric loading)$\bar{I}$ 为转子导体表面轴向电流的平均值,单位为 A/m。在开槽转子中,电流事实上集中在放置于槽内的导体中,而比电负荷反映了所有电流轴向均匀分布于转子表面的情况。对一台电机而言，磁负荷和比电负荷基本由材料（铁磁材料和导电材料）的性质和冷却系统决定。

由于多数铁芯硅钢片的磁饱和性能相近，因此电机的磁负荷对绝大多数电机而言变化不大。但由于电机采用的冷却不同，比电负荷差异较大。尽管铜导体电阻率小，但电流流过时仍不可避免产生热量。放置于转子槽内的导体或用于定子产生磁场绕组所用的导体间，均采用涂抹耐高温的绝缘漆导线制成，因而都受限于一定的温度和电流。显然，高效的冷却系统可极大地提高电机的比电负荷。可以说，电机的几何尺寸相似，则比电负荷基本相同，转矩大小也基本相同。

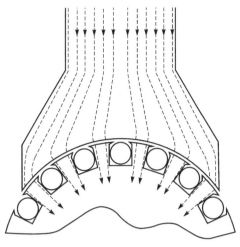

图 3.1.12　转子开槽放置导体

现考虑转子表面的宽度为 w，长度为 l，则表面轴向电流为 $I = w\bar{I}$，而该电流切割径向磁负荷 $\bar{B}$，产生的切向电磁力 $F = \bar{B} \times (w\bar{I}) \times l$，在转子单位表面积产生的电磁力为 $\bar{B} \times \bar{I}$，即转子表面的平均切向电磁力等于磁负荷和比电负荷的乘积。显然，对直径为 d，轴向长度为 l 的转子，总的转矩为

$$T = (\bar{B}\bar{I}) \times (\pi d l) \times \frac{d}{2} = \frac{\pi}{2}(\bar{B}\bar{I})(d^2 l) \tag{3.1.6}$$

式中，$d^2 l$ 与转子的体积成正比，因此，若磁负荷和比电负荷一定，则电机能产生的转矩大小与转子的体积成正比。也就是说，选用长细型或短粗型的转子，只要磁负荷、比电负荷、转子体积相同，则电机的输出转矩基本相同。当然，在实际的电机设计制造中，电机的总体大小和转子的大小同样重要，可以说一台电机总的体积大小基本决定了该电机能产生的转矩大小。这就是有经验的工程师一看见电机的大小，基本就能准确估计出该电机输出转矩大小的原因。

显见，电机的功率

$$P = T\omega = \frac{\pi}{2}(\bar{B}\bar{I})(d^2 l)\omega \tag{3.1.7}$$

式中，ω（rad/s）为转子转速。式（3.1.7）表明，电机的输出功率取决于转速的大小。若磁负荷一定，要让电机输出给定的功率，可以选择一台大型低速电机（往往成本高），也可以选择一台小型高速电机（往往成本低一些）。选用小型高速电机往往成为优选，若需要降速，可采取皮带、齿轮或专用的减速器。例如便携式电动工具中，电机转速往往高达 12 000 r/min，功率只有几百瓦。

式（3.1.7）除以转子的体积，有

$$Q = \frac{\omega}{2}\bar{B}\bar{I} \tag{3.1.8}$$

称 Q 为电机的功率密度，这是电机设计中一个非常重要的参数。在给定磁负荷、比电负荷和转子体积的条件下，要想获得尽可能高的功率，就必须尽可能提高转子的转速。但随着转速的提高和加入齿轮组降速，噪声随之增大。要降低噪声直接驱动负载，就需选择体积大的低速电机。

本节讨论了电机的分类和性能特点、电磁力的产生、磁极的作用,转矩和功率与电机材料和转子体积、转速的关系,从而使读者对电机有一个总体概略的认识。

3.2 直流电机

由于直流电机需要换向器来改变电流和磁通的方向,从而产生转矩,因此其结构复杂,但分析计算相对交流电机来说简单、容易。

3.2.1 直流电机的物理结构

典型的直流电机剖面如图 3.2.1 所示,其中定子是凸极式,而转子是深槽式。如前述,定转子磁极间的电磁力产生了电机的电磁转矩。当转子和定子之间夹角 γ 为 90°时,转矩达到最大值。为了保持转子转动时转矩角不变,需要一种叫换向器的机械开关,其作用是保证转子绕组中电流分布不变,使转子磁极始终与固定不动的定子磁极的夹角保持 90°不变。直流电机中,励磁电流为直流,因此定子磁极在空间上不会改变极性。为了帮助理解换向器的工作原理,考虑图 3.2.2,电刷固定不动,而转子以角速率 ω_m 旋转,则转子的瞬时位置为 $\theta = \omega_m t - \gamma$。图 3.2.2 中,换向器与转子固连,由 6 段彼此相互绝缘的导电材料组成。相应的,转子绕组也有 6 个,分别与换向器的各部分连接。

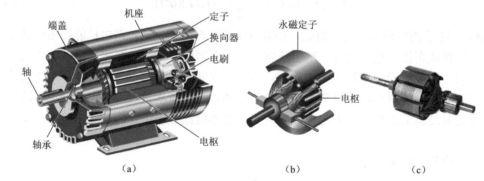

图 3.2.1 直流电机的结构
(a)直流电机实物;(b)定子;(c)转子

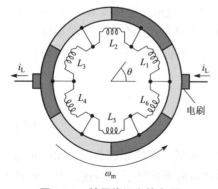

图 3.2.2 转子绕组和换向器

当换向器逆时针转动 30°时,转子磁场也随之转动 $\theta = 30°$。此时,因电刷与下一对线圈接触,线圈 L_3 和 L_6 中的电流换向,磁场方向为 $-30°$。随着换向器继续旋转,转子磁场从 $-30°$ 再变成 30°,转子继续转动,转子磁场方向又由 30°变为 $-30°$。对该电机而言,转矩角并不是 90°,而是在±30°变化。因转矩与 $\sin\gamma$ 成正比,因此产生的转矩也有±14%的摆动。随着换向器片的增加,因换向产生的转矩摆动会大大减小。实际直流电机的换向器片会多达 60 片,转矩角 γ 在 90°附近有±3°的摆动,转矩的波动小于 1%。这样,直流电机能产生近似不变的转矩（对于电动机）和输出电压（对于发电机）。

3.2.2 直流电机的分类——按励磁方式

直流电机中，激励磁场的电流有时由外接电源提供，这类电机是他励式，如图3.2.3（a）所示。更多情况下，励磁从电枢电压取出，这种直流电机为自励式。自励式直流电机不需要用单独的电源来励磁，因此更常见。若他励式电机需外接电源电压 U_f，则对自励式电机，可通过将励磁绕组与电枢并联获得相同的电压来励磁。通常，励磁绕组的电阻比电枢电阻高很多，因此励磁绕组不会从电枢分流过多的电流。这种将励磁绕组与电枢并联的电机叫并励式电机，如图 3.2.3（b）所示。另一种自励直流电机励磁绕组的连接方式是将励磁绕组与电枢串联，如图 3.2.3（c）所示，这种连接方式为串励式。串励式电机中，电枢电流流过励磁绕组，因此励磁绕组阻值小，线圈匝数也少。串励方式极少用于直流发电机，因励磁线圈的电压降，感应电动势和负载电压必然不同，且随负载电流变化。因此，串励式发电机的电压调整率差。还有一种复励式电机，即将并励式和串励式组合，如图3.2.3（d）所示。

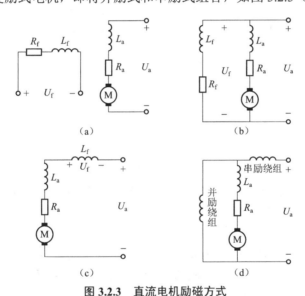

图 3.2.3 直流电机励磁方式
（a）他励式；（b）并励式；（c）串励式；（d）复励式

3.2.3 直流电机的模型

如前所述，对直流电机无须借助电机本身的结构细节，就可容易地分析其性能。本节用如下两个步骤，建立直流电机的模型：

（1）引入磁场、电枢电流（和电压）与转速（和转矩）的稳态模型；
（2）描述电机动态行为的微分方程。

当励磁电流 I_f 建立了磁通为 Φ 的磁场时，根据式（3.1.2），作用于转子的转矩与磁通和电流的乘积成正比，其中，电流为流过电枢的电流 I_a。因换向器的原因，假设转矩角 γ 始终接近 90°，则 $\sin\gamma$ 近似为 1，那么直流电机中转矩为

$$T = k_T \Phi I_a \tag{3.2.1}$$

电机产生或吸收的机械功率等于转矩与转速的乘积，即

$$P_\mathrm{m} = \omega_\mathrm{m} T = \omega_\mathrm{m} k_\mathrm{T} \Phi I_\mathrm{a} \tag{3.2.2}$$

在励磁磁场中旋转的电枢产生感应反电动势 E_b，其方向为阻碍电枢的旋转，则有

$$E_\mathrm{b} = k_\mathrm{a} \Phi \omega_\mathrm{m} \tag{3.2.3}$$

式中，k_a 为电枢常数，与电枢的尺寸大小、磁性能有关。感应电动势 E_b 对直流电动机而言是反电动势，阻碍直流励磁的变化；对直流发电机来说，是输出电压。电机消耗或产生的电功率为感应反电动势与电枢电流的乘积

$$P_\mathrm{e} = E_\mathrm{b} I_\mathrm{a} \tag{3.2.4}$$

式（3.2.1）和式（3.2.3）中的常数 k_T 和 k_a 与电机的几何尺寸有关，如转子的大小、电枢绕组的匝数和材料的性质（如磁性材料的磁导率）。若能量转换理想，则 $P_\mathrm{e} = P_\mathrm{m}$，$k_\mathrm{a} = k_\mathrm{T}$。假设为理想情况，则常数 k_a 为

$$k_\mathrm{a} = \frac{pN}{2\pi M} \tag{3.2.5}$$

式中，p 为磁极数，N 为每个线圈的导体数，M 为电枢绕组中平行路径的数量。

通常，电机转速常用非 SI 单位每分钟多少转（r/min，rpm）表示，则与角速率的关系为

$$n(\mathrm{r/min}) = \frac{60}{2\pi} \omega_\mathrm{m} (\mathrm{rad/s}) \tag{3.2.6}$$

若转速单位为 r/min，则式（3.2.3）为

$$E_\mathrm{b} = k_\mathrm{a}' \Phi n \tag{3.2.7}$$

其中，

$$k_\mathrm{a}' = \frac{pN}{60M} \tag{3.2.8}$$

接下来，考察当转速和励磁一定时，式（3.2.1）～式（3.2.4）中各量之间的相互关系。图 3.2.4 所示为他励式直流电机的电路模型，在分析中，需注意电枢电流和转矩的参考方向在电动机和发电机工作模式时的区别。对于励磁回路，电压为 U_f，电流 I_f 流过电阻 R_f 和励磁线圈 L_f，其中电阻 R_f 可变。对于电枢回路，有表示感应反电动势的电压源 E_b、电枢电阻 R_a、电枢线圈 L_a 和电枢端电压 U_a。当 $U_\mathrm{a} < E_\mathrm{b}$ 时，电机是发电机，电流 I_a 流出电枢；当 $U_\mathrm{a} > E_\mathrm{b}$ 时，电机是电动机，电流 I_a 流入电枢。稳态时，有如下关系：

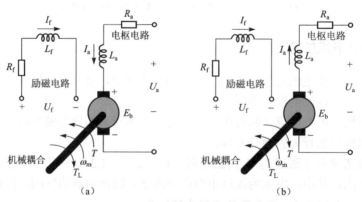

图 3.2.4　他励式直流电机的电路模型

(a) 电动机参考方向；(b) 发电机参考方向

对于电动机：
$$\begin{cases} -I_f + \dfrac{U_f}{R_f} = 0 \\ U_a - R_a I_a - E_b = 0 \end{cases} \quad (3.2.9)$$

对于发电机：
$$\begin{cases} -I_f + \dfrac{U_f}{R_f} = 0 \\ U_a + R_a I_a - E_b = 0 \end{cases} \quad (3.2.10)$$

联合考虑式（3.2.1）、式（3.2.3）、式（3.2.9）或式（3.2.10），就可确定稳态时直流电机的工作状态。

从图 3.2.4 所示的电路模型，也可推导出直流电机动态分析的微分方程如下：

$$U_a(t) - I_a(t) R_a - L_a \frac{dI_a(t)}{dt} - E_b(t) = 0 \quad (3.2.11)$$

$$U_f(t) - I_f(t) R_f - L_f \frac{dI_f(t)}{dt} = 0 \quad (3.2.12)$$

上述两个方程，在电机接入负载时也成立。若假设电动机与转动惯量为 J 的惯性负载刚性连接，负载的摩擦损耗用黏性摩擦系数 b 表示，则转矩为

$$T(t) = T_L + b\omega_m(t) + J\frac{d\omega_m(t)}{dt} \quad (3.2.13)$$

式中，T_L 为负载转矩，对电动机而言通常为常数或转速 ω_m 的函数；对发电机，用动力源提供的转矩代替负载转矩，而电机转矩 $T(t)$ 反抗动力源转矩。因电机转矩与励磁电流（励磁磁场）和电枢电流有关，则式（3.2.1）和式（3.2.13）相互联系，可表示如下：

$$T(t) = k_T \Phi I_a(t) \quad (3.2.14)$$

或

$$k_T \Phi I_a(t) = T_L + b\omega_m(t) + J\frac{d\omega_m(t)}{dt} \quad (3.2.15)$$

上述方程对任意直流电机均适用。对他励式直流电机，因存在独立的励磁磁场，则有

$$\Phi = \frac{N_f}{\mathscr{R}} I_f = k_f I_f \quad (3.2.16)$$

式中，N_f 为励磁线圈的匝数，$\mathscr{R}$ 为磁体结构的磁阻，I_f 为励磁电流。

3.3 直流发电机

为了分析直流发电机的特性，先分析发电机由动力源以转速 ω_m，电枢绕组没有外接电负载时的开路特性。因电枢开路，励磁电流从零增加到某一值，使电枢电压大于其额定电压。此时，电枢电流 $I_a = 0$，电枢电压与感应电压相等，$E_b = U_a$，且 $k_a \Phi = E_b / \omega_m$。在额定转速条件下，可通过磁化曲线确定给定励磁电流 I_f 时的 $k_a \Phi$ 值。图 3.3.1 所示为直流电机的磁化曲线，注意当励磁电流为零时，因铁芯存在剩磁，电枢电压不为零。图 3.3.1 中虚线为励磁线圈电阻曲线——表征励磁线圈两端电压与励磁电流的关系，其中励磁电阻 R_f 可变（见图 3.2.4）。

通过图 3.3.1 所示的磁化曲线，可理解直流发电机的工作原理。当电枢与励磁绕组并联时，

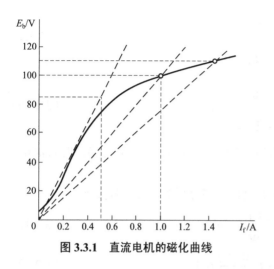

图 3.3.1 直流电机的磁化曲线

立刻就有电流流过励磁绕组,反过来也使电枢的反感应电动势增加。随着反感应电动势的增加,当图 3.3.1 中磁化曲线与励磁线圈电阻曲线相交时,即通过励磁线圈的励磁电流的确达到了所需感应电动势的要求,反感应电动势的建立过程完成。改变电阻 R_f,两曲线的相交点改变,即感应电动势改变,发电机的输出电压也随之改变。

【例 3.1】一台他励式直流发电机的磁化曲线如图 3.3.1 所示,若电枢电阻 $R_a = 0.14\,\Omega$,励磁电阻 $R_f = 100\,\Omega$,励磁电压 $U_f = 100\,\text{V}$,发电机的额定输出电压为 100 V,额定电流为 100 A,额定转速为 1 000 r/min。

(1) 若动力源驱动发电机以转速 800 r/min 旋转,该发电机的开路电压 U_a 为多少?

(2) 若发电机接 1 Ω 的负载,则输出电压 U_a 为多少?

【解】(1) 该发电机的励磁电流为

$$I_f = \frac{U_f}{R_f} = \frac{100}{100} = 1\,(\text{A})$$

从图 3.3.1 中的磁化曲线看出,转速为 1 000 r/min 时,在 1 A 励磁电流下,电枢感应电动势为 100 V。但这里发电机以转速 800 r/min 转动,那感应电动势为多少呢?考虑式(3.2.3)或式(3.2.7),可近似认为感应电动势与转速成线性正比关系。记 E_{bN}、n_N 分别为额定输出电压和额定转速,有

$$\frac{E_b}{E_{bN}} = \frac{n}{n_N}$$

那么,发电机在转速为 800 r/min 时的感应电动势为

$$E_b = \frac{n}{n_N} E_{bN} = \frac{800}{1\,000} \times 100 = 80\,(\text{V})$$

当发电机开路时,电枢开路电压等于感应电动势,有

$$U_a = E_b = 80\,\text{V}$$

(2) 当电枢外接负载后,电枢端电压不再等于感应电动势 E_b。通过图 3.2.4 所示电路,电枢电流为

$$I_a = I_L = \frac{E_b}{R_a + R_L} = \frac{100}{0.14 + 1} = 70.2\,(\text{A})$$

则端电压为

$$U_a = I_a R_L = 70.2 \times 1 = 70.2\,(\text{V})$$

【例 3.2】一台他励式直流发电机的磁化曲线如图 3.3.1 所示,若电枢电阻 $R_a = 0.1\,\Omega$,磁通 $\Phi = 0.5\,\text{Wb}$,发电机的额定输出电压为 2 000 V,额定容量为 1 000 kVA,额定转速为

3 600 r/min。

（1）额定状态下感应电动势 E_b 为多少？

（2）求电机常数 k_a。

（3）额定转矩 T 是多少？

【解】（1）因额定容量等于额定输出电压与电枢电流的乘积，可求出电枢电流：

$$I_a = \frac{P_N}{U_L} = \frac{1\,000 \times 10^3}{2\,000} = 500\,(\text{A})$$

而感应电动势等于端电压和电枢电阻电压降之和，如图 3.2.4 所示，则感应电动势为

$$E_b = U_a + R_a I_a = 2\,000 + 0.1 \times 500 = 2\,050\,(\text{V})$$

（2）电机常数：

$$k_a = \frac{E_b}{\omega_m} = \frac{E_b}{\dfrac{2\pi n}{60}} = \frac{2\,050}{\dfrac{2\pi \times 3\,600}{60}} = 10.876$$

（3）由式（3.2.1）可得转矩为

$$T = k_a \Phi I_a = 10.876 \times 0.5 \times 500 = 2\,718.9\,(\text{N} \cdot \text{m})$$

3.4 直流电动机

在伺服系统等要求精确调速的应用场合，常常用到直流电动机。上一节已建立了直流发电机的电路模型和分析方法。本节中，将直流发电机的输入、输出调换，扩展其结论，应用到直流电动机的分析计算中。同样的，通过电动机的磁化曲线和电路模型来分析其性能。因复励式直流电动机为并励和串励的组合，经过些微修改就可用于并励和串励电动机的分析计算，因此以图 3.4.1 所示的复励式电动机的等效电路为例，开始讨论。

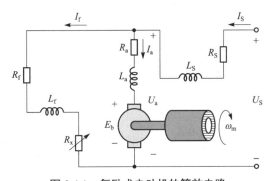

图 3.4.1 复励式电动机的等效电路

图 3.4.1 涉及的有关公式如下：

$$E_b = k_a \Phi \omega_m \tag{3.4.1}$$

$$T = k_a \Phi I_a \tag{3.4.2}$$

$$U_S = E_b + I_a R_a + I_S R_S \tag{3.4.3}$$

$$I_S = I_a + I_f \tag{3.4.4}$$

上述电动机的公式与直流发电机的公式类似。其区别在于后两式中，电源电压为感应电动势、串励绕组电阻压降和电枢电阻压降之和，而电源电流为流过并励绕组与电枢的电流之和。与发电机的方程比较，负载参数为 U_L、I_L，在电动机中，电源参数用 U_S、I_S 代替。

3.4.1 并励式直流电动机的转速——转矩特性和动态特性

若在图 3.4.1 中，串励绕组短路，则成为并励式电动机。电枢电流为

$$I_a = \frac{U_S - k_a \Phi \omega_m}{R_a} \tag{3.4.5}$$

也可通过转矩求电枢电流如下：

$$I_a = \frac{T}{k_a \Phi} \tag{3.4.6}$$

将式（3.4.6）代入式（3.4.5），消去电枢电流，有

$$\frac{T}{k_a \Phi} = \frac{U_S - k_a \Phi \omega_m}{R_a} \tag{3.4.7}$$

显然，式（3.4.7）描述了并励式电动机稳态时的转矩-转速特性。式中，U_S是外接电源电压，k_a为电机常数，R_a为电枢电阻。后两个参数与电机结构有关，而在并励式电动机中，若电源电压一定，则磁通Φ为定值。因此，转速直接与电枢电流关联。接下来考虑动态情况：若电动机突然接入负载，则转速下降。随着转速下降，由式（3.4.5）可知，电枢电流增加，式（3.4.6）表明，转矩也随之增加。当在较高的电枢电流和较低的转速下，输出转矩与负载转矩达到新的平衡。此时机械功率与电功率相等，即

$$E_b I_a = T \omega_m \tag{3.4.8}$$

这样，当负载变化时，并励式直流电动机通过改变转速，保证了功率的平衡。改写式（3.4.7）为

$$\omega_m = \frac{U_S - I_a R_a}{k_a \Phi} = \frac{U_S}{k_a \Phi} - \frac{R_a}{(k_a \Phi)^2} T \tag{3.4.9}$$

上式也可写成

$$n = n_0 - \Delta n \tag{3.4.10}$$

其中，$n_0 = \dfrac{60 U_S}{2\pi k_a \Phi}$，为空载转速；$\Delta n = \dfrac{60 R_a}{2\pi (k_a \Phi)^2} T$，为转速降。

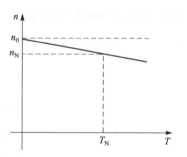

图 3.4.2 并励式直流电动机的机械特性曲线

当电动机在额定状态运行时，若负载转矩减小，则电枢电流随之减小，由上式可见，转速上升。通常，并励式电动机的转速变化率 $\dfrac{n_0 - n_N}{n_0}$ 小于 0.1，有很好的转速特性。其机械特性曲线如图 3.4.2 所示。

限于篇幅关系，对串励式、复励式和永磁直流电动机就不再赘述，读者可用上述方法自行分析。

【例 3.3】一台四极并励式直流电动机，额定转速为 1 200 r/min，额定电压 U_N 为 220 V，额定功率为 2.2 kW。定子磁通 Φ 为 20 mWb，电枢电阻 $R_a = 0.6\ \Omega$，励磁电流 $I_f = 1.4\ A$，电源供电电流 $I_S = 30\ A$，电机结构参数 $N = 1\ 000$，$M = 4$。求该电动机的转速 n 和转矩 T。

【解】电枢电流：

$$I_a = I_S - I_f = 30 - 1.4 = 28.6\ (A)$$

则空载电枢电压

$$E_b = U_S - I_a R_a = 220 - 28.6 \times 0.6 = 202.84\ (V)$$

则电枢常数

$$k_a = \frac{pN}{2\pi M} = \frac{4 \times 1000}{2\pi \times 4} = 159.15$$

电动机转速：

$$\omega_m = \frac{E_b}{k_a \Phi} = \frac{202.84}{159.15 \times 0.02} = 63.73 \, (\text{rad/s})$$

用 r/min 表示为

$$n = \frac{60}{2\pi} \omega_m = \frac{60}{2\pi} \times 63.73 = 608.58 \, (\text{r/min})$$

转矩：

$$T = \frac{P_N}{\omega_m} = \frac{2200}{63.73} = 34.52 \, (\text{N} \cdot \text{m})$$

3.4.2 玩具用电动机

用于模型车等玩具的电机，基于成本考虑，在结构上与前述直流电动机有相当大的不同，其转子直径常在 0.5~3 cm，比工业用直流电机在体积上要小很多，如图 3.4.3 所示。该类电机，可看作特殊的并励电动机。

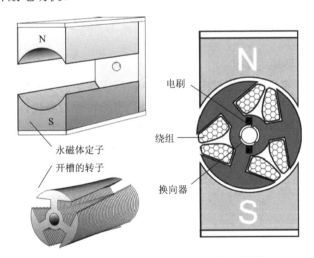

图 3.4.3　用于玩具的微小型直流电机结构

该类电机的转子也由硅钢片叠压而成，但片数较少，通常为 3~5 片。为了放置多匝绕组，在硅钢片上开了较大的槽，因而槽数也比较少，换向器片数也变少，从而易于制造和减少成本。而定子由径向励磁的陶瓷磁铁组成。

图 3.4.3 清楚地表明，转子是凸极式的。可以想到，当转子无电流时，转子凸极受定子永磁体的吸引或排斥，转子凸极会自动对准定子磁场（可分析有 6 个不同的位置），从而自行锁定位置。由于转子位置不同产生的磁阻变化引起的周期性制动转矩，是需要避免的。采用转子硅钢片槽与转轴不平行的斜放方式，可解决该问题。

转子的每个多匝绕组一端与换向器片连接，另一端则连在一起，构成星形接法。电刷比换向器片的长度要大一些，这样，在转子的某些位置，电流会流过两个绕组的始端，汇于公共点，并从第三个绕组流回电源的负极。

接下来定性分析转矩是如何产生的。由式(3.1.1)可知，力或力矩与下列两个因素有关：在每个位置下，转子每个凸极被磁化的强度和极性；每个绕组流过电流的大小和方向。如前分析，在某些位置，会产生一个较强的 N 极和两个相对较弱的 S 极，而在别的位置，则产生一个 N 极和一个 S 极，而第三个凸极好像多余似的。虽然转子有 3 个凸极，其磁化结果仍为一对 NS 磁极。当转子旋转时，定子 N 极会吸引相邻的转子 S 极，使转子保持旋转。当定转子磁极间的吸引力减小到零时，由于换向器使流入转子绕组的电流换向，使转子对应磁极变为 N 极，产生排斥力将转子对应凸极推向定子的 S 极。

随着转子旋转位置的改变，因换向器片与电刷接触位置不同，可接触一个或两个绕组，使电流随之改变，而转矩也变得不稳定。但因转速较高和负载效应，转矩的波动被平滑。从式(3.4.9)可知，可通过改变供电直流电压的大小调节电机的转速。

习　题

3.1　一台电动机的转速调整率为 10%，若额定转速为 50π rad/s，则其空载转速为多少？

3.2　一台 1 000 kW、1 000 V、2 400 r/min 的他励直流发电机，其电枢电阻为 0.04 Ω，每极磁通为 0.4 Wb。试求：

（1）感应电压为多少伏；

（2）电机常数为多少；

（3）在额定情况下转矩为多少。

3.3　一台串励直流电动机，流过电流为 25 A，产生转矩为 100 N·m，试求：

（1）若磁场未饱和，当电流升高为 30 A 时，产生的转矩为多少；

（2）若电流仍升高到 30 A，但磁场仅升高 10%，此时的转矩。

3.4　一台并励直流电动机，电压为 200 V，当转速为 1 800 r/min 时，电流为 10 A，电枢电阻为 0.15 Ω，励磁绕组电阻为 350 Ω。试求该电动机产生的转矩。

第4章
交流异步电动机

在生产实践中,电机是不可缺少的电气设备,且电机的种类很多,依据能量转换的不同可将电机分为电动机和发电机。将电能转换为机械能的电机称为电动机,将机械能(或其他形式的能量)转换为电能的电机称为发电机。因此,电动机常作为驱动设备使用。

依据所用电源的不同,电动机又分为交流电动机和直流电动机。交流电动机需要的是交流电源,而直流电动机需要的是直流电源。由于交流电源容易获得,所以交流电动机的应用更为广泛。

交流电动机又有同步电动机和异步电动机之分。目前应用较多的是异步电动机,又称感应电动机。将异步电动机按定子相数分,有三相异步电动机、两相异步电动机、单相异步电动机;将异步电动机按转子结构分,有笼型异步电动机和绕线型异步电动机等。

电动机广泛应用于工业、农业、国防、家用电器中。在工业方面,其用于中小型轧钢设备、机床、起重机械等;在农业方面,其用于脱粒机、粉碎机、排灌机械等;在家用电器方面,其用于空调、洗衣机、电冰箱等。交流异步电动机是拖动系统的主流动力设备。

三相异步电动机是将输入的三相交流电能转换成机械能的电气设备,具有结构简单、价格便宜、运行可靠、维护方便等优点,因而获得了广泛的应用。本章将介绍三相异步电动机的结构、工作原理及使用。

学习本章后,应能:
- 了解三相异步电动机的结构;
- 掌握旋转磁场的概念以及同步转速;
- 掌握转差率的概念以及三相异步电动机的转速公式;
- 掌握三相异步电动机的铭牌数据及其计算;
- 理解并掌握三相异步电动机的起动电流、起动转矩、最大转矩等概念;
- 理解并掌握三相异步感应电动机的使用方法。

4.1 三相异步电动机的结构

三相异步电动机主要由定子和转子两大部分组成,如图4.1.1所示,此外还有端盖、轴承、风扇等部件。

1. 定子

定子是电动机中静止不动的部分,主要由机座和装在机座中的定子铁芯和定子绕组等组成。机座用于固定与支撑定子铁芯及转子，一般由铸铁制成。

图 4.1.1　三相异步电动机的结构

定子铁芯是电动机主磁路的一部分，由 0.5 mm 厚的硅钢片叠压而成，以减少铁芯损耗。硅钢片内圆周表面冲有槽孔（图 4.1.2），用于放置定子绕组。

图 4.1.2　三相异步电动机定子的结构

定子绕组是三相对称绕组，彼此相互独立，如图 4.1.3（a）所示。将三相定子绕组的引出端分别接到机座接线盒的接线柱上。U_1、V_1、W_1 分别为每相绕组的首端，U_2、V_2、W_2 分别为每相绕组的末端。

定子绕组通常接成星形或三角形。图 4.1.3（b）所示为定子绕组的星形接法，图 4.1.3（c）所示为定子绕组的三角形接法。如前所述，采用何种连接方式，取决于电源电压和定子绕组的额定电压。

2. 转子

转子由转子铁芯、转子绕组和转轴组成。转子铁芯也是电动机磁路的一部分，由相互绝缘的硅钢片叠压而成。铁芯外圆冲有槽孔，用于放置转子绕组，如图 4.1.4（a）所示。

根据转子绕组结构的不同，其又分为笼型转子和绕线型转子。

所谓笼型转子，就是在铁芯槽孔内放置铜条，并将铜条两端用铜的短路环焊接起来，如图 4.1.4（b）所示。由于结构像个笼子，故称之为笼型转子。现常采用熔化了的铝液直接浇铸在转子铁芯的槽孔中，连同端环、风扇一次铸成一个整体，因而结构坚固、耐用。

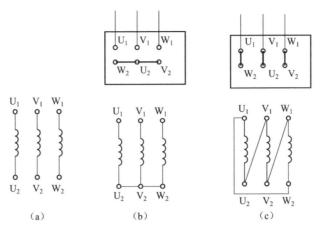

图 4.1.3　定子绕组及其接法

（a）定子对称三相绕组；（b）星形连接；（c）三角形连接

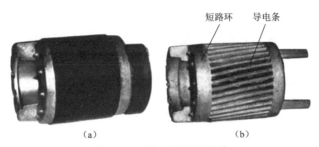

图 4.1.4　笼型转子的结构

（a）叠压硅钢片的笼型转子；（b）去掉叠压硅钢片的笼型转子

绕线型转子的绕组和定子绕组相似，如图 4.1.5（a）所示。在转子槽孔中放置对称三相绕组。三相绕组通常接成星形，如图 4.1.5（b）所示，并将转子绕组的三条引线分别接到三个铜的滑环上，通过滑环与固定在端盖上的电刷构成滑动接触。再通过电刷将转子绕组的三个引线端连接到机座的接线盒内，以便与外界变阻器连接，用于改善电动机的工作特性。

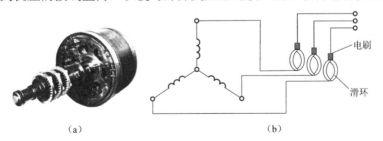

图 4.1.5　绕线型转子

（a）绕线型转子实物；（b）绕线型转子的连接原理

4.2　三相异步电动机的型号与主要技术数据

三相异步电动机的型号通常由产品型号、规格代号和环境代号（特殊环境下）三部分组成。如 Y 系列的异步电动机，某型号为 Y132S-2 的含义如下：

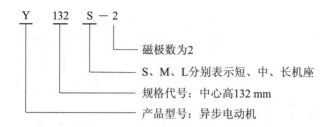

三相异步电动机的机座上有一个铭牌,上面标出电动机的额定技术数据,主要有:

(1) 额定电压 U_N:电动机额定状态下运行时,定子绕组上应加的线电压,单位为 V 或 kV。

(2) 额定电流 I_N:电动机在额定状态下运行时,定子绕组的线电流,单位为 A 或 kA。

(3) 额定功率 P_N:电动机在额定状态下运行时,其轴上输出的机械功率,单位为 W 或 kW。

(4) 频率 f_1:电动机交流电源的频率,我国规定为 50 Hz。

(5) 额定转速 n_N:电动机在额定状态下(U_N、I_N、P_N)运行时,电动机转子的转速,单位为 r/min。

(6) 额定功率因数 $\cos\varphi_N$:在额定负载下,φ_N 是定子相电压与相电流的相位差。三相异步电动机的 $\cos\varphi$ 随负载的变化而变化,其范围为 0.2~0.9,轻载时 $\cos\varphi$ 较小。

(7) 额定效率 η_N:额定输出机械功率 P_N 与额定输入电功率 P_{1N} 之比,即

$$\eta_N = \frac{P_N}{P_{1N}} \times 100\%$$

额定输入电功率 $P_{1N} = \sqrt{3} U_N I_N \cos\varphi_N$。

此外电动机铭牌上还标明绕组的接法(星形或三角形)、绝缘等级、允许温升等。如有的电动机铭牌上标识出电压 220/380 V,接法标识为△/Y 时,则表明,当电源电压为 220 V 时,电动机定子绕组采用△形方式连接,而当电源电压为 380 V 时,电动机定子绕组采用 Y 形方式连接。可以看出,采用什么样的连接方式,取决于使每相定子绕组的额定电压与电源电压是否保持一致。

除了铭牌上给的主要技术数据外,在产品手册上还给出过载系数 λ_m、起动转矩倍数 λ_{st} 和起动电流与额定电流之比等参数。

【例 4.1】已知一台三相异步电动机的额定功率 $P_N=3.8$ kW,额定电压 $U_N=380$ V,额定功率因数 $\cos\varphi_N=0.7$,额定效率 $\eta_N=0.85$,额定转速 $n_N=950$ r/min,求额定输入功率 P_{1N} 和额定电流 I_N。

【解】根据 $\eta_N = \dfrac{P_N}{P_{1N}}$,额定输入功率

$$P_{1N} = \frac{P_N}{\eta_N} = \frac{3.8}{0.85} = 4.47 \text{ (kW)}$$

由 $P_{1N} = \sqrt{3} U_N I_N \cos\varphi_N$,额定电流

$$I_N = \frac{P_{1N}}{\sqrt{3} U_N \cos\varphi_N} = \frac{4.47 \times 10^3}{\sqrt{3} \times 380 \times 0.7} = 9.7 \text{ (A)}$$

4.3 三相异步电动机的工作原理

4.3.1 异步电动机的转动原理

图 4.3.1 所示为异步电动机转动原理示意。图中 N、S 是一对磁极，笼型转子置于磁场中。当靠外力使 N、S 磁极在空间以 n_0 速度逆时针方向旋转时，它所形成的磁场是一个旋转磁场。

旋转磁场的磁感线必切割转子导体（绕组），则转子导体中便有感应电动势产生，感应电动势的方向可用右手定则来确定。但此时转动的是磁场，而不是导体，应将其转换为磁极在空间静止，而转子导体运动的情况。根据相对运动的观点，若认为磁场静止不动，则转子导体是顺时针方向旋转。由此可判断出转子导体中感应电动势的方向如图 4.3.1 所示。图中感应电动势的方向指入纸面用"×"表示，指出纸面用"●"表示。感应电动势在闭合导体中会产生电流，若忽略绕组中电抗的影响，可认为电流方向与电动势方向相同。

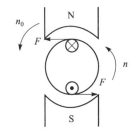

图 4.3.1 异步电动机转动原理示意

导体中电流与磁场作用产生电磁力，根据左手定则可确定电磁力 F 的方向，由电磁力产生的电磁转矩使转子转动起来，且转动方向与旋转磁场的转向相同。显然，改变旋转磁场的旋转方向，转子的转向也随之发生改变。

可以看出，转子的旋转方向与旋转磁场的旋转方向相同，但它们的转速不可能相等。因为一旦转子的转速与旋转磁场的转速相等，二者之间便无相对运动，转子绕组中就无感应电动势和感应电流产生，也就没有了电磁转矩。只有当两者转速有差异时转子才能产生电磁转矩，而且转子的转速必然小于旋转磁场的转速，"异步"电动机由此而得名。

4.3.2 三相绕组产生的旋转磁场

由以上分析可知，若使异步电动机转子转动起来，必须有旋转磁场。如何简单、方便地产生旋转磁场呢？理论证明，如果在三相定子绕组中通以三相对称交流电流，就可以产生旋转磁场。不仅可以产生两极的旋转磁场，而且还可以产生四极、六极等旋转磁场。下面分别加以叙述。

1. 两极旋转磁场

图 4.3.2（a）所示为三相异步电动机定子的横剖面，三相绕组为 U_1U_2、V_1V_2、W_1W_2，三个绕组在空间的位置彼此相差 120°。

图 4.3.2（b）所示是一相绕组，在每一相绕组中有若干个线圈，它们按一定规律进行连接。定子铁芯中有很多槽孔，这些线圈均匀分布在定子铁芯槽孔中。

为了便于分析问题，通常将这些线圈等效为一个线圈[图 4.3.2（c）]，并集中放置在两个槽孔中。如将 U_1U_2 这相绕组线圈等效的上边导体放在上槽孔中，下边导体放在下槽孔中，两者在空间间隔 180°，如图 4.3.2（a）所示。V_1V_2、W_1W_2 绕组的放置与 U_1U_2 绕组类似。

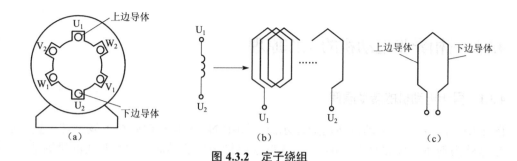

图 4.3.2 定子绕组

假设将三相定子绕组接成星形，U_2、V_2、W_2 接于一点，U_1、V_1、W_1 分别接于三相对称电源，如图 4.3.3（a）所示。由于三绕组完全相同，便有对称的三相交流电流流入空间对称的相应定子绕组中，各相绕组中的电流分别为

$$i_A = I_m \sin(\omega t)$$
$$i_B = I_m \sin(\omega t - 120°)$$
$$i_C = I_m \sin(\omega t - 240°) = I_m \sin(\omega t + 120°)$$

其波形如图 4.3.3（b）所示。

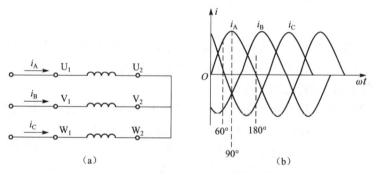

图 4.3.3 三相绕组及流入电流波形

三相定子绕组流入三相对称交流电流后，便会在电机内产生旋转磁场，下面取不同时刻来进行分析。假定三相电流由各绕组首端流入，并从各绕组末端流出的电流为正，反之则为负。仍用"×"表示电流流入纸面，用"●"表示电流流出纸面。

在 $\omega t = 0°$ 时，由图 4.3.3（b）可以看出电流瞬时值分别为：$i_A = 0$，i_B 为负，则电流 i_B 从末端 V_2 流入，从首端 V_1 流出；i_C 为正，则电流 i_C 从首端 W_1 流入，从末端 W_2 流出。根据右手螺旋定则可以判断出该瞬间在空间所产生的是两极的合成磁场，上为 N 极，下为 S 极 [图 4.3.4（a）]，磁极对数 $P = 1$。

$\omega t = 60°$ 时，i_A 为正，则电流 i_A 从 U_1 流入，从 U_2 流出；i_B 为负，则电流 i_B 从 V_2 流入，从 V_1 流出，$i_C = 0$。其合成磁场仍为两极磁场，但 N 极、S 极在空间顺时针方向转过 60°，如图 4.3.4（b）所示。

$\omega t = 90°$ 时，i_A 为正，则电流 i_A 由 U_1 流入，从 U_2 流出；i_B 为负，则电流 i_B 由 V_2 流入，从 V_1 流出；i_C 为负，则电流 i_C 由 W_2 流入，从 W_1 流出。所形成的两极合成磁场在空间旋转到 90° 位置，如图 4.3.4（c）所示。

同理，当 $\omega t = 180°$ 时，合成磁场在空间旋转到 180° 位置。

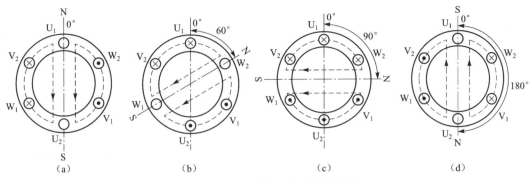

图 4.3.4 三相电流产生的旋转磁场

综上分析可以看出,在空间相差 120°的三相绕组中通入对称三相电流,产生的是一对磁极(即 $P=1$)的旋转磁场,当电流经过一个周期的变化(即 $\omega t=0°\sim 360°$)时,合成磁场也顺时针方向旋转了 360°的空间角度。

2. 旋转磁场的转向

图 4.3.4 所示的三相电流的相序是 A-B-C,即 U_1U_2 绕组流入的是电源的 A 相电流,V_1V_2 绕组流入的是电源的 B 相电流,W_1W_2 绕组流入的是电源的 C 相电流。它们所产生的旋转磁场是顺时针方向。

若改变通入三相绕组中电流的相序,即将任意两相进行调换,如 B、C 互换,也就是使 i_B 电流流入 W_1W_2 绕组,使 i_C 电流流入 V_1V_2 绕组,如图 4.3.5(a)所示。按上述同样的方法进行分析,旋转磁场的转向则变为逆时针方向,如图 4.3.5(b)、(c)所示。

因此,只要将接入三相电源的定子三相绕组中的任意两相对调,就能改变旋转磁场的转向,从而改变电动机的旋转方向。

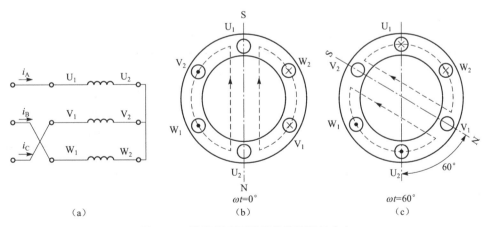

图 4.3.5 改变相序可改变旋转磁场的方向

3. 四极旋转磁场

如果将三相异步电动机的每相定子绕组分成两部分,即 U_1U_2 绕组由 U_1U_2 和 $U'_1U'_2$ 串联组成,V_1V_2 绕组由 V_1V_2 和 $V'_1V'_2$ 串联组成,W_1W_2 绕组由 W_1W_2 和 $W'_1W'_2$ 组成,如图 4.3.6 所示。

用同样的分析方法可以得出,所形成的合成磁场是四极旋转磁场,即两个 N 极、两个 S

极,如图 4.3.6(b)、(c)所示,磁极对数 $P=2$。

这个四极旋转磁场在空间转过的角度是定子电流电角度的一半,即电流变化一周,旋转磁场在空间只转了半周。显然旋转磁场的速度与电动机中所形成的磁极对数有关,且与磁极对数成反比。

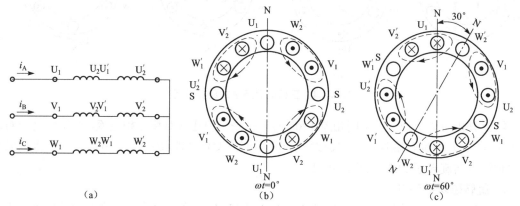

图 4.3.6 四极旋转磁场

4. 旋转磁场的转速及转差率

综上分析,旋转磁场转速 n_0 的大小与电源频率 f_1 有关,且与 f_1 成正比;旋转磁场转速 n_0 又与磁极对数 P 有关,且与 P 成反比。三相电流产生的合成旋转磁场的转速为

$$n_0 = \frac{60 f_1}{P} (\text{r/min}) \quad (4.3.1)$$

异步电动机的旋转磁场转速又称为同步转速。当交流电源的频率 $f_1 = 50$ Hz 时,可得出对应于不同磁极对数 P 的旋转磁场转速 n_0,见表 4.1。

表 4.1 同步转速 n_0(r/min)与磁极对数和电源频率的关系

电源频率	磁极对数 P	1	2	3	4	5
$f_1=50$ Hz		3 000	1 500	1 000	750	600
$f_1=60$ Hz		3 600	1 800	1 200	900	720

电动机铭牌上给出的转速是转子转速 n。在电动机工作时,转子转速比旋转磁场转速要低,为了表示 n_0 与 n 相差的程度,引入转差率 s,即

$$s = \frac{n_0 - n}{n_0} \quad (4.3.2)$$

转差率是异步电动机的一个重要物理量。转子的转速 n 在 0 与 n_0 之间,则对应的转差率 s 在 1 到 0 之间。有如下情况需注意:① 在电动机接通电源且转子尚未开始转动(起动瞬间)或用外力使转子不旋转(堵转)时,因 $n=0$,故 $s=1$,这时转差率最大;② 若 $n=n_0$,则 $s=0$,这种情况为电动机的理想空载状态,即电动机不带任何负载,且空载损耗也为 0。实际上,这种情况是不存在的,只能说电动机在空载时,其转速接近同步转速。电动机在额定状

态下，转差率的范围一般为 0.01～0.09，即电动机的转速接近同步转速。总之，随着机械负载的加大，转子转速下降，转差率 s 变大。由转差率表示的转子转速为

$$n=(1-s)n_0 \tag{4.3.3}$$

转差率 s 与负载转矩的大小、电机的结构和转子的类型有关。因为定子和转子磁场有相对运动，则在转子中产生的感应电压与这两个磁场的相对速度有关。转子磁场相对定子磁场的转速差为 sn_0，而转子的机械转速为 $(1-s)n_0$，因此转子磁场总的转速为

$$(1-s)n_0+sn_0=n_0 \tag{4.3.4}$$

其即同步转速。虽然转子并不以同步转速旋转，但转子磁场以同步转速旋转，这一点非常有意义。因为这表明转子磁场和定子磁场始终保持相对静止，因而有静电磁转矩产生。

定子旋转磁场切割转子绕组的相对转速为 $\Delta n=n_0-n=sn_0$（图 4.3.7），则转子绕组中的感应电动势和电流的频率为

$$f_2=P\frac{n_0-n}{60}=sf_1 \tag{4.3.5}$$

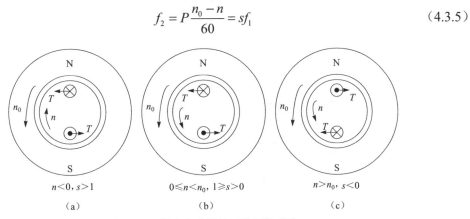

图 4.3.7 异步电动机的三种运行状态

（a）电磁制动；（b）电动机运行；（c）发电机运行

根据转差率 s 的大小和正负，异步电动机可分为三种运行状态：

（1）电磁制动状态。如图 4.3.7（a）所示，当电动机工作在制动状态时，在外力拖动下转子转向与定子旋转磁场方向相反，有转速 $n<0$，而转差率 $s>1$。同理，分别根据右手和左手定则，可获得转子绕组的感应电动势（和电流）以及电磁转矩的方向。此时电磁转矩是制动性质的。

（2）电动机运行状态。如图 4.3.7（b）所示，当异步电动机工作在电动机状态时，转子转速 n 总是低于同步转速 n_0，即 $0\leq n<n_0$，对应转差率 $1\geq s>0$，此时转子上产生的电磁转矩是驱动性质的，将输入的电能转换为转子轴上的机械能输出。电动机运行状态是异步电动机最常见的运行状态。

（3）发电机运行状态。如图 4.3.7（c）所示，当异步电动机工作在发电机运行状态时，由原动机或机械外力拖动异步电动机运行，使转子转速超过同步转速 n_0，有 $n>n_0$，$s<0$。由右手定则和左手定则可分别获得转子绕组的感应电动势（和电流）以及电磁转矩的方向。可见，电磁转矩是制动性质，此时电动机将原动机输入的机械能转换为电能输出。

【例 4.2】若某台三相异步电动机的额定数据如下：额定电压为 380 V，额定电源频率为

50 Hz，额定转速为 1 470 r/min。试求：

（1）同步转速；

（2）额定转差率；

（3）转子频率。

【解】（1）因电动机在额定运行状态时，额定转差率很小，额定转速接近同步转速，查表 4.1 有同步转速

$$n_0 = 1\,500 \text{ r/min}$$

进而可知该电动机的磁极对数

$$P = \frac{60 f_1}{n_0} = \frac{60 \times 50}{1\,500} = 2$$

（2）额定转差率：

$$s = \frac{n_0 - n}{n_0} = \frac{1\,500 - 1\,470}{1\,500} = 0.02$$

（3）额定转子频率：

$$f_2 = s f_1 = 0.02 \times 50 = 1 \text{（Hz）}$$

4.3.3 三相异步电动机的等效电路

因为异步电动机转子中的感应电压和电流与变压器的工作原理类似，故异步电动机也往往称为感应电动机，显然可用变压器模型来建立电动机的等效电路。

1. 感应电动机的变压器等效模型

异步感应电动机每相绕组的变压器等效电路如图 4.3.8 所示。其中 $\dot{U}_1$ 为施加在定子绕组的相电压，R_1、X_1 分别为定子电阻和漏电抗，R_2、X_2 分别为转子电阻和漏电抗，$\dot{E}_1$ 为定子每相绕组产生的感应电动势，R_C 为定子绕组的铁损等效电阻，X_M 为等效励磁感抗。定子感应电动势 $\dot{E}_1$ 与转子感应电动势 $\dot{E}_2$ 通过等效变压比 k_u 相互联系。图 4.3.8 中，已将转子电阻通过变阻抗折算到定子侧。

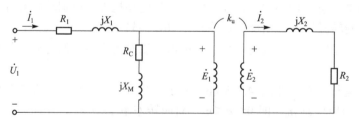

图 4.3.8 三相异步感应电动机的变压器等效电路

对定子绕组，显然有如下电压方程：

$$\dot{U}_1 = (R_1 + jX_1)\dot{I}_1 + \dot{E}_1 \qquad (4.3.6)$$

同时，若定、转子间空气隙主磁通为

$$\Phi = \Phi_m \sin(\omega t)$$

考虑分布系数后，设定、转子的有效匝数分别为 N_1 和 N_2，则有

$$e_1 = \frac{N_1 d\Phi}{dt} = \omega N_1 \Phi_m \cos(\omega t) = 2\pi N_1 f_1 \Phi_m \sin(\omega t - 90°) \quad (4.3.7)$$

其有效值为

$$E_1 \approx 4.44 N_1 f_1 \Phi_m \quad (4.3.8)$$

同理，对转子电路有

$$\dot{E}_2 = (R_2 + jX_2)\dot{I}_2 \quad (4.3.9)$$

其有效值为

$$E_2 \approx 4.44 N_2 f_2 \Phi_m \quad (4.3.10)$$

2. 转子电路模型

定子和转子电流所产生的磁通势共同作用，决定了气隙中磁通的大小。其作用原理与变压器类似。因此转子的效应可用阻抗表示如下：

$$Z_2 = \frac{\dot{E}_2}{\dot{I}_2} = R_2 + jX_2 \quad (4.3.11)$$

当转子静止不动时，转子频率 $f_2 = f_1$，随着转子的转动，转子中各电量的频率发生变化，有 $f_2 = sf_1$，则转子旋转时，等效每相转子的电动势的有效值为

$$E_{2s} \approx 4.44 N_2 f_2 \Phi_m = 4.44 N_2 \Phi_m f_1 s = sE_{20} \quad (4.3.12)$$

式中，E_{20} 为转子静止时的感应电动势。同理，转子漏电抗与转子频率成正比，有

$$X_{2s} = sX_{20} \quad (4.3.13)$$

式中，X_{20} 为转子静止时的漏电抗，则转子旋转时的电压平衡方程为

$$\dot{E}_{2s} = (R_2 + jsX_{20})\dot{I}_{2s} \quad (4.3.14)$$

有

$$\dot{I}_{2s} = \frac{\dot{E}_{2s}}{R_2 + jX_{2s}} = \frac{s\dot{E}_{20}}{R_2 + jsX_{20}} = \frac{\dot{E}_{20}}{\frac{R_2}{s} + jX_{20}} = \dot{I}_2 \quad (4.3.15)$$

式 (4.3.15) 两边电流大小相等，但含义不同。$\dot{I}_{2s}$ 为转子旋转时的相电流，频率为 f_2；$\dot{I}_2$ 为转子静止时的相电流，频率为 f_1。频率折算后，转子电阻由 R_2 变为 $\frac{R_2}{s}$，可等效为原转子电路中串入电阻 $\frac{1-s}{s}R_2$。从物理意义上来说，该附加电阻是异步电动机机械功率的等效电阻，即电路中该等效电阻上的功率与实际旋转的异步电动机具有的机械功率等效。为便于计算，若将转子绕组相数、匝数以及绕组系数等都折算到定子侧，转子上的各电量均用折算值表示，则等效电路如图 4.3.9 所示。

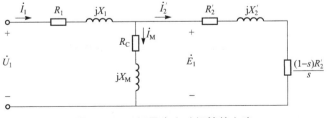

图 4.3.9 三相异步电动机等效电路

【例 4.3】一台三相 4 极笼型异步电动机，定子绕组为三角形连接，已知 $P_N = 10 \text{ kW}$，$U_{1N} = 380 \text{ V}$，$f_1 = 50 \text{ Hz}$，$n_N = 1455 \text{ r/min}$，定子每相电阻 $R_1 = 1.375 \text{ Ω}$，漏电抗 $X_1 = 2.43 \text{ Ω}$，转子电阻 $R_2' = 1.047 \text{ Ω}$，漏电抗 $X_2' = 4.4 \text{ Ω}$，励磁电阻 $R_C = 8.34 \text{ Ω}$，励磁电抗 $X_M = 82.6 \text{ Ω}$。试计算额定负载运行时的定子相电流、功率因数和效率。

【解】额定转差率：

$$s_N = \frac{n_0 - n_N}{n_0} = \frac{1500 - 1455}{1500} = 0.03$$

定子阻抗：

$$Z_1 = R_1 + jX_1 = 1.375 + j2.43 = 2.79 \angle 60.5° \text{ (Ω)}$$

转子等效阻抗：

$$Z_2' = \frac{R_2'}{s_N} + jX_2' = \frac{1.047}{0.03} + j4.4 = 35.18 \angle 7.2° \text{ (Ω)}$$

励磁阻抗：

$$Z_M = R_C + jX_M = 8.34 + j82.6 = 83.02 \angle 84.23° \text{ (Ω)}$$

以定子相电压为参考相量，即 $\dot{U}_{1N} = 380 \angle 0° \text{ V}$，则定子额定相电流为

$$\dot{I}_{1N} = \frac{\dot{U}_{1N}}{Z_1 + \dfrac{Z_M Z_2'}{Z_M + Z_2'}} = \frac{380 \angle 0°}{1.375 + j2.43 + \dfrac{35.18 \angle 7.2° \times 83.02 \angle 84.23°}{35.18 \angle 7.2° + 83.02 \angle 84.23°}}$$
$$= 11.7 \angle -30.49° \text{ (A)}$$

功率因数：

$$\cos \varphi_{1N} = \cos 30.49° = 0.862$$

输入功率： $P_{1N} = 3 U_{1N} I_{1N} \cos \varphi_N = 3 \times 380 \times 11.7 \times 0.862 = 11497 \text{ (W)}$

额定效率为

$$\eta_N = \frac{P_N}{P_{1N}} \times 100\% = \frac{10000}{11497} \times 100\% = 86.98\%$$

【例 4.4】一台三相 4 极笼型异步电动机，定子绕组星形连接，已知相电压 $U_{1N} = 660 \text{ V}$，$f_1 = 50 \text{ Hz}$，$n_N = 1470 \text{ r/min}$，定子每相电阻 $R_1 = 0.2 \text{ Ω}$，漏电抗 $X_1 = 0.5 \text{ Ω}$，转子电阻 $R_2' = 0.1 \text{ Ω}$，漏电抗 $X_2' = 0.2 \text{ Ω}$，励磁电阻 R_C 可忽略，励磁电抗 $X_M = 20 \text{ Ω}$，机械和铁芯损耗共为 600 W。试计算额定负载运行时的定子相电流、输入功率、输出功率、输出转矩、功率因数和效率。

【解】易知同步转速 $n_0 = 1500 \text{ r/min}$，则额定转差率为

$$s_N = \frac{n_0 - n_N}{n_0} = \frac{1500 - 1470}{1500} = 0.02$$

定子阻抗

$$Z_1 = R_1 + jX_1 = 0.2 + j0.5 = 0.5385 \angle 68.2° \text{ (Ω)}$$

转子等效阻抗

$$Z_2' = \frac{R_2'}{s_N} + jX_2' = \frac{0.1}{0.02} + j0.2 = 5.004\angle 2.3°\ (\Omega)$$

励磁阻抗

$$Z_M = R_C + jX_M = 0 + j20 = 20\angle 90°\ (\Omega)$$

每相等效阻抗为

$$Z_{eq} = Z_1 + \frac{Z_M Z_2'}{Z_M + Z_2'} = 0.2 + j0.5 + \frac{5.004\angle 2.3° \times j20}{5.004\angle 2.3° + j20}$$
$$= (0.2 + j0.5) + (4.6185 + j1.3412)$$
$$= 5.1593\angle 20.91°$$

以定子相电压为参考相量，即 $\dot{U}_{1N} = 660\angle 0°$ V，则定子额定相电流为

$$\dot{I}_{1N} = \frac{\dot{U}_{1N}}{Z_{eq}} = \frac{660\angle 0°}{(0.2 + j0.5) + (4.6185 + j1.3412)} = 127.95\angle -20.91°\ (A)$$

功率因数

$$\cos\varphi_{1N} = \cos 20.91° = 0.934$$

输入功率

$$P_{1N} = 3U_{1N}I_{1N}\cos\varphi_N = 3\times 660\times 127.95\times 0.934 = 23.67\ (kW)$$

转子电阻的功率为

$$P_g = 3I_{1N}^2(4.6185) = 3\times 127.95^2 \times 4.6185 = 22.68\ (kW)$$

或

$$P_g = P_{1N} - 3I_{1N}^2(0.2) = 23.67 - 3\times 127.95^2 \times 0.2 = 22.68\ (kW)$$

则电磁功率为

$$P_e = (1-s)P_g = (1-0.02)22.68 = 22.23\ (kW)$$

有输出功率

$$P = 22.23 - 0.6 = 21.63\ (kW)$$

输出转矩

$$T = \frac{P_e}{\omega} = \frac{21.63\times 10^3}{\frac{2\pi\times 1470}{60}} = 140.5\ (N\cdot m)$$

则额定效率为

$$\eta_N = \frac{P}{P_{1N}}\times 100\% = \frac{21.63}{23.67}\times 100\% = 91.38\%$$

4.4 三相异步电动机的功率与转矩

4.4.1 三相异步电动机的功率和转矩介绍

1. 电动机的功率关系

电动机是输入电能、输出机械能的设备,在将电能转换为机械能的过程中,有一定的能量损失,从而使输出的机械功率总是小于输入的电功率。

设输入电动机的三相总功率为

$$P_1 = 3U_1 I_1 \cos\varphi$$

式中,U_1 和 I_1 为定子绕组的相电压和相电流(图 4.3.9),$\cos\varphi$ 为定子绕组的功率因数。P_1 包括了电动机的三部分功率,即

$$P_1 = P_M + P_{Cu1} + P_{Fe1}$$

式中,P_{Cu1} 是定子绕组中的铜损;P_{Fe1} 是定子铁芯中的磁滞和涡流损耗,简称为铁损;P_M 是传送到转子的功率,称为电磁功率,因此应等于转子电路的有功功率,即 $P_M = 3I_2'^2 \dfrac{R_2'}{s}$。因为有铜损和铁损的存在,输入到转子的功率 P_M 小于输入电功率 P_1。从图 4.3.8 可知,$P_{Cu1} = 3I_1^2 R_1$,$P_{Fe1} = 3I_M^2 R_C$,而电磁功率 P_M 为

$$P_M = 3I_2'^2 \frac{R_2'}{s} \qquad (4.4.1)$$

转子的电磁功率也并不是真正输出的机械功率,在 P_M 中还包括转子的铜损 P_{Cu2}、转子的铁损 P_{Fe2}(通常 P_{Fe2} 很小可忽略不计,如图 4.3.8 所示),即

$$P_M = P_{Cu2} + P_{Fe2} + P_{me}$$

式中,忽略铁损,在等效电路中,铜损 $P_{Cu2} = 3I_2'^2 R_2'$;P_{me} 是转子的机械功率。而输出给负载的机械功率还要减去机械损耗,也称为空载损耗 P_0(由轴承及风阻等摩擦所引起的),即电动机轴上输出给机械负载的机械功率为

$$P_2 = P_{me} - P_0$$

在等效电路中,机械功率为

$$P_{me} = 3I_2'^2 \frac{1-s}{s} R_2' \qquad (4.4.2)$$

电动机的效率为

$$\eta = \frac{P_2}{P_1}$$

异步电动机的功率流向如图 4.4.1 所示。

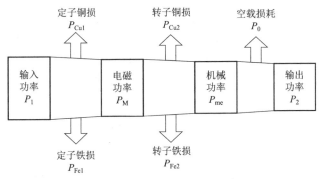

图 4.4.1 功率流向

2. 电动机的转矩关系

电动机旋转磁场转速为 n_0，则旋转磁场的角速度为 $\omega_0 = \dfrac{2\pi n_0}{60}$。电动机的电磁功率又可表示为

$$P_M = \omega_0 \cdot T$$

式中，T 为电磁转矩。电动机输出的全部机械功率为 $P = \omega \cdot T$。其中 $\omega = \dfrac{2\pi n}{60}$ 为转子旋转的角速度。式 $P_2 = P_{me} - P_0$ 又可表示为 $T_2\omega = T\omega - T_0\omega$，两边除以 ω，得

$$T_2 = T - T_0$$

式中，T 为电磁转矩，T_2 为输出转矩，T_0 为空载转矩。通常 T_0 很小可忽略不计，则

$$T_2 = T$$

即电动机的输出转矩为电动机的电磁转矩，且与负载转矩相平衡。

4.4.2 电磁转矩

驱动三相异步电动机旋转的电磁转矩是由旋转磁场 Φ 和转子电流 I_2 相互作用所产生的，而且它还与转子功率因数 $\cos\varphi_2$ 的大小有关（因为电磁转矩是由电流的有功分量产生的），由此得电磁转矩表达式为

$$T = C_T \Phi_m I_2' \cos\varphi_2 \tag{4.4.3}$$

式中，C_T 是与电动机本身结构有关的比例常数。

同时，电磁转矩与传递到转子电阻的功率有关，在图 4.3.8 中，忽略励磁绕组支路，结合式（4.4.1），有

$$T = \dfrac{3}{\omega_0} \dfrac{U_1^2 \dfrac{R_2'}{s}}{\left(R_1 + \dfrac{R_2'}{s}\right)^2 + (X_1 + X_2')^2}$$

$$= \dfrac{3}{2\pi f_1} \dfrac{U_1^2 \dfrac{R_2'}{s}}{\left(R_1 + \dfrac{R_2'}{s}\right)^2 + (X_1 + X_2')^2} \tag{4.4.4}$$

可以看出，电磁转矩 T 除了与转子电阻 R_2'、转子电抗 X_2'、转差率 s 有关外，还与每相定子绕组电压 U_1 的平方成正比，所以 U_1 的变化对电磁转矩 T 的影响很大。式（4.4.4）与定子电压、频率及电动机的参数有关，常叫作电动机的机械特性的参数表达式。

电动机的电磁转矩 T 也可由电动机轴上输出的机械功率 P 求出。在忽略空载损耗的情况下，电磁转矩为

$$T \approx \frac{P}{\omega} = \frac{P}{\frac{2\pi n}{60}} = 9.55\frac{P}{n} \text{ (N·m)} \tag{4.4.5}$$

式中，n 为电动机（转子）转速（r/min），P 为电动机轴上输出的机械功率（W）。若电动机轴上输出的是额定功率 P_N，电动机转速是额定转速 n_N，这时电动机输出的转矩为额定转矩 T_N，即

$$T_N = 9.55\frac{P_N}{n_N} \tag{4.4.6}$$

这一公式是求电动机输出额定转矩经常使用的公式。

将式（4.4.4）中的电磁转矩 T 对转差率 s 求微分，然后令 $\dfrac{dT}{ds}=0$，求得对应于最大电磁转矩 T_{max} 的转差率为

$$s_m = \pm\frac{R_2'}{\sqrt{R_1^2+(X_1+X_2')^2}} \tag{4.4.7}$$

式中，s_m 称为临界转差率，电机处于电动机运行状态时，取"+"号。将式（4.4.7）代入式（4.4.4），可求得最大电磁转矩为

$$T_{max} = \frac{3}{4\pi f_1}\frac{U_1^2}{\sqrt{R_1^2+(X_1+X_2')^2}} \tag{4.4.8}$$

最大电磁转矩 T_{max} 和临界转差率 s_m 是三相异步电动机十分重要的参数。最大电磁转矩 T_{max} 越大，则电动机的过载能力越强。因此，将 T_{max} 与电动机的额定转矩之比，定义为电动机的过载转矩倍数，用 λ_m 表示，有

$$\lambda_m = \frac{T_{max}}{T_N} \tag{4.4.9}$$

在电动机参数中，有 $R_1 \ll X_1+X_2'$，则式（4.4.7）与式（4.4.8）可分别简化为

$$s_m = \pm\frac{R_2'}{X_1+X_2'} \tag{4.4.10}$$

$$T_{max} = \frac{3}{4\pi f_1}\frac{U_1^2}{X_1+X_2'} \tag{4.4.11}$$

在电动机接入电源瞬间，转速为零，$s=1$，将之代入式（4.4.4），得电动机起动时的起动转矩

$$T_{st} = \frac{3}{2\pi f_1}\frac{U_1^2 R_2'}{(R_1+R_2')^2+(X_1+X_2')^2} \tag{4.4.12}$$

可见，对于绕线式电动机，通过在转子回路串接附加电阻，即使 R'_2 增大，可增大起动转矩 T_{st}，从而改善起动性能。将 T_{st} 与 T_N 的比值称作起动转矩倍数 λ_{st}，即

$$\lambda_{st} = \frac{T_{st}}{T_N} \tag{4.4.13}$$

由式（4.4.7）有

$$\frac{R'_2}{s_m} = \sqrt{R_1^2 + (X_1 + X'_2)^2} \tag{4.4.14}$$

则将式（4.4.4）除以式（4.4.8），并利用式（4.4.14），有

$$\frac{T}{T_{max}} = \frac{2\left(1 + \frac{R_1}{R'_2}s_m\right)}{\frac{s}{s_m} + \frac{s_m}{s} + \frac{2R_1}{R'_2}s_m} \tag{4.4.15}$$

通常，$s_m = 0.1 \sim 0.2$，故 $\frac{R_1}{R'_2}s_m \approx 0.2 \sim 0.4$，而 $\frac{s}{s_m} + \frac{s_m}{s} > 2$，所以忽略 $\frac{R_1}{R'_2}s_m$，式（4.4.15）简化为

$$T = \frac{2T_{max}}{\frac{s}{s_m} + \frac{s_m}{s}} \tag{4.4.16}$$

式（4.4.16）即电动机机械特性的实用表达式。在已知最大转矩和临界转差率的情况下，可以求出任意转速或转差率下的电磁转矩，即可画出机械特性曲线。式（4.4.16）因简单实用，在工程中得到广泛应用。通常，三相异步电动机在额定状态附近运行时，转差率比较小，有 $\frac{s}{s_m} \ll \frac{s_m}{s}$，式（4.4.16）进一步简化为

$$T = \frac{2T_{max}s}{s_m} \tag{4.4.17}$$

显然，式（4.4.17）为线性关系，表明三相异步电动机在额定运行状态附近时，转矩与转差率成正比。

从电动机的产品手册中可查到额定功率 P_N、额定转速 n_N 以及过载转矩倍数 λ_m，则按式（4.4.16）可得

$$\lambda_m = \frac{T_{max}}{T_N} = \frac{\frac{s_N}{s_m} + \frac{s_m}{s_N}}{2}$$

可求出临界转差率为

$$s_m = s_N\left(\lambda_m \pm \sqrt{\lambda_m^2 - 1}\right) \tag{4.4.18}$$

式中，正负号可根据 s_m 总小于 s_N 选取。

【例 4.5】某公司生产的三相异步电动机型号为 Y280M-2，额定数据如下：额定功率 $P_N = 90$ kW，额定电压 $U_N = 380$ V，额定转速 $n_N = 2\,970$ r/min，额定电流 $I_N = 166$ A，额定效率

η_N=93.9%,过载转矩倍数 λ_m=2.2,$I_{st}:I_N=7.0$。求:

(1) 该电动机的实用机械特性曲线表达式;

(2) 若负载转矩在额定转矩附近有±50%的波动,该电动机转速的波动范围。

【解】(1) 易知同步转速为 3 000 r/min,则额定转差率

$$s_N = \frac{3\,000 - 2\,970}{3\,000} = 0.01$$

而额定转矩为

$$T_N = 9\,550\frac{P_N}{n_N} = 9\,550\frac{90}{2\,970} \approx 289.4(\mathrm{N \cdot m})$$

临界转差率为

$$s_m = s_N\left(\lambda_m \pm \sqrt{\lambda_m^2 - 1}\right) = 0.01\left(2.2 \pm \sqrt{2.2^2 - 1}\right)$$
$$= 0.01(2.2 \pm 1.96)$$

显然,临界转差率有两个值,取加号为 0.041 6,取减号为 0.002 4。考虑临界时,转速要小于额定转速,故临界转差率会大于额定转差率,故这里取加号,即 s_m=0.041 6。而最大转矩为

$$T_{max} = \lambda_m T_N = 2.2 \times 289.4 = 636.7(\mathrm{N \cdot m})$$

故实用机械特性表达式为

$$T = \frac{2T_{max}}{\frac{s}{s_m} + \frac{s_m}{s}} = \frac{2 \times 636.7}{\frac{s}{0.041\,6} + \frac{0.041\,6}{s}}$$

(2) 在额定运行状态附近,式(4.4.17)表明,转差率与转矩呈正比,则负载波动±50%,转速波动范围为

$$n = n_0[1 - (1 \pm 50\%)s_N] = 3\,000[1 - (1 \pm 0.5)0.01]$$

则转速的变化范围为 2 955~2 985 r/min。

4.4.3 机械特性

在额定电源电压 U_N 和额定频率 f_N 下,电动机按规定的接线方式,定、转子无外接电阻时的机械特性 $n=f(T)$,称为(固有)机械特性曲线,如图 4.4.2 所示。

在机械特性曲线上有几个重要的运行点,我们将分别讨论。

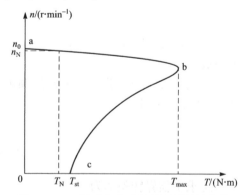

图 4.4.2 三相异步电动机的机械特性曲线

1. 额定运行点

额定转矩 T_N 是电动机在额定状态运行下的电磁转矩,如某台电动机的铭牌数据给出的额定功率 P_N 为 2.2 kW,额定转速 n_N 为 1 430 r/min,则额定转矩为

$$T_N = 9.55\frac{P_N}{n_N} = 9.55\frac{2.2 \times 10^3}{1430} = 14.69(\mathrm{N \cdot m})$$

2. 最大转矩点

T_{max} 是在一定的电源电压下，电动机所能提供的最大转矩，对应于最大转矩的转差率为 s_m。电动机的负载转矩绝不能大于最大转矩 T_{max}，一旦负载转矩 $T_L > T_{max}$，电动机转速将迅速下降，导致电动机堵转运行，故该点为临界转速点。

从式（4.4.11）可以看出，最大转矩 T_{max} 与电源电压 U_1 的平方成正比，而与转子电阻 R_2 无关。但 s_m 与 R_2 成正比，它们之间的关系曲线如图 4.4.3 所示。

图 4.4.3（a）所示是当电源电压改变时，转速与转矩的关系曲线。当降低电源电压 U_1 时，T_{max} 与电源电压 U_1 的平方成比例下降，T_{st} 也与电源电压 U_1 的平方成比例下降，但临界转差率 s_m 保持不变。可见，电压 U_1 下降，电动机的起动能力和过载能力下降，对电动机的运行影响很大。

当 U_1 下降，电动机拖动同一负载时，其转速降低，转差率 s 增大，故转子电流也随之增大，见式（4.3.15）。若电动机原运行于额定状态，则电压下降后电流将超过额定电流，电动机会过载，使电动机发热严重，电动机的使用寿命将降低。

图 4.4.3（b）所示是当转子电阻改变时，转速与转矩的关系曲线。当转子电阻增加时，起动转矩 T_{st} 也增加，但最大转矩 T_{max} 保持不变。绕线式电动机正是利用该特性来改善其起动性能的。

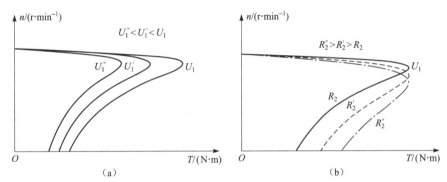

图 4.4.3 分别改变电压 U_1 和转子电阻 R_2 时的机械特性曲线

（a）改变电压 U_1；（b）改变转子电阻 R_2

3. 起动点

T_{st} 是电动机刚刚接入电源尚未转动时的转矩，此时 $n=0$，$s=1$，从式（4.4.12）可见，T_{st} 也与电源电压 U_1 的平方成正比，并与 R_2 有关。改变 U_1 会改变起动转矩的大小，增大转子电阻会使起动转矩增大（见图 4.4.3）。

一般电动机的起动转矩倍数 $\lambda_{st}=1.0 \sim 2.8$。如果起动转矩小于负载转矩，电动机不能起动。如果起动转矩大于负载转矩，在接通电源的瞬间，由于 $n=0$，电动机此时的电流达到最大，容易使电动机过热。一般 $I_{st}=(4 \sim 7)I_N$，所以通常不允许频繁起动电动机。

4. 同步转速点

在该点，有 $n=n_0$，$s=0$，$T=0$。此时，转子与定子磁场同步旋转，转子绕组上无感应电动势，也没有转子电流，故不产生电磁转矩。在无外力作用的情况下，三相异步电动机不可能在该点运行。

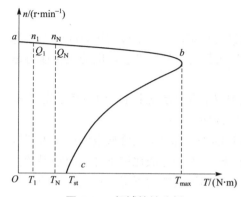

图 4.4.4 机械特性分析

5. 机械特性曲线的两个区域

机械特性曲线（图 4.4.4）有两个性质不同的区域。ab 段为电动机自适应调整区，又称稳定运行区。在这一区域范围内，电动机能自动适应负载转矩的变化，即负载转矩发生变化时，电动机能自动调整到稳定工作状态。

bc 段为过渡区，又称不稳定区。在这一区域，电动机不能自动适应负载转矩的变化，其结果必然是重新回到稳定运行区或停止转动。

（1）电动机的起动与稳定运行过程。

当电动机起动时，只要起动转矩大于负载转矩（设负载转矩为额定负载转矩），电动机便转动起来，并沿着 cb 段曲线变化。在这段时间内，电动机的转子电流较大，电动机转矩增加，电动机加速。虽然在这段时间内，电动机的转子转速和旋转磁场的转速之间的转速差在减小，但转子电流仍较大，且功率因数 $\cos\varphi_2$ 也随着转速的增加而增加，这时电动机的转矩仍然是增大的。当电动机运行到曲线的 b 点后，电动机进入 ab 段。在 ab 段随着转速的继续上升，旋转磁场与转子间相对运动减小，转子中的电流开始减小，电动机电磁转矩也开始减小，直到电动机的电磁转矩与额定负载转矩相等，电动机转速不再变化，即保持匀速运转，并稳定运行在额定运行点 Q_N。

（2）负载转矩变化引起的电动机调节过程。

在稳定运行区域内，如果负载转矩变化，电动机的电磁转矩将自动随之变化，并重新达到一个新的平衡状态而稳定运行。

若电动机负载转矩突然减小到 T_1，使负载转矩 T_1 小于电动机输出的额定转矩 T_N，电动机将加速运行。s 减小使转子电流随之减小，电动机输出转矩降低，直至电动机的输出转矩 T 等于负载转矩 T_1，电动机重新稳定运行在 Q_1 点，此时电动机的转速高于额定转速。

若负载转矩增加到大于最大转矩 T_{max}，电动机转速很快减小，过了 b 点后，电动机进入不稳定运行区域。随着转速的继续减小，转矩也减小，直到 c 点，电动机停止转动。此时，因为电动机的转速 $n=0$，旋转磁场与转子之间的相对运动速度最大，所以定、转子电流很大，是额定电流的 4~7 倍，如不及时切断电源，时间稍长，会使电动机因过热而损坏。

由以上分析可知，电动机在稳定区域运行时，其输出电磁转矩和转速的大小取决于它所带动的机械负载转矩。负载转矩增大，电磁转矩也增大，转子转速减小，同时转子电流与定子电流也随之增加，输入电功率也增加。

【例 4.6】已知某台三相异步电动机的额定数据为：$P_N=4.5$ kW，$n_N=950$ r/min，效率 $\eta_N=84.5\%$，$U_N=380$ V，$\cos\varphi_N=0.84$，接成星形（Y），$f_1=50$ Hz，过载系数 $\lambda_m=2$，起动转矩倍数 $\lambda_{st}=1.7$。求：

（1）磁极对数 P；

（2）额定转差率 s_N；

（3）额定转矩 T_N；

（4）额定输入功率 P_{1N}；

(5) 定子的额定电流 I_N；

(6) 最大转矩 T_{max}；

(7) 起动转矩 T_{st}。

【解】(1) 根据 $n_N = 950$ r/min，可以得出 $n_0 = 1\,000$ r/min，磁极对数

$$P = \frac{60 f_1}{n_0} = \frac{60 \times 50}{1\,000} = 3$$

(2) 额定转差率为

$$s_N = \frac{n_0 - n_N}{n_0} = \frac{1\,000 - 950}{1\,000} = 0.05$$

(3) 额定转矩为

$$T_N = 9.55 \frac{P_N}{n_N} = 9.55 \times \frac{4.5 \times 10^3}{950} = 45.24 \text{ (N·m)}$$

(4) 额定输入功率

$$P_{1N} = \frac{P_N}{\eta_N} = \frac{4.5}{0.845} = 5.33 \text{ (kW)}$$

(5) 根据 $P_{1N} = \sqrt{3} U_N I_N \cos\varphi_N$，额定电流

$$I_N = \frac{P_{1N}}{\sqrt{3} U_N \cos\varphi_N} = \frac{5.33 \times 10^3}{\sqrt{3} \times 380 \times 0.84} = 9.64 \text{ (A)}$$

(6) 最大转矩

$$T_{max} = \lambda_m T_N = 2 \times 45.24 = 90.48 \text{ (N·m)}$$

(7) 起动转矩

$$T_{st} = \lambda_{st} T_N = 1.7 \times 45.24 = 76.91 \text{ (N·m)}$$

4.5 三相异步电动机的使用

三相异步电动机在使用过程中主要有三个方面的问题要解决，即电动机的起动、调速和制动。下面分别讨论之。

4.5.1 三相异步电动机的起动

1. 起动过程存在的问题

将三相异步电动机接入电源，电动机由静止不动，到达至稳定转速运行中间所经历的过程称为起动。在刚接入电源的一瞬间，电动机转速 $n=0$，此时旋转磁场与转子之间相对运动速度最大。由式（4.3.12）和式（4.3.15）可知，在转子绕组中产生的感应电动势和感应电流最大，定子电流也最大，通常为额定电流的 4~7 倍。如果电动机不是频繁起动就不会有热量的积累，对电动机本身没有多大的损害。

但是，过大的起动电流对供电线路会有一定的影响。因为过大的起动电流会在线路上产生较大的电压降，降低了电网供电的电压，影响到同一供电系统上的其他电气设备不能正常

工作。如工作在同一电源的其他异步电动机，由于电磁转矩与电压平方成正比，电压的降低会减小它们的转速，增大其电流，甚至会使 T_{max} 小于负载转矩而造成电动机意外停转。

另外在刚起动时，虽然起动电流大，但由于 $s=1$，转子感抗大，这使转子功率因数较小，所以起动转矩并不大，不能带动较大的负载起动。可见三相异步电动机起动时存在着起动电流大、起动转矩小的问题。因此常采用不同的起动方法来改善电动机的起动性能。

2. 起动方法

1）直接起动

通过开关或接触器将电动机直接接入电源的起动方法称为直接起动。这种起动方法简单、容易实现，但是否允许电动机直接起动，取决于电动机功率和供电电源容量之间的比例。

在以下几种情况下，一般可以采用直接起动的方法。若电动机的电源是在具有独立变压器供电的情况下，对于不经常起动的三相异步电动机，其功率不能超过电源容量的30%；对于频繁起动的三相异步电动机，其功率不应超过电源容量的20%；如果没有独立变压器供电，三相异步电动机直接起动时所产生的电压降不应超过额定电压的5%。

2）降压起动

对于不允许直接起动的电动机，可以采用降压起动的方法，以减小起动电流。降压起动就是在起动时，降低加在定子绕组上的电压。待电动机的转速接近额定值时，再将定子绕组的电压恢复到额定值，使电动机进入正常运行状态。

由于三相异步电动机的起动转矩与电源电压的平方成正比，在降低起动电压限制起动电流的同时，也大大降低了起动转矩。因此降压起动的方法只适用于电动机的轻载或空载起动。降压起动有以下几种常用的方法：

（1）星形-三角形（Y-△）转换降压起动。

这种方法是在起动时先将定子绕组接成星形（Y），当电动机转速接近稳定值时，再将定子绕组接成三角形（△），使电动机运行在三角形的连接方式下。

这样在起动时，就能将定子每相绕组上的电压降到正常工作电压的 $\dfrac{1}{\sqrt{3}}$。显然这种方法只适用于6个接线端子均可用，且正常工作时定子绕组为三角形连接的三相异步电动机。

下面分析电动机的起动电流和起动转矩。

定子绕组接成星形时的起动电流（见图4.5.1）：

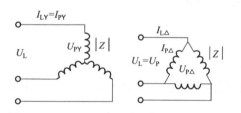

图 4.5.1 星形—三角形降压起动电流的计算

$$I_{LY} = I_{PY} = \frac{U_{PY}}{|Z|} = \frac{U_L}{\sqrt{3}|Z|}$$

定子绕组接成三角形时的起动电流：

$$I_{L\triangle} = \sqrt{3}I_{P\triangle} = \sqrt{3}\frac{U_{P\triangle}}{|Z|} = \sqrt{3}\frac{U_L}{|Z|}$$

则

$$\frac{I_{LY}}{I_{L\triangle}} = \frac{U_L/\sqrt{3}|Z|}{\sqrt{3}U_L/|Z|} = \frac{1}{3}$$

即降压起动时的线电流为直接起动时的 $\frac{1}{3}$。

由于起动转矩与电压的平方成正比,所以当定子每相绕组电压降低到正常工作电压的 $\frac{1}{\sqrt{3}}$ 时,起动转矩则减小到直接起动时的 $\frac{1}{3}$。

这种起动方法的控制线路如图 4.5.2 所示。在起动时先将开关 Q_1 向下合,实现异步电动机的星形接法起动。待电动机转速接近稳定转速时再将开关 Q_1 向上合,将电动机换接成三角形。目前常采用继电器-接触器控制线路(见 6.2.5 节"时间控制")来实现星形-三角形接法的自动转换。

(2)自耦变压器降压起动。

若三相异步电动机不能采用星形-三角形降压起动,可采用三相自耦变压器降压起动,起动线路如图 4.5.3 所示。

起动时先将开关 Q_1 向下合,使电动机定子绕组与自耦变压器低压边相接,进行降压起动,当电动机转速接近额定值时,再将开关 Q_1 向上合,使电动机定子绕组直接与电源相接,进入正常运行状态。

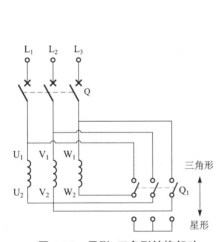

图 4.5.2 星形-三角形转换起动

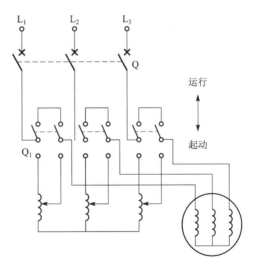

图 4.5.3 自耦变压器降压起动

采用这种降压起动的方法,使定子绕组的电压为原来的 $1/k$ 倍(k 是自耦变压器的变比),供电线路的电流减小为原来起动电流的 $1/k^2$ 倍,起动转矩也为直接起动时的 $1/k^2$ 倍。这种起动方法的优点是,起动电压可以根据需要来选择,使用起来方便灵活,但需要自耦变压器,从而增加了成本。

(3)转子串电阻降压起动。

这种起动方法是在转子绕组中接入起动电阻,因此只适用于绕线式异步电动机。其起动线路如图 4.5.4 所示。起动时,先将起动变阻器的阻值置于最大位置,随着转速的上升,逐渐减小起动电阻,直到电动机转速接近额定值时,再全部切除起动电阻,使电动机进入正常运行状态。

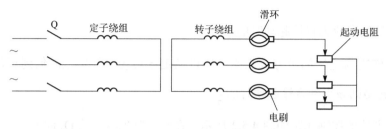

图 4.5.4　转子串电阻起动

电动机转子串接起动电阻,不但减小了起动电流,而且增大了转子的功率因数 $\cos\varphi_2$,因此提高了电动机的起动转矩。

在起动频繁并要求有较大起动转矩的生产机械上,常采用绕线型异步电动机。

【例 4.7】 一台笼型三相异步电动机的定子绕组为三角形连接,$P_N=28\text{ kW}$,$U_N=380\text{ V}$,$I_N=58\text{ A}$,$\cos\varphi_N=0.88$,$n_N=1\,455\text{ r/min}$,$\lambda_{st}=1.2$,$I_{st}/I_N=6$,$\lambda_m=2.3$,起动负载转矩为 71.5 N·m,要求起动电流不大于 150 A。

(1) 该电动机能否采用星形-三角形转换方法进行起动?

(2) 若采用自耦变压器降压起动,当自耦变压器的抽头为 64% $\left(\dfrac{1}{k}=0.64\right)$ 时,其能否满足起动要求?

【解】(1) 电动机额定转矩为

$$T_N = 9.55\frac{P_N}{n_N} = 9.55\times\frac{28\times10^3}{1\,455} = 183.78(\text{N}\cdot\text{m})$$

直接起动时的起动转矩为

$$T_{st} = 1.2\times T_N = 1.2\times 183.78 = 220.54(\text{N}\cdot\text{m})$$

星形-三角形起动时的起动转矩为

$$T_{stY} = \frac{1}{3}T_{st} = \frac{1}{3}\times 220.54 = 73.5(\text{N}\cdot\text{m}) > 71.5\text{ N}\cdot\text{m}$$

直接起动时的起动电流为

$$I_{st} = 6\times I_N = 6\times 58 = 348(\text{A})$$

星形-三角形起动时的起动电流为

$$I_{stY} = \frac{1}{3}I_{st} = \frac{1}{3}\times 348 = 116(\text{A}) < 150\text{ A}$$

故可以采用星形-三角形转换起动方法。

(2) 采用自耦变压器降压起动时的起动电流和起动转矩分别为

$$I'_{st} = 0.64^2 I_{st} = 0.64^2\times 348 = 142.54(\text{A}) < 150\text{ A}$$

$$T'_{st} = 0.64^2 T_{st} = 0.64^2\times 220.54 = 90.33(\text{N}\cdot\text{m}) > 71.5\text{ N}\cdot\text{m}$$

故能满足起动要求。

4.5.2　三相异步电动机的调速

在某一确定负载下,人为地改变电动机转速称为调速。生产工艺过程的需要,提出了调

节电动机转速的要求，以获得更好的工艺质量和生产效率。从电动机的转速表达式

$$n = (1-s)n_0 = (1-s)\frac{60f_1}{P}$$

可知，改变电动机的转速有三种方法：改变磁极对数 P、改变转差率 s 和改变电源频率 f_1。

改变定子绕组所形成的磁极对数与改变电源频率的调速方法适用于笼型异步电动机，它们是通过改变旋转磁场转速 n_0 的大小来进行调速的。改变电动机转差率的方法只适用于绕线式异步电动机，这种调速方法并不改变旋转磁场的同步转速 n_0，而是通过在转子绕组电路中串联电阻，改变转差率，来实现对电动机的调速。

1. 变频调速

变频调速是通过改变电动机的电源频率进行调速的。由于能连续改变电源频率 f_1，所以速度的改变也是连续和平滑的。由异步电动机的转速表达式可知，改变了定子电源频率 f_1，就可以改变旋转磁场的转速，从而改变电动机的转速。

在忽略定子漏阻抗的情况下，异步电动机的感应电动势 E_1 近似等于电源电压 U_1，即

$$U_1 \approx E_1 = 4.44 f_1 N_1 \Phi K_1$$

由上式可知，若电源电压 U_1 不变，则磁通随频率而变。通常在设计电机时，为了充分利用铁芯材料，将磁通 Φ 的数值选择在接近饱和值附近。因此，如果频率从额定值（工作频率为 50 Hz）往下调，磁通会增加，这将造成磁路过饱和，使励磁电流增加，铁芯过热，增加其损耗。如果频率从额定值往上调，会使磁通减小，造成电机欠励磁，影响电动机的输出转矩。为此，在调节电源频率 f_1 的同时要同步调节电源电压 U_1 的大小，以保持 U_1/f_1 值为恒定，从而维持磁通恒定不变。

但在实际应用中，由于受电动机的额定电压值限制，在有的情况下不能保持 U_1/f_1 值为恒定，这样就出现了不同的变频调速控制方式。

异步电动机变频调速的主要控制方式如下所述。

(1) 保持 U_1/f_1 值恒定的恒转矩变频调速方式。这种调速方式是将频率 f_1 从额定值往下调（同时减小 U_1），由于频率减小，电动机转速降低。在这种变频调速过程中，由于 $U_1 = 4.44 f_1 N_1 \Phi$，$T = C_T \Phi I_2 \cos\varphi_2$，如果负载转矩不变，磁通又是恒定的，则转子电流不变，电动机输出转矩也不变，故为恒转矩调速。这种保持磁通恒定、输出转矩不变的变频调速机械特性如图 4.5.5（a）所示。这种调速方法的机械特性较硬，即转速降较小，调速范围较宽，但低速性能较差。如果电源频率 f_1 能实现连续调节，就能实现无级变频调速。

(2) 恒功率变频调速方式。这种方式是将频率 f_1 从额定值向上调。由于一般不允许将电动机的电源电压升高超过其额定值，因此在电源电压 U_1 不变的情况下，提高电源频率会使磁通 Φ 减小，输出转矩随之减小。对于恒功率负载，若电动机转速升高，其输出转矩会减小，从而异步电动机的电磁功率基本保持不变。这种恒功率变频调速方式的机械特性如图 4.5.5（b）所示，它的机械特性较软，即转速降较大。这种调速方式也称为恒压弱磁变频调速。在实际应用中可根据不同负载采用不同的调速方式。通常恒转矩负载采用恒转矩调速方式，恒功率负载采用恒功率调速方式。

近年来，出现了一些新的控制方式，如矢量控制转矩和磁通直接控制等，可进一步改善变频调速器的调速性能，详细介绍可查阅变频调速的相关资料。变频调速是一种理想的调速方式，可实现连续调速，又能节能，但需要变频器，故成本较高。

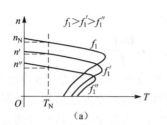
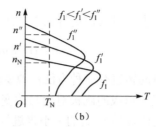

图 4.5.5　变频调速机械特性曲线

(a) 恒转矩；(b) 恒功率

1) 变频器简介

若需实现变频调速就要有变频电源，变频电源是由变频器提供的。变频器的基本结构如图 4.5.6 所示，其由主电路和控制电路组成。

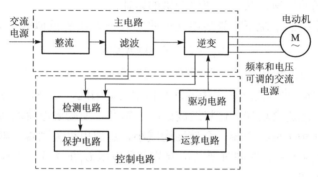

图 4.5.6　变频器的基本结构

主电路包括整流、滤波和逆变三个部分。它的工作原理是：首先将工频交流电压通过整流器转换为直流电压，经过滤波后，再通过逆变器将直流电压转换为频率可调的交流电压。

控制电路的功能是向主电路提供控制信号，它包括对电压和频率进行运算的运算电路，对主电路进行电流、电压检测的检测电路，将运算电路的控制信号进行放大的驱动电路以及主电路和控制电路的保护电路。

在现代变频器中，普遍采用正弦波脉宽调制（SPWM）方式，将直流电转换为频率和电压可调的交流电。它是通过改变输出的脉冲宽度，使输出电压的平均值接近于正弦波，即使脉冲序列的占空比按正弦规律来安排。当正弦值为最大值时，脉冲的宽度也最大；当正弦值较小时，脉冲的宽度也较小。如果脉冲间的间隔小，相应的输出电压大；反之，脉冲间的间隔较大，相应的输出电压较小。其原理电路、输入电压和控制输出电压的波形如图 4.5.7 所示。图中，u_m 为所需频率的正弦波，u_c 为频率很高的三角载波。控制开关 S_1 和 S_2 导通和断开的规则如下：若 $u_m > u_c$，则开关 S_1 导通，开关 S_2 断开；若 $u_m < u_c$，则开关 S_1 断开，开关 S_2 导通，这一功能显然可由电压比较器实现。这样，负载 Z_L 两端的输出电压 u_a 是双向的交流电压，经过平滑滤波后就是频率和幅值可调的正弦波 u_s。

2) 变频调速器应用实例——变频供水控制系统

变频恒压供水系统与传统的水塔供水或直接管网供水相比具有许多优点：可以去掉顶层水箱，避免水箱的二次污染；可以自动运行，无须人工值守；供水压力稳定，并可以节约电能；可以均衡多台水泵的使用时间；在火灾时可以起动消防供水等。

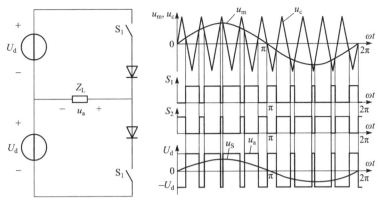

图 4.5.7　PWM 调制方法与波形图

某变频恒压供水控制系统的功能要求如下：
（1）实现恒压供水，对用户管网的压力可以随时调节；
（2）每天实现一日三次定时供水；
（3）两台泵以三天为一个单位轮流切换；
（4）当一台泵供水不足时，可以自动启动另一台泵。
变频恒压供水控制系统的设计如下：
该系统的框图如图 4.5.8 所示。系统以可编程序控制器（PLC）为控制核心，实现系统要求的控制。控制过程为：通过压力传感器检测到用户水压的大小，将这一信号送入 PLC。PLC 与压力的设定值比较后，将按编制好的程序进行处理，然后向变频调速器发出速度调节信号，调节水泵的旋转速度，从而实现恒压供水。PLC 除了实现对变频器的控制外，还接收和发出各种控制信号，如水泵的启动和停止信号（由交流接触器实现）。它还能实现多泵的切换、故障报警等功能。

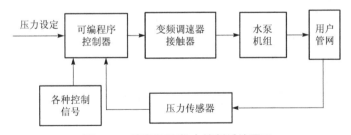

图 4.5.8　变频恒压供水控制系统原理

2. 变极调速

变极调速是通过改变异步电动机定子旋转磁场的磁极对数来改变旋转磁场转速 n_0，从而改变电动机的转速，来实现调速的。每当磁极对数增加一倍，旋转磁场的转速 n_0 就降低一半，转子转速也将降低一半，显然这种调速方法是有级调速。

改变异步电动机的磁极对数是通过改变定子绕组的接线方式来实现的。现以四极变两极为例，说明变极调速原理。图 4.5.9 所示是一台四极三相异步电动机定子 U 相绕组的接线图，图 4.5.9（a）所示是 U 相绕组展开图，它是由两个等效集中线圈串联组成，连接顺序为 U_1–U_2–U'_1–U'_2，当 $U_1U'_2$ 绕组有电流通过时，方向如图 4.5.9（b）所示，根据右手定则，可以判断出定子旋转磁场有 4 个磁极，这时磁极对数 $P=2$。

如将线圈连接顺序改为 U_1–U_2–U'_2–U'_1，如图 4.5.10（a）所示。当有电流通过绕组时，它产生的定子旋转磁场有两个磁极，如图 4.5.10（b）所示，这时磁极对数 $P=1$。

由以上可以看出，如果改变电动机定子绕组中部分绕组的电流方向，则电动机的磁极对数会成倍变化，从而使旋转磁场转速及转子转速也成倍变化。

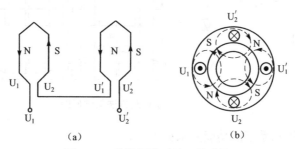

图 4.5.9　变极调速时的四极磁场

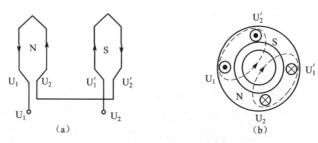

图 4.5.10　变极调速时的两极磁场

通常，普通电动机的极对数是不能改变的，为了达到变极调速的目的，人们研制出了实现变极调速的电动机，称为变极电动机。这种电动机适用于车床、镗床、钻床等加工机床。如在初加工时，由于进刀量大，负载转矩大，可采用低速运行；而在精加工时，由于进刀量小，负载转矩小，则可采用高速运行，从而获得较高效率。这种调速方式简单，容易实现，但不能对转速实现连续调节。

3. 变转差率调速

这种调速方式是在绕线型异步电动机的转子绕组中串联接入电阻，通过改变转差率实现调速。调速机械特性如图 4.5.11 所示。

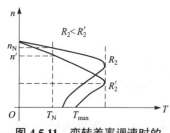

图 4.5.11　变转差率调速时的
机械特性曲线

其调速原理是：设电动机在额定转速 n_N 下运行，在增大转子电阻的瞬间，转子电流减小，使电动机输出的电磁转矩小于负载转矩，这将引起电动机转速下降。转速下降则转差率增大，从而使转子中的感应电动势增大，转子电流和电磁转矩回升。直到电磁转矩与负载转矩重新相等，电动机稳定运行，但这时电动机的转速降到 n'。这种调速方法使转差率改变，故称为变转差率调速。

这种调速方法的特点是：旋转磁场转速不变，但其改变了机械特性运行段斜率，转子串入的电阻越大斜率越大（机械特性越软），随着负载转矩的增加，转速下降就越快，但最大转矩不变。这种调速方法设备简单，在一定转速范围内可实现连续调速,但在调速电阻上增加了能量损耗。

另外,从式(4.4.4)和图 4.4.3(a)可见,异步电动机的电磁转矩与所施加在定子绕组的电压平方呈正比。显然,调节供电电压大小,也能达到调节转速的目的。过去常采用自耦变压器实现,现可以用大功率电子设备如晶闸管、功率晶体管等实现。对笼型电动机而言,调速范围窄,仅适合风机、水泵等负载。为了获得较高的调速范围,可将转子绕组制成具有较高电阻,如高转差率电动机。但转子电阻的增大,会导致机械特性曲线变软。

4.5.3 三相异步电动机的制动

当切断三相异步电动机供电电源后,电动机会依靠惯性继续转动一段时间后才停止。为了保证生产机械工作的准确性和提高生产效率,需要采用某种方法对电动机实行制动,即强迫电动机迅速停止转动。下面介绍三种常用的制动方法。

1. 能耗制动

这种制动方法是在电动机断电之后,立即在定子绕组中通入直流电流,以产生一个恒定的磁场。它与继续转动的转子相互作用,产生一个与转子旋转方向相反的电磁转矩,迫使电动机迅速停下来。图 4.5.12 所示为能耗制动原理。这种制动方法是利用消耗转子的动能来实现制动的,所以称为能耗制动。

图 4.5.13 所示为能耗制动线路图。电动机正常运转时,断路器 Q 闭合而开关 Q_1 断开;当制动时,Q 断开而 Q_1 闭合接通直流电源。当电动机停转后,断开 Q_1,切断直流电源。这种制动方法消耗能量小,制动效果较好,但需另配直流电源。

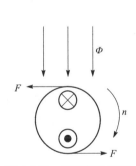

图 4.5.12 能耗制动原理

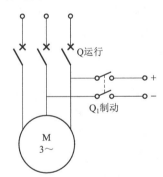

图 4.5.13 能耗制动线路图

2. 反接制动

反接制动是将接到电动机定子绕组的三相电源的三根导线中的任意两根对调位置,如图 4.5.14 所示,即通过改变接入电动机三相电源的相序来实现制动。当三相电源的相序改变时,电动机旋转磁场立即反向旋转,产生的电磁转矩方向与原来的方向相反,即与电动机由于惯性仍在转动的方向相反,因此起到了制动的作用。当电动机转速降为零时,应及时切断电源,否则电动机将反向起动。

在反接制动时,旋转磁场与转子相对速度 (n_0+n) 很大,因而会在定、转子中产生很大的电流,为了限制这个电流,通常在定子绕组中串入限流电阻 R。这种制动方法简单,制动力矩大,制动效

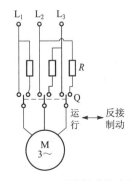

图 4.5.14 反接制动线路图

果好，但能量消耗较大。

3. 发电反馈制动

当转子转速 n 超过旋转磁场转速 n_0 时，转子所产生的转矩为制动转矩，制动原理如图 4.5.15 所示。由于 $n>n_0$，这时转子中产生的感应电动势及感应电流的方向均与电动机的电动状态相反，由此产生制动转矩，在制动转矩的作用下，电动机转速减小。

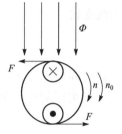

图 4.5.15　发电反馈制动原理

如在采用变频器对异步电动机进行调速时，降低变频器的输出频率使电动机处在减速过程中。在减速瞬间，旋转磁场的转速低于电动机的实际转速，异步电动机便成为异步发电机，它将机械负载和电动机所具有的机械能量反馈给变频器，并在电动机中产生制动转矩，故称为发电反馈制动。另外，在多速电动机从高速调到低速的过程中，起重机快速下放重物时，也会出现这种发电制动情况。

4.6　三相异步电动机的选择

生产机械的动力主要来自电动机，因此，对电动机的正确选择具有重要的意义。它不仅与运行的可靠性和设备的成本有关，还与运行费用紧密相关。选择电动机的基本原则是使电动机的实际输出功率与机械设备的负载合理配合，使电动机的运行效率合理，避免"大马拉小车"或"小马拉大车"的现象。

电动机的选择主要包括电动机类型的选择、电动机额定功率的选择、电动机额定电压的选择、电动机额定转速的选择等。

1. 电动机类型的选择

电动机类型选择的原则是在满足生产机械对静态和动态特性要求的前提下，选用结构简单、运行可靠、维修方便、价格便宜的电动机。

选择电动机类型时应考虑：① 电动机的机械特性要与负载的机械特性匹配；② 电动机的起动性应能满足起动转矩的要求；③ 提供的电源要方便；④ 适用于电动机的使用环境。

2. 电动机额定功率的选择

（1）按发热条件来选择电动机额定功率 P_N，即根据下式：

$$P_N = \frac{A \cdot n_N \cdot T_{max}}{1-\eta_N}$$

式中，P_N 为电动机的额定功率（kW）；η_N 为电动机的额定效率；A 为电动机的散热系数。

（2）连续运行电动机额定功率的选择。先算出生产机械的功率 P_2，然后选择一台额定功率为 $P_N \geqslant P_2$ 的电动机即可。不同的生产机械求其功率的大小有不同的公式，可查阅相关手册，如车床的切削功率为

$$P_1 = \frac{Fv}{60}（\text{W}）$$

式中，F 为切削力（N），v 为切削速度（m/min），电动机的切削功率为

$$P_N \geqslant P_2 = \frac{P_1}{\eta_1} = \frac{Fv}{60 \times \eta_1}（\text{W}）$$

式中，η_1 为传动机构的效率。

（3）短时运行电动机额定功率的选择。通常根据过载系数 λ_m 来选择电动机的功率，即电动机的额定功率

$$P_N = \frac{P_1}{\lambda_m}$$

式中，P_1 为生产机械所需的功率。如刀架快速移动对电动机所要求的功率为

$$P_1 = \frac{G\mu v}{102 \times 60 \times \eta_1}(\text{kW})$$

式中，G 为被移动部分的质量（kg）；v 为移动速度（m/min）；μ 为摩擦系数，为 0.1～0.2；η_1 为传动机构效率。则所选电动机的额定功率为

$$P_N = \frac{P_1}{\lambda_m}(\text{kW})$$

（4）短时过载能力。在考虑电动机额定功率的同时还应考虑短时过载能力。短时过载能力受其最大转矩 T_{max} 或其最大允许电流 I_{max} 的限制。电机承受短时最大负载转矩 T_{2max} 应满足

$$T_{2max} \leqslant K^2 \lambda_m T_N$$

式中，K 为电网波动系数，一般取 $K = 0.85 \sim 0.90$。

3. 电动机额定电压的选择

电动机额定电压与电网供电电压要一致，包括额定电压、相数和频率。在车间的低压供电系统，往往是三相 380 V，故中小型异步电动机的额定电压大都是 220/380 V（三角形/星形连接）。特别需要注意的是笼型异步电动机在采用星形-三角形降压起动时，应该选用额定电压为 380 V、三角形接法的电动机。

4. 电动机额定转速的选择

电动机额定转速取决于负载的要求，对于额定功率相同的电动机，额定转速越高，体积就越小，造价就越低，效率也较高，功率因数也较高。如果生产机械要求的转速较低，就要选用转速低的电动机。选用较高转速电动机时就要增加减速传动装置，这相应会增加传动损耗。因此，应综合考虑电动机和生产机械两方面的因素。

习 题

4.1 三相异步电动机在负载转矩不变的情况下运行时，如果电源电压突然降低，这时电动机的转速、转矩和电流如何变化？

4.2 如果将一台按 60 Hz 设计的三相异步电动机接入频率为 50 Hz 的交流电源上，且电源电压为电动机的额定电压，这会给电动机的运行带来什么影响？

4.3 一台三相四极异步电动机，接到频率为 50 Hz 的交流电源上，已知转子的转速为 1 350 r/min，试求转差率和转子电流的频率。

4.4 一台四极三相异步电动机由 50 Hz 的电源供电，在一定负载下以转差率 0.03 运行。求：

（1）同步转速 n_0；

（2）转子转速 n；

（3）转子电流的频率 f_2；

（4）转子旋转磁场相对于机座的转速；

（5）转子旋转磁场相对于定子旋转磁场的转速。

4.5 一台三相异步电动机，定子绕组接到频率 $f_1=50$ Hz 的三相对称电源上，已知它在额定转速 $n_N=960$ r/min 下运行，试求：

（1）该电动机的磁极对数 P；

（2）额定转差率 s_N；

（3）以额定转速运行时，转子电动势的频率 f_2。

4.6 一台三相异步电动机，运行时输入功率为 60 kW，定子的铜损与铁损之和为 1 kW，转差率为 0.03，求这台电动机的电磁功率及总机械功率。

4.7 一台三相异步电动机的数据为：$P_N=17$ kW，$U_N=380$ V，定子绕组为三角形连接，四极，$f_1=50$ Hz，额定运行时 $s_N=0.028$，$P_{Cu1}=700$ W，$P_{Cu2}=500$ W，$P_{Fe1}=450$ W，P_{Fe2} 忽略不计，$P_0=250$ W，计算这台电动机额定运行时的：

（1）额定转速 n_N；

（2）负载转矩 T_2；

（3）电磁转矩 T；

（4）空载转矩 T_0；

（5）输入电功率 P_{1N}。

4.8 下列三台三相异步电动机，若电源电压为 380 V，试分析哪一台电动机可以采用星形–三角形起动方法来起动电动机，三台电动机的铭牌标记分别为：

（1）380 V，△接法；

（2）660/380 V，星形/三角形接法；

（3）380/220 V，星形/三角形接法。

4.9 某三相异步电动机的额定数据如下：$P_N=5.5$ kW，$n_N=960$ r/min，$\eta_N=85.3\%$，$\cos\varphi_N=0.78$，$I_{st}/I_N=6.5$，$\lambda_m=2$，$\lambda_{st}=2$，$U_N=380$ V，三角形接法，$f_1=50$ Hz。求：

（1）磁极对数 P；

（2）额定转差率 s_N；

（3）额定转矩 T_N；

（4）起动转矩 T_{st}；

（5）额定电流 I_N；

（6）起动电流 I_{st}。

4.10 三相异步电动机的负载越大，起动电流越大吗？若是空载，三相异步电动机都可以直接起动吗？

4.11 已知三相异步电动机的额定数据为：$P_N=30$ kW，$U_N=380$ V，△接法，磁极对数 $P=2$，$f_1=50$ Hz，$s_N=0.02$，$\eta_N=0.9$，$I_N=56.8$ A，$\lambda_{st}=2$，$I_{st}/I_N=7$，试求：

（1）额定转矩 T_N；

（2）电动机的功率因数 $\cos\varphi_N$；

（3）用星形–三角形降压起动时的起动转矩和起动电流。

4.12 某笼型异步电动机，$n_N = 1\,450$ r/min，$I_N = 20$ A，$U_N = 380$ V，△接法，$\cos\varphi_N = 0.87$，$\eta_N = 87.5\%$，$I_{st}/I_N = 7$，$\lambda_{st} = 1.4$，试求：

（1）额定转矩 T_N；

（2）如果用星形/三角形起动，起动电流为多少？能否半载起动 $\left(T_2 = \dfrac{1}{2}T_N\right)$？

4.13 某一电动机铭牌数据为：$P_N = 2.8$ kW，220/380 V，三角形/星形，$I_N = 6.3$ A，$I_{st}/I_N = 5$，$n_N = 1\,370$ r/min，$f_1 = 50$ Hz，$\cos\varphi_N = 0.84$，$\lambda_{st} = 1.4$，电源电压为 220 V。试求：

（1）额定转矩是多少？

（2）电网电压降至多少伏以下，不能满载起动？

（3）如用自耦变压器在半载下起动，其变比 k 等于多少？起动电流为多少？这时变压器副方电压是多少？

4.14 某三相、四极、定子绕组采用星形连接的异步电动机额定数据为：$P_N = 150$ kW，$U_N = 380$ V，$n_N = 1\,460$ r/min，过载能力 $\lambda_m = 3.1$。试求：

（1）额定转差率；

（2）临界转差率；

（3）额定转矩；

（4）最大电磁转矩；

（5）试采用实用公式并借助数学软件绘制该电动机的固有机械特性曲线。

4.15 三相异步电动机分别采用转子串电阻、星形–三角形起动和自耦变压器降压起动时，其起动电流、起动转矩与直接起动相比有何变化？这三种起动方式各有什么特点？

4.16 绕线式异步电动机转子回路外串接电阻与没有外接电阻相比，其主磁通、定子电流、转子电流、起动转矩有何变化？转子外串接电阻越大，是否起动转矩就越大？

4.17 三相异步电动机拖动恒转矩负载运行时，在变频调速过程中，为什么变频的同时必须调压？若保持供电电压不变，仅改变三相定子绕组的供电频率会导致什么后果？

4.18 笼型和绕线式异步电动机各有哪些调速方法？这些方法各有哪些优缺点？分别适用什么性质的负载？

第 5 章 其他类型电动机

在电动机的家族中除了三相异步电动机以外,还有其他类型的电动机广泛应用于各行各业,特别是一些特种电动机相继出现,极大地满足了实际需要。这一章将介绍单相异步电动机、直线电动机、伺服电动机、步进电动机等的工作原理及应用。

学习本章,应能:
- 掌握单相异步电动机的工作特点;
- 掌握步进电动机的拍数、步距角的概念及其控制方式;
- 了解其他电动机的工作特点和基本原理。

5.1 单相异步电动机

使用单相交流电源的异步电动机称为单相异步电动机。单相异步电动机的功率从几瓦到几百瓦,常用在家用电器、电动工具、医疗器械等方面,具有结构简单、成本低、使用方便(单相交流电源供电)等优点。

5.1.1 单相异步电动机的结构和特点

1. 单相异步电动机的结构

单相异步电动机也由定子和转子两大部分组成,它的转子是笼型结构,而定子有隐极式和凸极式两种结构。隐极式定子绕组均匀分布在定子铁芯槽内,与三相异步电动机定子绕组相似,如图 5.1.1(a)所示。凸极式定子绕组集中放置在定子铁芯的磁极上,定子铁芯做成凸极式,如图 5.1.1(b)所示。

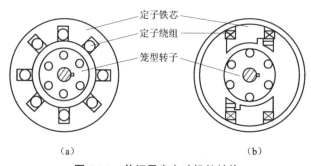

图 5.1.1 单相异步电动机的结构

2. 单相异步电动机的特点

由于单相异步电动机仅由单相交流电源供电，所以当单相交流电流 i 通过单相绕组时，其所产生的磁场不是一个旋转磁场，而是固定在空间随时间按正弦规律变化的脉振磁场，即它的大小随时间变化，而 N 极、S 极始终在一个轴线上，如图 5.1.2 所示。

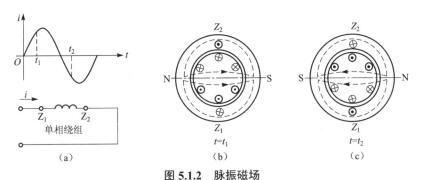

图 5.1.2 脉振磁场

单相电动机仅主绕组通入交流电流时，产生的磁动势可近似表示为

$$\mathscr{F} = \mathscr{F}_{\max} \cos\theta_{m} \cos(\omega t)$$

通过三角函数公式，上式可分解为

$$\begin{cases} \mathscr{F}^{+} = \dfrac{1}{2}\mathscr{F}_{\max}\cos(\theta_{m}-\omega t) \\ \mathscr{F}^{-} = \dfrac{1}{2}\mathscr{F}_{\max}\cos(\theta_{m}+\omega t) \end{cases} \tag{5.1.1}$$

式中，$\mathscr{F}^{+}$ 为正向旋转磁动势，产生正向旋转磁场 $\varPhi^{+}$；$\mathscr{F}^{-}$ 为逆向旋转磁动势，产生反向旋转磁场 $\varPhi^{-}$。由式（5.1.1）可见，两个旋转磁场 $\varPhi^{+}$ 和 $\varPhi^{-}$ 大小相等，旋转方向相反。设正转的旋转磁场 $\varPhi^{+}$ 所产生的电磁转矩为 T^{+}，反转的旋转磁场 $\varPhi^{-}$ 所产生的电磁转矩为 T^{-}。正转的旋转磁场的转速为 n_0，其转差率为 s^{+}，反转的旋转磁场的转速为 $-n_0$，其转差率为 s^{-}。

在刚接通电源的瞬间，转子还处于静止状态，此时，$s^{+}=s^{-}=1$，两个旋转磁场的旋转方向虽然相反，但其转速相等，因此在转子中产生的感应电势和感应电流相等，则两个旋转磁场产生的电磁转矩相等，即 $T^{+}=T^{-}$，但由于方向相反，其合成的电磁转矩 $T=T^{+}+T^{-}=0$，电动机不能起动。如果在转子某一方向，施加一外力，如使 $T^{+}>T^{-}$，则合成的电磁转矩 $T=T^{+}-T^{-}>0$，电动机会沿着正转的旋转磁场方向转动，而且可以一直继续旋转下去。这是为什么呢？因为正转的旋转磁场与转子间的转差率为

$$s^{+} = \dfrac{n_0 - n}{n_0} < 1$$

虽然 s^{+} 较小，转子中产生的感应电流也较小，但转子与定子共同作用合成的正转旋转磁场幅值仍然较大，故正转的转矩 T^{+} 也较大。而反转旋转磁场与转子间的转差率为

$$s^{-} = \dfrac{-n_0 - n}{-n_0} = \dfrac{n_0 + n}{n_0} > 1$$

虽然 s^{-} 较大，转子中产生的感应电流也较大，但转子中的较大电流具有很强的去磁作用，所以转子与定子共同作用合成的反转旋转磁场幅值较小，所产生的反转转矩 T^{-} 也较小，最终

使 $T^+>T^-$。所以 T^+ 与 T^- 之差便是维持电动机继续转动的合成电磁转矩 T。

3. 单相异步电动机的机械特性

T^+、T^- 及 T 的机械特性如图 5.1.3 所示。

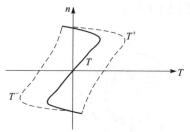

图 5.1.3 单相异步电动机的机械特性

单相异步电动机的机械特性 $n=f(T)$ 具有下列特点:

(1) 当转速 $n=0$ 时，$T^+=T^-$，电磁转矩 $T=0$，即无起动转矩，电动机不能起动。

(2) 若转速 $n>0$，$T^+>T^-$，转矩 $T>0$，电动机工作在第Ⅰ象限，电动机正转；若 $n<0$，$T^+<T^-$，$T<0$，电动机工作在第Ⅲ象限，此时电动机反转。

由以上分析可知，只有一相绕组的单相异步电动机无起动转矩，但是单相异步电动机一经起动，$T^+>T^-$（或 $T^->T^+$），即使在单相绕组的作用下，其合成电磁转矩也不再为 0，它能沿着某一个方向继续旋转下去。

由三相异步电动机的旋转原理可知，为使单相异步电动机能自行起动，应在单相异步电动机起动时设法建立起旋转磁场，使其产生起动转矩。建立旋转磁场的方法不同，就形成了不同类型的单相异步电动机。

5.1.2 分相式单相异步电动机

分相式单相异步电动机设置了两个绕组，一个是工作绕组或称主绕组，另一个是起动绕组或称辅助绕组。将两个绕组在空间相隔 90°放置，并使通入两个绕组中的电流在相位上近于相差 90°，将单相交流电变为两相交流电，这就是分相原理。单相异步电动机通常用电容元件或电阻元件实现分相。

1. 电容分相式异步电动机

用电容元件分相的单相异步电动机称为电容分相式异步电动机，其线路如图 5.1.4（a）所示。起动绕组 F 与电容 C 串联后和工作绕组 Z 并接在同一电源上。选择合适的电容，使电动机起动绕组中的电流 i_F 超前于工作绕组中电流 i_Z 约 90°，即 $i_Z=I_{Zm}\sin(\omega t)$，$i_F=I_{Fm}\cdot\sin(\omega t+90°)$，其波形如图 5.1.4（b）所示。

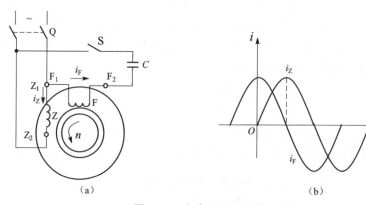

图 5.1.4 电容分相式异步电动机

在两相绕组中所产生的电流形成两极旋转磁场，如图 5.1.5 所示。可以看出，电流变化为

180°时，转子在空间也转过 180°。在这个旋转磁场的作用下，电动机转子就能转动起来。当电动机转速接近额定转速时，靠离心力的作用将开关 S 断开，以切断起动绕组，只有工作绕组接入电源使电动机继续旋转。为了使工作性能更好，也有电动机运行时不切断起动绕组。电容分相式异步电动机功率因数较高，起动转矩也大，因此应用较广泛。

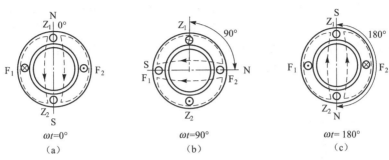

图 5.1.5　两相绕组的旋转磁场

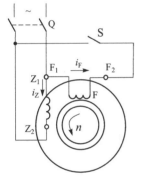

图 5.1.6　电阻分相式异步电动机线路

2. 电阻分相式异步电动机

电阻分相式异步电动机的线路如图 5.1.6 所示。工作绕组 Z_1Z_2 电感量大，电阻小，而起动绕组 F_1F_2 的电阻大而电感量小，因此两绕组中的电流相位差接近 90°，从而形成旋转磁场。接通电源后，就能使电动机转动起来。

当电动机转速接近额定转速时，通过开关 S 切断起动绕组，电动机正常工作时只有工作绕组。电阻分相式异步电动机功率因数较低，但结构较简单，运行可靠。

3. 分相式异步电动机改变转向

要想改变分相式异步电动机的旋转方向，只需改变 i_Z 与 i_F 的相位关系即可。

电容分相式异步电动机改变转向的原理如图 5.1.7 所示，它是利用一个转换开关 S 来实现的。当开关 S 在位置 1 时，电容 C 与 Z 绕组串联，两个绕组中的电流分别为 $i_F=I_{Fm}\sin(\omega t)$，$i_Z=I_{Zm}\sin(\omega t+90°)$；当开关 S 在位置 2 时，电容 C 与 F 绕组串联，两个绕组中的电流分别为 $i_Z=I_{Zm}\sin(\omega t)$，$i_F=I_{Fm}\sin(\omega t+90°)$。改变了电流的相位关系，即改变了两相电流产生的合成旋转磁场的转向，从而改变了单相异步电动机的旋转方向。

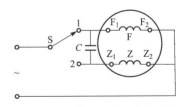

图 5.1.7　电容分相式异步电动机改变转向的原理

对于电阻分相式异步电动机，要想改变其旋转方向，也只需将起动绕组连接到电源的两端，对调一下即可。

5.1.3　罩极式单相异步电动机

罩极式单相异步电动机的定子有凸起的磁极，在每个磁极上有集中绕组，即工作绕组。在磁极的极靴上开一个小槽，再放入一个短路铜环（又称罩极绕组），罩住部分磁极，如图 5.1.8（a）所示，故称为罩极式异步电动机。

工作原理：当单相交流电通过工作绕组时，定子磁极中产生脉振磁场，一部分磁通 $\dot{\Phi}_1$ 穿过磁极未罩部分，另一部分磁通 $\dot{\Phi}_2$ 穿过短路环，并在短路环中产生感应电动势和感应电流，这个感应电流所产生的磁通为 $\dot{\Phi}_k$。这样通过短路环的总磁通是 $\dot{\Phi}_k$ 与 $\dot{\Phi}_2$ 的相量和，即 $\dot{\Phi}'_2$，如图 5.1.8（b）所示。$\dot{\Phi}'_2$ 与 $\dot{\Phi}_1$ 在相位上相差一个 φ 角[图 5.1.8（c）]，因此在罩极式电动机中形成的也是一个旋转磁场。虽然交流电的相位会不断改变，但 $\dot{\Phi}_1$ 的相位永远超前 $\dot{\Phi}'_2$ 的相位。这使转子旋转的方向总是从超前绕组的轴线转向滞后绕组的轴线，即电动机的转向总是从磁极的未罩部分转向被罩部分，若要改变它的旋转方向，只能改变罩极的位置。显然罩极式异步电动机一旦被制成是不能改变其旋转方向的。

这种电动机起动转矩较小，但结构简单、制造方便，常用于小型风扇及吹风机。

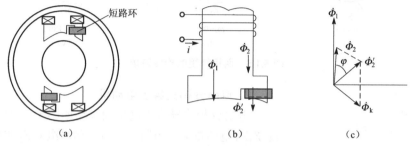

图 5.1.8 罩极式异步电动机

5.1.4 单相异步电动机的应用

单相异步电动机只需要单相交流电源供电，而且结构简单，成本低，运行可靠，所以被广泛应用在日常生活中。

1. 在电冰箱中的应用

电冰箱的压缩机电动机常采用电容式分相异步电动机和电阻式分相异步电动机。图 5.1.9 所示是一种单门电冰箱典型电路，采用电容式分相异步电动机。该电路中电动机的 F 绕组是起动绕组，Z 绕组是工作绕组，有起动电容、起动继电器、温控器、过温升保护装置及箱内照明等。

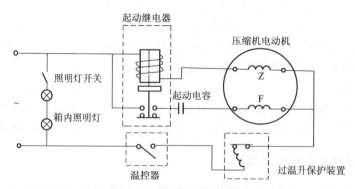

图 5.1.9 电冰箱控制电路

工作原理：将电冰箱接通电源后，当电冰箱室内温度升高，超过温控器设定的上限温度时，温控器自动闭合，接通电路。电动机的工作绕组通电，由于电动机的起动电流很大，是正常工作电流的 5～7 倍,这使通电后的起动继电器接点闭合,接通起动绕组 F,从而在电动机内形成旋转磁场,使电动机开始转动,并带动压缩机工作。几秒后,电动机转速接近额定值,工作电流也达到额定值,起动继电器线圈的电流不足以使触点吸合,其触点断开,起动绕组停止工作。只有工作绕组通电,使电动机继续运转,压缩机制冷循环,直到温度降到温控器设定的下限温度,温控器断开,电动机停转,停止制冷。

在制冷过程中,如果工作电流过大或压缩机发热不正常,过温升保护继电器动作,断开电路,保护电动机。

2. 在洗衣机中的应用

图 5.1.10 所示为套缸洗衣机控制电路,它仅有一台电动机,既作为洗涤用又作为脱水用。电动机是可以实现正、反转的电容分相式单相异步电动机。有两组开关,其中 S_1 是洗涤、脱水开关,S_2 是正反转控制开关。当 S_1 在洗涤位置时,220 V 电源经 S_2 加到电机上,由 S_2 来切换电动机的正反转。当 S_1 在脱水位置时,220 V 电源经 S_1 直接加到电动机上,使电动机只能在一个方向旋转,进行脱水。

3. 在电风扇中的应用

图 5.1.11 所示为电风扇控制电路。电动机是电容分相式单相异步电动机,Z 为工作绕组,F 为起动绕组兼调速绕组,C 为起动电容,S 为转速切换开关。当 S 在高速挡时,输入电压全部加在工作绕组 Z 上,此时电动机转速最高。当 S 在中速挡时,F_3 绕组与 Z 绕组串联,使工作绕组 Z 两端的电压减小,电动机转速下降。当 S 在低速挡时,F_2 绕组、F_3 绕组与 Z 绕组串联,使工作绕组 Z 两端的电压进一步减小,电动机转速最低。

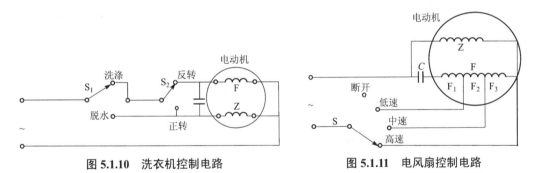

图 5.1.10　洗衣机控制电路　　　　图 5.1.11　电风扇控制电路

5.2　直线异步电动机

5.2.1　直线电动机概述

直线电动机的历史最早可以追溯到 1840 年,从惠斯登提出和制造略具雏形但不成功的直线电动机,至今已有 170 多年的历史。直线电动机经历了探索实验阶段(1840—1955 年)、开发应用阶段(1956—1970 年)、实用商品阶段(1971 年至今)。我国直线电动机的研究应用是从 20 世纪 70 年代初开始的,虽然起步较晚,但已取得了许多成果。

前面讲到的电动机都是旋转电动机,而在工程及生产实践中很多运动都是直线运动,如行驶的火车、高层建筑的电梯升降等都是直线运动。目前它们绝大多数都是采用旋转电动机通过中间转换装置，如链条、皮带或丝杠等机构转换为直线运动。由于这些装置的存在，整机存在体积大、效率低、精度差等问题。若采用直线电动机来驱动一些直线运动装置，就可以不需要中间转换机构，从而使整个装置简单、运行可靠、控制更方便。

目前采用直线电动机构成的直线驱动装置已获得广泛应用，如磁浮列车、各种输送线、物料输送系统、冲压机、车床进刀机构、工作台运动、自动门、导弹和鱼雷等。

直线电动机和旋转电动机相比有如下优点：

（1）采用直线电动机驱动的传动装置可直接产生直线驱动力，而不需要任何中间的转换装置。

（2）直线电动机运行时，它的零部件和传动装置不像旋转电动机那样会受到离心力的作用而使速度受到限制。

（3）直线电动机通过电能直接产生直线电磁推力，其运动可以无机械接触，这大大减少了机械损耗，而且噪声极小。

（4）直线电动机结构简单，散热效果较好，可以用在一些特殊场合，如潮湿、高温、有毒气体中。

（5）可以提供很宽的速度范围，从每秒几微米到数米。

直线电动机也存在着不足：

（1）与同容量旋转电动机相比，直线电动机的效率和功率因数较低，其原因之一是电动机的初、次级间空气隙通常大于旋转电动机，因此所需激磁电流较大，从而增加了损耗；原因之二是直线电动机磁路是断开的，其产生的边端效应导致损耗增加。但若从整个系统来考虑，由于没有了中间传动装置，系统的效率有时会高于旋转电动机组成的驱动系统。

（2）直线电动机的起动推力受电压的影响较大，故对电源的要求较高，通常要采用相关措施来保证电源的稳定。

通过以上分析，可了解直线电动机与旋转电动机驱动的利弊，在实际中选用什么样的驱动装置要根据所驱动的负载综合考虑。通常直线电动机适宜于高速的水平或垂直运输的推进装置。

5.2.2 直线异步电动机的基本结构

直线异步电动机可以认为是旋转异步电动机在结构上的一种演变，它可看作是将一台旋转异步电动机沿径向剖开，然后将电动机的圆周展开成直线，这就成了图 5.2.1 所示的直线异步电动机。

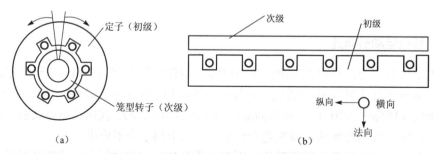

图 5.2.1 从旋转电动机到直线电动机的演化

（a）旋转电动机；（b）直线电动机

由定子演变而来的一侧称为直线异步电动机的初级，由转子演变而来的一侧称为次级或动子。显然直线异步电动机与旋转异步电动机的结构类似，其定子由硅钢片叠压而成的定子铁芯和三相对称绕组组成，三相绕组放置在铁芯槽内。次级有两种形式，一种是笼型结构，另一种类似交流伺服电动机杯型转子的结构（见5.4.1节"伺服电动机"）。

这种由旋转电动机演变而来的直线电动机，实际上是不能正常运行的，因为它的初级和次级长度是相等的，在运行时，初、次级之间要作相对运动。如果运动开始时，初级与次级之间是对齐的，那么运动开始后，初级与次级之间相互耦合的部分会越来越少，而不能保持正常运行。为了在它的行程范围内初级与次级之间的耦合能保持不变，常将初级与次级做成不同的长度，既可以做成初级短，次级长，也可以做成初级长，次级短。考虑到制作成本，一般采用短初级、长次级的形式，如图5.2.2所示。

这种只有一个边的初级结构形式的直线电动机，称为单边直线电动机。这种直线电动机还存在一个缺陷，即在初级与次级之间存在一个很大的法向磁吸力，这个法向磁吸力为推力的10倍左右。人们通常是不希望这种吸力存在的，因为它阻碍着电动机的运动。其解决的方法是在次级的两边都装上初级，以产生两个方向相反的吸力，从而使它们相互抵消。这种形式的电动机称为双边型直线电动机，如图5.2.3所示。

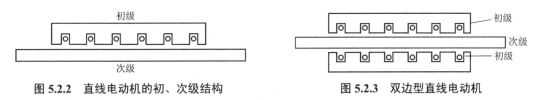

图5.2.2 直线电动机的初、次级结构　　　图5.2.3 双边型直线电动机

这种结构的电动机又称为扁平型直线电动机，是目前直线电动机中应用最为广泛的一种。除了扁平型直线电动机的结构型式外，还有圆筒型、圆弧型和圆盘型结构，它们的运行原理是相似的。

直线电动机按工作原理可分为直线直流电动机、直线同步电动机、直线步进电动机、直线异步电动机（又称直线感应电动机）、直线压电电动机及直线磁阻电动机。

5.2.3 直线异步电动机的工作原理

直线异步电动机的工作原理与旋转异步电动机相似，也遵循电机学的一些基本规律，下面介绍其工作原理。

图5.2.4所示的直线电动机在三相绕组中通入三相对称正弦交流电后，在空气隙中产生磁场，与旋转电动机分布相似。如果不考虑铁芯两端断开而引起的端部效应，这个空气隙磁场沿展开的直线方向呈正弦形分布。当三相电流随时间变化时，气隙磁场按A、B、C相序沿直线移动。这个原理与旋转电动机相似，但这个磁场是平移而不是旋转的，因此称为行波磁场。行波磁场的移动速度与旋转磁场在定子内圆表面上的线速度是一样的，称为同步速度，并用v_0（m/s）表示，其表达式为

$$v_0 = \frac{n_0}{60} 2P\tau = \frac{60f}{P} \times \frac{2P\tau}{60} = 2f\tau \tag{5.2.1}$$

式中，τ为极距（m），f为电源频率。

现在分析行波磁场对次级的作用。图5.2.4（b）中仅画出其中一根次级导体，次级导体

在行波磁场的切割下，将产生感应电动势和感应电流，与气隙磁场相互作用便产生电磁推力 F。在这个电磁推力的作用下，由于初级是固定不动的，那么次级就顺着行波磁场运动的方向作直线运动，次级移动的速度为 v。实际上，直线异步电动机的次级通常采用整块金属板或复合金属板，在分析时可把它看成是很多导条并列放置。这时产生的推力是由这些并联导条中的电流共同产生的。

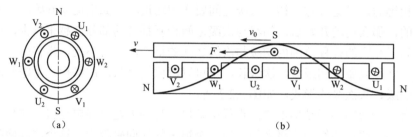

图 5.2.4　直线电动机的工作原理
（a）旋转电动机的基本工作原理；（b）直线电动机的基本工作原理

由交流异步电动机电磁转矩公式可得到直线异步电动机的电磁推力为

$$F = C_F \Phi I_2 \cos\varphi_2 \tag{5.2.2}$$

式中，C_F 为与电动机结构有关的常数；Φ 为每极磁通；I_2 为次级中的电流；φ_2 为次级功率因数角。

通过以上分析可以看出，若改变三相绕组的相序，行波磁场的方向也随之改变（这与三相异步电动机的旋转磁场相似），因而改变了直线电动机的运动方向，根据这一原理可使直线电动机作往复直线运动。

作直线运动的动子速度 v 始终低于同步速度 v_0，其转差率 s 为

$$s = \frac{v_0 - v}{v_0} \tag{5.2.3}$$

次级速度可表示为

$$v = (1-s)v_0 \tag{5.2.4}$$

在电动机运行状态下，s 在 0 与 1 之间。

5.2.4　直线异步电动机的型号及主要参数

直线异步电动机的型号由名称代号、规格代号等组成，如：

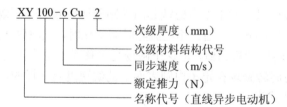

直线电动机的主要参数如下：

（1）额定电压：直线电动机初级绕组上应加的线电压。

（2）额定推力：在转差率为 1 时，推力分别为 10 N、20 N、30 N、50 N、100 N、200 N、

300 N、500 N、750 N、1 000 N、1 500 N 等。

（3）额定同步速度：通常为 3 m/s、4 m/s、5 m/s、6 m/s、9 m/s、12 m/s。

（4）定子绕组接法：通常采用星形连接，双边型初级绕组之间可以是并联连接也可以是串联连接，如图 5.2.5 所示。当双边型直线电动机的初级并联连接时，每边绕组的电流为总电流的 1/2，每边绕组的端电压与电源电压相等。

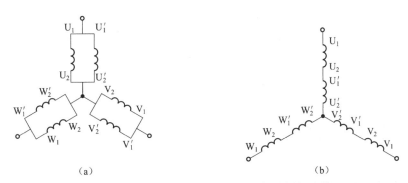

图 5.2.5 双边型直线电动机双边初级之间的连接

（a）并联连接；（b）串联连接

当双边型直线电动机的初级绕组串联连接时，每边绕组的端电压是电源总电压的 1/2。

5.2.5 直线异步电动机推力的基本特性

1. 推力–速度特性

直线异步电动机的推力–速度特性，即 $F=f(v)$，如图 5.2.6 中曲线 b 所示。可以看出，直线异步电动机的最大推力在 $s=1$ 处，速度越高，推力越小。为了便于分析问题，它的推力–速度特性也可近似成一直线，如曲线 a。它的近似推力公式为

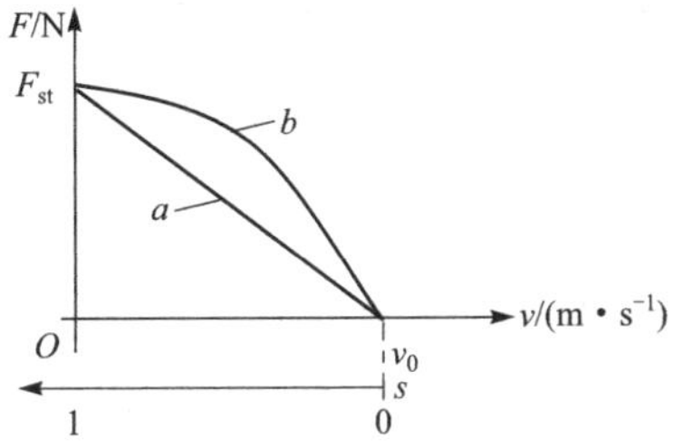

$$F = (F_{st} - F_u)\left(1 - \frac{v}{v_f}\right) \quad (5.2.5)$$

式中，F_{st} 为起动推力（N）；F_u 为摩擦力（N）；v_f 为空载速度（m/s）。

图 5.2.6 推力–速度特性

2. 推力–功率特性

图 5.2.7 表示了推力随着输入功率的增加而增大的线性关系。直线电动机的输出功率为 $P=Fv$，而输入功率 $P_1=\sqrt{3}U_1I_1\cos\varphi$，其中 U_1、I_1 分别表示定子的线电压和定子的线电流，若直线电动机的效率为 η，则输出机械功率 $P=\eta P_1=\eta\sqrt{3}U_1I_1\cos\varphi$。

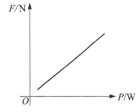

图 5.2.7 推力–功率特性

5.2.6 直线异步电动机的应用

直线电动机的应用已非常广泛，举一个人们熟悉的例子，用直线电动机驱动的电动门，其结构示意如图 5.2.8 所示。图中直线电动机的初级安装在大门门楣上，次级安装在大门上。当直线电动机的初级通电后，初级和次级之间由于空气隙磁场的作用，将产生一个平移的推

力 F，该推力可将大门向前推进（开门）或将大门拉回（关门）。

采用直线电动机驱动的大门没有旋转变换装置，这使其结构简单、整机效率高、成本低、使用方便。

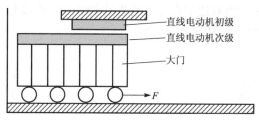

图 5.2.8　由直线电动机驱动的大门

5.3　永磁直流电动机

5.3.1　永磁直流电动机的结构

永磁直流电动机也是由定子、转子（又称电枢）两部分组成的，定子是用永久磁铁做成的磁极，转子是由电枢铁芯、电枢绕组和换向器等组成的，如图 5.3.1 所示。

电枢铁芯开有槽孔，用于放置电枢绕组。换向器是由彼此绝缘的铜片构成的，每一个铜片均与电枢绕组相连，在换向器的表面用弹簧压着固定的电刷，使转动的电枢绕组与直流电源相接，从而由直流电输入到电枢绕组中，以产生电磁转矩。

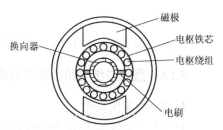

图 5.3.1　永磁直流电动机的结构示意

5.3.2　永磁直流电动机的工作原理

图 5.3.2 所示是永磁直流电动机的工作原理示意，在电刷 A、B 间加入直流电压 U，它与电枢绕组形成闭合回路。在电枢绕组中有电流 I 流过，根据左手定则可判断出导体的受力方向。在 N 极下导体的受力 F 向左，在 S 极下导体的受力 F 向右，形成了一个逆时针方向转动的电磁转矩，驱动电动机转子逆时针方向转动。当导体 ab 和 cd 变换位置后，由于换向器的作用，作用在电枢上的电磁转矩方向不变，电动机的旋转方向不变。在电磁转矩的作用下，电动机带动轴上的机械负载旋转。电磁转矩的表达式为

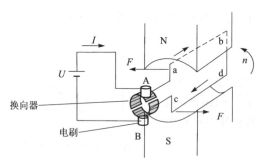

图 5.3.2　永磁直流电动机的工作原理示意

$$T = C_T \Phi I \tag{5.3.1}$$

式中，C_T 为电动机结构参数，Φ 为磁极下的磁通，I 为电枢绕组电流。由式（5.3.1）可以看出，若改变磁场方向或电流方向，就会改变电动机转矩的方向，也就改变了电动机的旋转方向。

电动机电枢回路的电压方程式为

$$U = E_a + R_a I \tag{5.3.2}$$

式中，R_a 为电枢电阻；E_a 为电枢绕组切割磁场所产生的感应电动势，其表达式为

$$E_a = C_e \Phi n \tag{5.3.3}$$

式中，C_e 为与电动机结构有关的常数，n 为电动机转速。将式（5.3.1）和式（5.3.3）代入式（5.3.2）中，得

$$n = \frac{U}{C_e \Phi} - \frac{R_a}{C_e C_T \Phi^2} T = n_0 - \Delta n \tag{5.3.4}$$

式中，$n_0 = \dfrac{U}{C_e \Phi}$ 称为理想空载转速；$\Delta n = \dfrac{R_a}{C_e C_T \Phi^2} T$ 称为转速降。式（5.3.4）表示了电动机转速 n 与电磁转矩 T 之间的关系，即 $n = f(T)$，称为机械特性，如图 5.3.3 所示。

显然改变电压 U 的大小，就可以改变永磁直流电动机的转速。永磁电动机具有良好的调速特性，而且结构简单、体积小、效率高，在计算机外围设备、录像机、轿车上有广泛的应用。

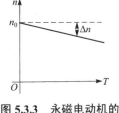

图 5.3.3 永磁电动机的机械特性

5.4 控制电机

用于信号检测、变换和传递的小功率电机称为控制电机。它们的功率较小，一般在 750 W 以下。它们的体积也较小，机壳外径一般不大于 160 mm。普通电机是作为动力使用的，主要任务是能量转换，而控制电机能量转换是次要的。对控制电机的基本要求是：可靠性高，精度高，响应速度快。常用的控制电机有伺服电动机、步进电动机、测速发电机等。本节将重点分析其工作原理，简要介绍其基本结构和用途。

5.4.1 伺服电动机

伺服电动机把输入的电压信号转换成角位移或角速度输出，改变输入电压信号的大小或极性（相位），可以改变伺服电动机的转速及转向。

对伺服电动机的基本要求是：调速范围宽，运行特性接近线性，无自转现象（控制电压消失，伺服电动机能立即停止转动），能快速响应。

伺服电动机又有直流和交流之分，直流伺服电动机的输出功率大一些，一般可达几百瓦；交流伺服电动机的输出功率较小，一般为几十瓦。

1. 直流伺服电动机

直流伺服电动机是一种微型的直流电动机，也由定子和转子两部分组成。定子的磁极分为永磁式和电磁式，永磁式的磁极是永久磁铁；电磁式的磁极是电磁铁，即由铁芯和绕组构成。直流伺服电动机的转子与普通的直流电动机的不同之处在于：直流伺服电动机的转子质量较轻，转动惯量小，因此具有很好的快速响应特性。直流伺服电动机的工作原理类似直流电动机。

它通常采用电枢控制方式，即保证磁通 Φ 不变，通过改变电枢电压来控制直流伺服电动

机的运行状态。电枢控制的直流伺服电动机的机械特性表达式为

$$n = \frac{U}{C_e \Phi} - \frac{R_a}{C_e C_T \Phi^2} T \tag{5.4.1}$$

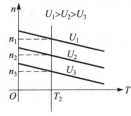

图 5.4.1 直流伺服电动机的机械特性

式中，U 是加在电枢绕组的电压，当 U 大小不同时，机械特性为一组平行直线，如图 5.4.1 所示。可以看出当负载转矩一定时，增加控制电压 U，转速 n 也随之增加，控制电压与转速之间成正比关系。在同一转速下，不同的转矩需要不同的控制电压。对于某一转矩只有当控制电压大于某一值时，电动机才能转动起来，这一电压称为始动电压。负载转矩不同，始动电压也不同，负载转矩越大，所需始动电压也越大。

直流伺服电动机具有线性的机械特性，起动转矩大，可在很大的范围内平滑调速，其体积小，质量轻。其缺点是：工作可靠性差，寿命短，低速运转不平稳。

2. 交流伺服电动机

1）交流伺服电动机的结构

交流伺服电动机是两相异步电动机，定子有两相绕组，一相为励磁绕组 F，另一相为控制绕组 K，它们在空间相距 90°，如图 5.4.2 所示。交流伺服电动机的转子有笼型转子和杯型转子两种。笼型转子结构同普通笼型异步电动机，只是转子细而长，并采用高电阻率的导电材料作导条，以获得较小的转动惯量和较大的电阻。

杯型转子伺服电动机有两个定子，即外定子和内定子。外定子铁芯槽中放置空间相距 90°的两相均匀分布绕组；内定子铁芯由硅钢片叠成，不放绕组，仅作为磁路的一部分。由铝合金制成的空心杯转子置于内、外定子铁芯之间的空气隙中，并与转轴固定，图 5.4.3 所示为其横剖面图。电动机工作时，杯型转子内产生感应电流，并与磁场作用产生电磁转矩，这使杯型转子在内外定子间旋转，从而带动转轴转动。采用这种杯型转子结构的目的也是获得较大的电阻和较小的转动惯量。

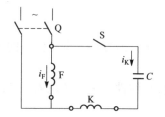

图 5.4.2 交流伺服电动机的原理

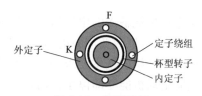

图 5.4.3 杯型转子

2）交流伺服电动机的工作原理

交流伺服电动机的工作原理与单相异步电动机相似。它有两个绕组，分别是励磁绕组和控制绕组。当只有励磁绕组接入电源时，控制绕组的控制电压为零，电动机中的磁场为脉振磁场，电动机无起动转矩，转子不能转动。当将控制绕组也接入电源，即加上电压时，则建立了旋转磁场，这时电动机有了起动转矩，转子也就转动起来了。

一旦控制电压消失，电动机应能立即停转。对于普通的单相异步电动机来说，它还会继续转动［图 5.4.4（a）］，伺服电动机出现的这种现象称为"自转"。这种现象是不符合伺服电动机可控性要求的，因此为了克服伺服电动机的"自转"现象，在结构制造上采取了大的转

子电阻和小的转动惯量。这样在控制电压消失后，较大的转子电阻使临界转差率 $s_m=1$，这时电动机产生的转矩与原驱动转矩方向相反，即制动转矩，使转子能迅速停转，这时的机械特性如图 5.4.4（b）所示。同时较小的转动惯量也有利于克服自转现象。

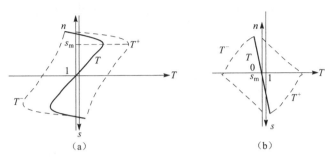

图 5.4.4　交流伺服电动机的机械特性

（a）单相异步电动机的机械特性；（b）伺服电动机在控制电压消失后的机械特性

3）交流伺服电动机的控制方法

伺服电动机不仅要有起动、停止迅速的伺服性，而且还要能控制其转速的大小和方向。通常，在交流伺服电动机运行时保持励磁绕组所接电压的大小和相位不变，而只改变控制绕组所加电压的大小和相位，以实现对交流伺服电动机的转速与转向的控制。其主要有以下三种控制方法：

（1）幅值控制：控制绕组电压和励磁绕组电压之间的相位差保持不变，改变加在控制绕组上电压幅值的大小。

（2）相位控制：保持控制电压的幅值不变，仅改变其相位。

（3）幅-相控制：同时改变控制电压的幅值和相位。

在三种控制方法中，幅值控制和相位控制方法都需要较复杂的装置，而幅-相控制方法所需设备简单，成本较低，因而是最常用的一种控制方法。

由伺服电动机组成的伺服系统常应用于位置随动系统中，如数控机床的定位控制及加工轨迹控制、火炮的瞄准、雷达天线的跟踪等。图 5.4.5 所示为位置随动系统原理框图。位置随动系统是一个位置反馈系统，通过位置指令装置将希望的位移量转换成给定电信号，利用位置反馈装置随时检测出被控对象（负载）的实际位置，并将其转换成电信号与给定信号进行比较。将比较出来的偏差信号送到保证系统稳定并具有满意动态品质的位置调节器，然后经功率放大来控制伺服电动机向消除偏差的方向旋转，直至达到一定精度为止。

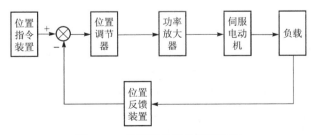

图 5.4.5　位置随动系统原理框图

交流伺服电动机的机械特性较软，运行平稳，噪声小，但损耗较大，效率低，适合用于小功率控制系统中。

伺服电动机的主要技术参数之一是空载始动电压 U_{K0}。空载始动电压是指在额定励磁电压和空载条件下，使转子在任何位置开始连续转动所需的最大控制电压。通常用额定控制电压的百分比来表示，一般空载始动电压要求不大于额定控制电压的 3%～4%。空载始动电压越小，表示伺服电动机的灵敏度越高。

5.4.2 步进电动机

步进电动机可将输入的电脉冲信号转换成直线位移或角位移，即每输入一个电脉冲，步进电动机就转动一个固定角度（前进一步）。显然步进电动机的角位移与输入电脉冲的数目成正比，它的速度与电脉冲频率成正比。

步进电动机可以通过改变输入脉冲信号的频率来进行调速，而且具有快速起动和制动的优点，被广泛应用于数控机床、绘图机和自动记录仪表等方面。

步进电动机的种类很多。从结构上分，有反应式、永磁式、永磁反应式；按相数分，有两相、三相及多相。本书仅介绍反应式步进电动机。

1. 步进电动机的基本结构和工作原理

三相反应式步进电动机的原理结构如图 5.4.6（a）所示。定子和转子都用硅钢片叠成。定子上有三对磁极，每对磁极上绕有一个绕组，分别为 A–A′、B–B′、C–C′，三对磁极有三个绕组，称为三相绕组，将绕组数称为步进电动机的相数。图中转子有四个极，又称四个齿，其上无绕组，本身也无磁性。工作时，电脉冲信号按一定顺序加到定子三相绕组 A–A′、B–B′、C–C′上，如图 5.4.6（b）所示。

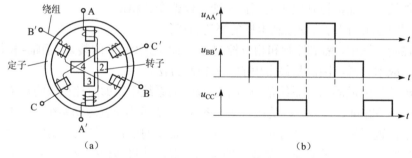

图 5.4.6 步进电动机
（a）步进电动机的原理结构；（b）步进电动机的通电顺序

按其通电方式不同，步进电动机有以下三种运行方式。

1）三相单三拍运行方式

"三相"是指步进电动机定子有三相绕组，"单"是指每次只有一相绕组通电。"三拍"是指通电三次完成一个通电循环，即定子绕组按 A–B–C–A 的顺序（或 A–C–B–A 的顺序）通电。三相定子电压 $u_{AA'}$、$u_{BB'}$、$u_{CC'}$ 的波形如图 5.4.6（b）所示。

当 A 相绕组通电时，电动机内建立起以 A–A′为轴线的磁场，在磁场中转子受力。磁通的路径不同，转子受力的大小与方向也不一样。由于磁通要走磁阻最小的路径，所以转子总是力图转到磁阻最小的位置，这将使转子的 1、3 齿与 A–A′的轴线对齐，如图 5.4.7（a）所示。这种由于磁阻不对称而使转子在磁场中受到的转矩，称为反应转矩，由于反应转矩的作用而使转子转动。

B 相绕组通电所形成的磁场如图 5.4.7（b）所示，电动机内建立起以 B-B′为轴线的磁场，转子的 2、4 齿与 B-B′的轴线对齐。在反应转矩的作用下，转子顺时针方向转过 30°。

C 相绕组通电所形成的磁场如图 5.4.7（c）所示，电动机内建立起以 C-C′为轴线的磁场。转子的 1、3 齿与 C-C′的轴线对齐，这时转子顺时针方向转过 60°。通电换接三次，使定子磁场旋转一周，而转子仅转过 90°。以后重复上述通电过程，转子将每次以 30°的角度顺时针方向旋转。若改变三相绕组的通电顺序，即按 A–C–B–A 的顺序通电，转子就会逆时针方向旋转。

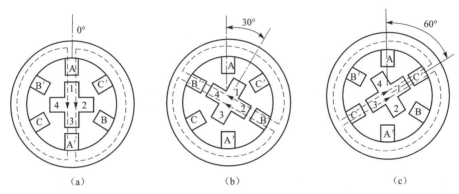

图 5.4.7　三相单三拍运行方式

2）三相双三拍运行方式

这种运行方式是每次有两相绕组通电，通电换接三次，完成一个循环，故称为"双三拍"。通电顺序为 AB–BC–CA–AB，图 5.4.8 表示了三相双三拍运行方式时转子的旋转情况。在图 5.4.8（a）中 A、B 相绕组通电，在图 5.4.8（b）中 B、C 相绕组通电，在图 5.4.8（c）中 C、A 相绕组通电，每次通电转子转过的角度也是 30°。

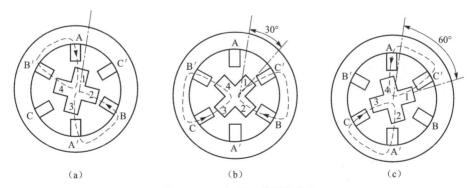

图 5.4.8　三相双三拍运行方式

3）三相六拍运行方式

以这种方式运行的定子绕组的通电顺序为 A–AB–B–BC–C–CA–A。其中有单相绕组通电也有两相绕组通电，如图 5.4.9 所示，需通电换接六次完成一个循环。图 5.4.9（a）所示为 A 相绕组通电，图 5.4.9（b）所示为 A、B 相绕组通电，图 5.4.9（c）所示为 B 相绕组通电，图 5.4.9（d）所示为 B、C 相绕组通电，每次通电转子转过的角度是 15°。

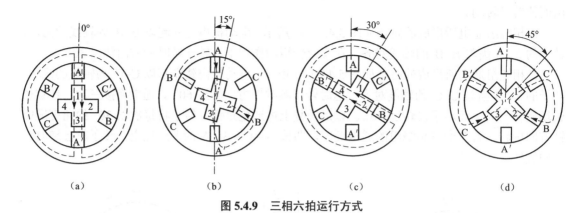

(a)   (b)   (c)   (d)

图 5.4.9   三相六拍运行方式

2. 步进电动机的步距角和转速

每输入一个脉冲，转子转过的角度称为步距角，用 θ 表示。由以上分析可知，步距角 θ 的大小与转子的齿数 Z 及通电循环的拍数 N 有关，它们的关系为

$$\theta = \frac{360°}{ZN} \tag{5.4.2}$$

转子每转过一个步距角相当于转了 $\frac{1}{ZN}$ 圈，若脉冲频率为 f，则转子每秒钟就转了 $\frac{f}{ZN}$ 圈，所以转子的转速为

$$n = \frac{60f}{ZN} \text{(r/min)} \tag{5.4.3}$$

3. 小步距角三相反应式步进电动机

以上介绍的步进电动机的步距角太大，不能在实际中使用，这就要减小步距角。通常小步距角的步进电动机是通过增加转子齿数实现的。在转子齿数增加的同时，定子每个极上也要相应地开几个齿，如图 5.4.10 所示。

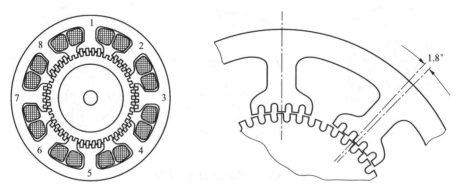

图 5.4.10   小步距角步进电动机

若 $Z=40$，$f=1\,000$ Hz，采用单三拍或双三拍方式运行时，

步距角：$\theta = \dfrac{360°}{ZN} = \dfrac{360°}{40 \times 3} = 3°$

转速：$n = \dfrac{60f}{ZN} = \dfrac{60 \times 1\,000}{40 \times 3} = 500\,(\text{r/min})$

若采用六拍运行时，

步距角：$\theta = \dfrac{360°}{40 \times 6} = 1.5°$

转速：$n = \dfrac{60f}{ZN} = \dfrac{60 \times 1\,000}{40 \times 6} = 250\,(\text{r/min})$

4. 步进电动机的驱动电源

步进电动机能正常起动和运行，必须有足够的功率和一定频率的脉冲信号，并按照一定的通电顺序提供给步进电动机的驱动电源。步进电动机驱动电源的组成如图 5.4.11 所示，其主要由环形分配器和功率放大器两部分组成。

图 5.4.11 步进电动机驱动电源的组成

环形分配器接收脉冲信号和方向指令，并按步进电动机的通电顺序，向功率放大器分配输出信号。功率放大器直接与步进电动机各相绕组相联，功率放大器将接收到的脉冲信号放大后，加到步进电动机的定子绕组，从而控制步进电动机转动。改变脉冲信号的频率就改变了步进电动机的转速。

环形分配器接收的方向指令，决定了步进电动机三相定子绕组的通电顺序，从而决定了步进电动机的转向。

市售步进电动机以永磁式和永磁反应式（混合式）为主，特别是二相混合式居多，常见的步距角为 1.8°。

5. 步进电动机的主要技术参数

（1）相数：定子绕组的数目。

（2）额定电压：定子绕组通电时，每相定子绕组上的直流电压值。

（3）静态电流：静态时供给电动机定子每相绕组的最大电流。

（4）最大静转矩：一相绕组通电时转矩的最大值，最大转矩 $T_{\max}$ 与负载转矩 T_2 的关系为

$$T_{\max} = \dfrac{T_2}{0.3 \sim 0.5}$$

（5）分配方式：步进电动机的通电运行方式。

（6）步距角：每输入一个脉冲时，转子转过的机械角度。

（7）步距角误差：空载时实际步距角与理论步距角之差，其是步进电动机的重要精度指标。

6. 步进电动机的特点和应用

步进电动机具有以下一些特性：

（1）抗干扰性强。步进电动机的转速直接受脉冲频率的影响，不会受电源的波动、负载的变化及温度等外部条件的影响。

（2）控制性好。在一定频率范围内，步进电动机能按输入脉冲信号的要求起动、运行、反转和停止，能在比较宽的范围内通过改变脉冲频率进行调速。

（3）无误差积累。转子每转一圈后，累积误差等于零。

（4）精度高。步进电动机不用负反馈就能实现高精度的角度和转速控制，特别适用于开环控制系统，从而降低了成本。但在定位精度要求很高时，也可采用闭环控制来提高精度。

步进电动机已成为很多数控系统中的主要执行元件，图 5.4.12 所示为数控机床控制系统示意。机床工作时，数控装置按照运行程序的数据和指令，经过运算发出脉冲信号，驱动电源将脉冲信号放大，并以一定方式提供给步进电动机，从而带动丝杠系统，使工作台以一定的速度移动，完成加工任务。

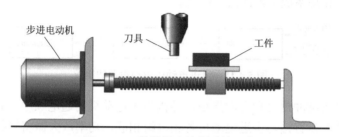

图 5.4.12　数控机床控制系统示意

5.4.3　测速发电机

测速发电机是测量转速的电机，它把输入转速转换为电压信号输出，且输出电压与转速成正比。测速发电机主要用于速度和位置控制系统。

测速发电机有直流和交流两大类。直流测速发电机有永磁式直流测速发电机和电磁式直流测速发电机。交流测速发电机又分同步测速发电机和异步测速发电机。对测速发电机的要求为：输出特性是线性的，转动惯量要小，灵敏度要高。

1. 交流异步测速发电机

应用最为广泛的是空心杯转子交流异步测速发电机，它的结构和杯型转子伺服电动机没有差别，也由外定子、空心杯转子和内定子三部分组成。外定子上放置励磁绕组 W_1 和输出绕组 W_2，励磁绕组接单相交流电源，输出绕组输出交流电压，两个绕组在空间中是相互垂直的，其原理如图 5.4.13 所示。

在分析交流异步测速发电机的工作原理时，可将杯型转子看成由无数条并联的导体组成，和笼型转子相似。

在测速发电机静止不动时，励磁电压为 $\dot{U}_1$，在励磁绕组轴线方向上产生一个交变脉振磁通 $\dot{\Phi}_1$。这个脉振磁通与输出绕组的轴线垂直，两者之间无匝链，无互感，故输出绕组中并无感应电动势产生，输出电压为零。

当测速发电机由转动轴驱动而以转速 n 旋转时，由于转子切割 $\dot{\Phi}_1$ 而在转子中产生感应电动势 $\dot{E}_r$ 和感应电流 $\dot{I}_r$，如图 5.4.13（b）所示。E_r 和 I_r 与磁通 Φ_1 及转速 n 成正比，即 $E_r \propto \Phi_1 n$，$I_r \propto \Phi_1 n$。转子电流产生的磁通 Φ_r 也与 I_r 成正比，即 $\Phi_r \propto I_r$，Φ_r 与输出绕组的轴线一致，因而在输出绕组中产生感应电动势，有电压 $\dot{U}_2$ 输出，且 U_2 与 Φ_r 成正比，即 $U_2 \propto \Phi_r$，由上述关系得

$U_2 \propto \Phi_1 n$。如果转子的转向相反，输出电压的相位也相反，这样就可以从输出电压 $\dot{U}_2$ 的大小及相位来测量带动测速发电机转动的原电机的转向及转速。

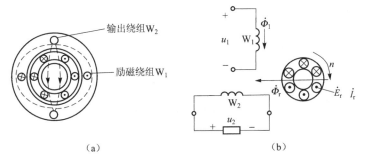

图 5.4.13 交流异步测速发电机的原理

测速发电机的重要特性是输出特性。它是指测速发电机输出电压与转速之间的关系曲线，即 $U_2=f(n)$，如图 5.4.14 所示。输出特性在理想情况下为直线，实际上输出特性并不呈现平稳的线性，如 Φ_1 的变化就将破坏输出电压 U_2 与转速之间的线性关系，还有一些因素在此不详细介绍。

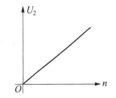

图 5.4.14 异步测速发电机输出特性

2. 永磁式直流测速发电机

永磁式直流测速发电机的定子是永久磁铁做成的一对磁极（N、S），转子是电枢，其原理如图 5.4.15 所示。其工作原理为：在恒定磁场的作用下，当转子在驱动电机的带动下逆时针旋转时，切割磁通。根据电磁感应定律，这将在转子的导体中产生感应电动势及感应电流，并且从 A 电刷引出的总为电动势的正极，从 B 电刷引出的总为电动势的负极，因此输出的是直流电动势。在两电刷间产生的感应电动势为

$$E = C_e \Phi n$$

显然，在 Φ 一定的情况下，输出电动势 E 与转速 n 呈线性关系。如外接负载电阻 R_L，考虑电枢回路电阻 R_a，负载电流为 I，则

$$U_2 = E - R_a I = C_e \Phi n - R_a I$$

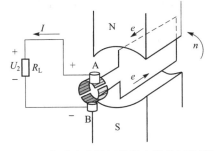

图 5.4.15 永磁式直流测速发电机的工作原理

且

$$I = \frac{U_2}{R_L}$$

可得

$$U_2 = \frac{C_e \Phi}{1 + \dfrac{R_a}{R_L}} n$$

如果 Φ、R_a、R_L 为常数，则 U_2 与 n 之间是线性关系。n 的大小和方向的改变会影响 U_2 的数值，因此，由 U_2 可测量出转速 n 的大小和方向。若 R_L 发生变化，则会影响到它们之间

的线性度。R_L 越小，在一定转速下输出电压 U_2 下降得也越多，即线性误差增加。还有其他原因也会影响线性误差，如电枢反应、电刷的接触压降等。

5.4.4 开关磁阻电动机

开关磁阻电动机（Switched Reluctance Motor，SRM）发展于 20 世纪 80 年代，因高效节能、适用范围广、简单可靠和成本低等一系列优点，获得广泛的应用和关注，特别是在电动汽车中的应用一直是研究的热点。开关磁阻电机必须和其功率电子驱动器一同设计并针对特定应用进行优化，以获得最优效率、最大调速范围以及较高的峰值转矩等优异性能。

1. 工作原理

一台典型的开关磁阻电动机的结构如图 5.4.16 所示，图中，有 12 个定子磁极，8 个转子齿。在定子每个极绕有绕组，而转子由硅钢片叠压制成，无磁性、无绕组，因而易于制造、成本低、坚固性强。

图 5.4.16 中，定子绕组分成三组，分别为 A、B、C 相，由三相变换器对其进行独立供电。当如图 5.4.16 所示 A 相通电，产生图示磁极时，由于磁路沿着磁阻最小的路径闭合，迫使最靠近 A 相的转子齿与 A 相定子齿对齐。如果按 A、B、C 逆时针或 A、C、B 顺时针方向顺序通电，则转子也随着转动。显然，由 A 相通电到 B 相通电，转子逆时针转动了 15°，一个通电循环 A→B→C→A，转子逆时针转动 45°。

读者阅读到此，自然会认为开关磁阻电动机在结构和基本原理上与反应式步进电动机相同。的确，结构上二者相同，但设计上最重要的区别是步进电动机按步距角步进，而开关磁阻电动机则是连续旋转。步进电动机如前述，是为开环控制而设计的，而开关磁阻电动机是为"自同步"（self-synchronous）而设计——每相是否通电由安装在转子轴上的位置传感器产生的信号来决定。在性能上，开关磁阻电动机在低于基本转速下可全转矩运行，而当转速高于基本转速，因磁饱和现象转矩随转速减小而下降。这点与其他控制电机类似，但效率要略高一些。其机械特性曲线如图 5.4.17 所示。

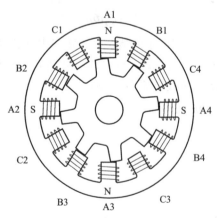

图 5.4.16 典型开关磁阻电机结构示意图

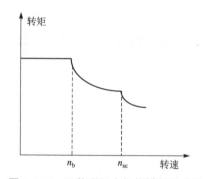

图 5.4.17 开关磁阻电机机械特性曲线

图 5.4.17 中，当转速小于基本转速 n_b 时，开关磁阻电机工作于恒转矩区；当转速 $n_b < n < n_{sc}$ 时，转矩随转速升高而下降，为恒功率工作区；当转速大于 n_{sc} 时，其特性与串励直流电动机类似。

2. 转矩预测与控制

由于开关磁阻电动机设计时，铁芯磁路工作在饱和区，因而在设计阶段预测电机的转矩是困难的，根据转子位置计算磁通、电流和转矩的关系因非线性也非常复杂，但针对特定的性能要求，仍然可以采用有效可行的最优控制策略。

对多数功率大于 1 kW 的开关磁阻电动机，可忽略相电阻，则每相的磁链由所加电压及其频率确定。而磁链和所加电压的关系可由法拉第电磁感应定律 $u = \mathrm{d}\lambda/\mathrm{d}t$ 确定。因此，矩形波电压作用下，磁链的波形为三角波，如图 5.4.18 所示为 A 相电压和磁通的波形（B、C 相波形与 A 相一致，图中未示出）。图 5.4.18（a）为转速为 n 时的波形，图 5.4.18（b）为转速为 $2n$ 时的波形，可见，当转速增大一倍时，电压的频率变为原来的一半，也使转矩变小。

这里，磁通的波形不依赖于转子的位置，而取决于电流的波形。因为对于磁路中给定的磁通，根据磁路欧姆定律，磁动势与磁阻有关，而磁阻随转子位置变化而变化。

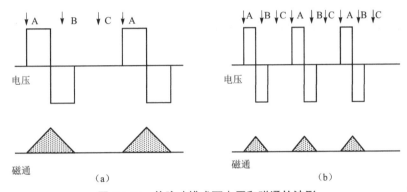

图 5.4.18 单脉冲模式下电压和磁通的波形
（a）转速=n；（b）转速=$2n$

显然为了获得最大转矩，磁通的上升和下降时刻需与转子的位置一致。理论上，只有磁通能产生正向转矩时才通电产生该磁通，当磁通不能产生正向转矩时就不能通电。

习　题

5.1 三相笼型异步电动机在运行时，突然有一相电源线断线，这时电动机的转速及定子电流如何变化？会出现什么可能情况？当电动机停转之后能否重新起动？为什么？

5.2 三相异步电动机断相起动，会出现什么后果？试分析其原因。

5.3 用什么方法可改变分相式单相异步电动机的转向？为什么？

5.4 怎样改变罩极式电动机的转向？

5.5 电容分相式单相异步电动机，若将额定值为 220 V、64 μF 的电容用 220 V、33 μF 的电容替代，会产生什么后果？试分析其原因。

5.6 直线电动机为什么不能将初级与次级做成一样长？

5.7 直线电动机的磁场是什么磁场？

5.8 如何改变直线电动机的运行方向？

5.9 如何改变永磁直流电动机的转向？

5.10　直流伺服电动机通常采用什么控制方法？

5.11　交流伺服电动机是如何克服"自转"的？

5.12　交流伺服电动机有几种控制方式？

5.13　怎样改变交流伺服电动机的转向？

5.14　如何改变步进电动机的转向？

5.15　一台五相十拍运行方式的步进电动机，转子齿数 $Z=48$，运行频率 $f=600$ Hz，试求步进电动机的步距角 θ 和转速 n。

5.16　步进电动机的转速由哪些因素决定？与负载转矩大小有关吗？

5.17　步距角为 15°的三相六拍反应式步进电动机的转子有多少个齿？若运行频率为 2 000 Hz，电动机的转速是多少？

5.18　异步测速发电机空气隙磁通若发生变化，对输出电压 U_2 会产生影响吗？会影响测速精度吗？

5.19　直流测速发电机所接负载电阻 R_L 的大小对输出电压 U_2 会产生什么影响？

第 6 章
电动机的电气控制

在生产实践中，为了满足生产的工艺要求必须对电动机等设备实现自动控制，同时也要为生产机械安全可靠地工作而设置一些保护装置。实现这些功能的元件或电工设备称为电器。所谓电器，就是指根据外界施加的信号和要求，能手动或自动地断开或接通电路，断续或连续地改变电路参数，以实现对电或非电对象的切换、控制、检测、保护、变换和调节的电工器械。工作在交流电压 1 200 V 以下或直流电压 1 500 V 以下的电器属于低压电器。低压电器种类很多，按电器元件的特点分，可分为手动电器和自动电器。而采用电磁原理完成上述功能的低压电器称作电磁式低压电器。手动电器包括刀开关、熔断器、按钮等；自动电器包括低压断路器、交流接触器、中间继电器、热继电器、时间继电器等。采用这些电器可组成基本控制线路，如电动机的起动、正反转、制动等控制线路，并实现短路、过载等保护。本章将分别介绍这些低压电器及由它们构成的控制线路。

对电器控制系统功能的描述，常常采用顺序功能图。虽然顺序功能图（Sequential Function Chart，SFC）在国际标准 IEC61131-3 和对应的中国国家标准 GB/T 15969.3 中用作可编程序控制器（Programmable Logic Controller，PLC）的重要编程语言，但像计算机编程时采用流程图一样，也可用于继电接触控制系统的功能描述。

由于电气系统表示符号国家标准 GB 7159 已经废止，新的国家标准为 GB/T 5094 和 GB/T 20939。为适应形势的需要，本书所用电器符号采用新的国家标准。学习本章后，应能：
● 掌握常用低压电器的工作原理、图形符号及其控制作用；
● 掌握点动、长动、正反转、星形-三角形、位置控制、顺序控制、时间控制等典型控制环节的工作原理和设计方法；
● 设计典型的控制电路；
● 采用顺序功能图分析低压电器控制线路的工作原理。

6.1 常用低压电器

6.1.1 手动电器

1. 刀开关

刀开关用于接通和断开低压配电电源和用电设备，也常用来直接起动小容量异步电动机。刀开关主要由操作手柄、闸刀、夹座和绝缘底板组成，如图 6.1.1 所示。

图 6.1.1 刀开关

刀开关分单刀、双刀、三刀三种，掷向可分为单掷、双掷两种。图 6.1.2 所示为刀开关的图形、文字符号。刀开关需人工操作。

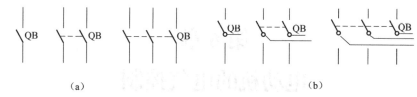

图 6.1.2　刀开关的种类

(a) 单掷刀开关；(b) 双掷刀开关

2. 熔断器

图 6.1.3　熔断器符号

熔断器在配电系统和用电设备中起短路保护作用。使用时将其串接在被保护电路中。一般是由低熔点合金丝制成熔体。电路正常运行时，它相当于一根导体，不应熔断，只有当电路发生短路时，熔体才立即熔断，切断电路，保护电源等设备。常用熔断器的电路符号如图 6.1.3 所示。

3. 按钮

按钮是一种短时接通或断开控制电路的手动电器，通常用于操作人员对控制电路发出起动或停止等指令，因此又叫作主令电器，其结构如图 6.1.4 所示。

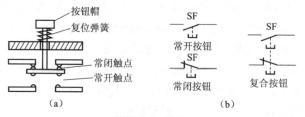

图 6.1.4　按钮

(a) 结构原理；(b) 符号

常闭触点是没有按按钮之前接通的触点，常开触点是没有按按钮之前断开的触点。当用手按下按钮帽时，其常闭触点先断开，以切断某一控制电路，然后常开触点闭合，以接通某一控制电路。松开按钮时，由于复位弹簧的作用，按钮的触点自动复位。图 6.1.4 中的这种触点结构形式称为桥式结构。通常按钮触点通过的额定电流不大于 5 A。

在控制电路中，常开按钮常用作起动按钮，常闭按钮常用作停止按钮，复合按钮常用于电气联锁。

为了便于识别各个按钮的作用，避免误操作，通常将按钮帽制成不同的颜色，以表示不同的功能。常用的颜色有红、绿、黄、蓝和白等，其含义和典型应用如表 6.1 所示。

表 6.1　按钮的含义和典型应用

颜色	含义	典型应用
红色	危险情况下的操作	紧急停止
	停止或分断	停止一台或多台电动机，停止一台机器的一部分，使电器元件失电

续表

颜色	含义	典型应用
黄色	应急或干预	控制不正常情况或中断不理想的工作
绿色	起动或接通	起动一台或多台电动机；起动一台机器的一部分，使电器元件得电
蓝色	上述几种颜色未包括的任一种功能	—
黑、灰、白等色	无专门指定功能	可用于停止和分断上述以外的任何情况

6.1.2 自动电器

1. 低压断路器

低压断路器又叫自动空气断路器，是低压配电系统和电力拖动系统中非常重要的开关器件和保护电器，常集控制和多种保护功能于一体。低压断路器作总电源开关除了完成接通和分断电路外，还能对电路和电气设备进行短路保护、严重过载保护和欠电压保护等，也可用于不频繁起动电动机的控制。因此，在低压配电系统中，常用它作终端开关或支路开关，在大部分的使用场合，低压断路器取代了过去常用的刀开关和熔断器的组合。低压断路器主要由触点系统、操作机构、各种脱扣器和灭弧装置等组成。

在图 6.1.5（a）所示电路中有三对主触点，当断路器闭合后，三对主触点由锁钩锁住，保持闭合状态。电流脱扣器是一种短路保护，当发生短路时，电磁铁吸合，推动杠杆向上移动，顶开锁钩，将主触点断开，切断电路。当电源电压降低到某一值时，欠压脱扣器的吸力减少，使电磁铁释放，推动杠杆顶开主触点从而切断电路，起到了欠压或失压保护作用。

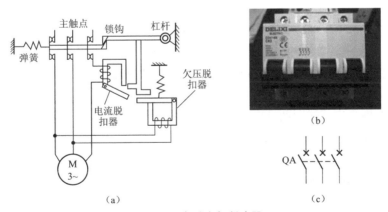

图 6.1.5 自动空气断路器
（a）自动空气断路器的原理；（b）自动空气断路器实物；（c）自动空气断路器的简化图形和文字符号

2. 接触器

接触器是一种用来自动接通和切断大电流电路的电器。它可频繁地接通和分断交直流负载电路。其主要控制对象是电动机、电热设备等。在保护功能上，它具有低电压释放（欠压）保护。常用的分类方法是按照接触器的主触点控制的电路划分为交流接触器和直流接触器两大类。

交流接触器是利用给励磁线圈通入交流电而产生的电磁铁吸力来接通和断开大电流电路，图 6.1.6 所示是交流接触器的主要结构原理示意。直流接触器的结构和工作原理与交流接触器基本相同，仅在电磁机构方面略有不同，这里不再赘述。

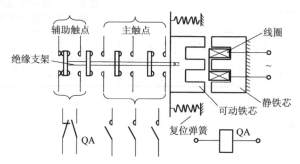

图 6.1.6　交流接触器的结构原理示意

交流接触器主要由可动铁芯、静铁芯、线圈和触点组成。接触器的触点分为主触点和辅助触点两种。主触点允许通过较大的电流，用来接通和断开电动机的主电路，常做成桥式。辅助触点允许通过的电流较小，常用在电动机的控制电路。接触器线圈未通电时处于断开的触点称为常开触点，接触器线圈未通电时处于闭合的触点称为常闭触点。如 CJ10–20 型交流接触器有三个常开主触点和四个辅助触点，辅助触点中有两个常开触点、两个常闭触点。接触器的图形符号如图 6.1.7 所示。

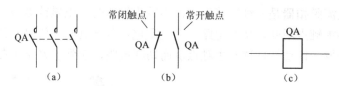

图 6.1.7　交流接触器的图形符号
(a) 主触点；(b) 辅助触点；(c) 线圈

交流接触器的工作原理如图 6.1.6 所示。当接触器线圈通入交流电后，它产生电磁吸力使可动铁芯被吸合，带动绝缘支架向右移，从而使常闭触点打开，常开触点闭合。复位弹簧此时被压缩。当线圈断电或线圈两端电压下降较大时，电磁吸力消失或太小，在弹簧反作用力的作用下，可动铁芯复位，使各触点的状态也复位。显然交流接触器有自动的失压和欠压保护作用。

由于主触点通过的电流较大，所以在它断开的瞬间，会在触点处产生电弧而烧坏触点，为此通常在电流较大的接触器中装有灭弧装置。为了减少铁损，交流接触器的铁芯由硅钢片叠成，并在铁芯端面装有短路环，防止铁芯振动产生噪声。

接触器的技术参数主要有：

（1）额定电压：指主触点的额定电压，在接触器的铭牌上标注。常用的有交流 220 V、380 V 和 660 V，直流 110 V、220 V 和 440 V。

（2）额定电流：指主触点的额定电流，在接触器的铭牌上标注。该参数是在额定电压、使用类别和操作频率等一定条件下规定的，常用的电流等级有 10～800 A。

（3）线圈的额定电压：指加在线圈上的电压。常用的线圈电压有交流 220 V 和 380 V，直流 24 V 和 48 V。

（4）接通和分断能力：指主触点在规定条件下能可靠地接通和分断的电流值。在此电流值下，接通电路时主触点不应发生熔焊，分断电路时主触点不应发生长时间燃弧。

3. 继电器

继电器是根据某种输入信号来接通或断开小电流电路，以实现远距离控制和保护的自动电器。其输入量可以是电流、电压等电量，也可以是温度、时间、速度、压力等非电量，而输出量是触点的动作或电路参数的变化。继电器一般由输入感测机构和输出执行机构两部分组成，前者反映输入量的变化，后者完成触点的分合动作。

继电器的种类较多，主要有以下分类：

（1）按用途分有控制继电器和保护继电器；

（2）按动作原理分有电磁式继电器、感应式继电器、热继电器、电子继电器等；

（3）按输入信号分有电压继电器、电流继电器、速度继电器、压力继电器和温度继电器等；

（4）按动作时间分有瞬时继电器和延时继电器。

下面分别介绍经常使用的几种不同类型的继电器。

1）中间继电器

中间继电器属于控制电器，按电磁式原理工作，是电压型的，且是瞬时动作的继电器。中间继电器在控制电路中起信号传递、放大、切换和逻辑控制等作用，主要用于扩展触点数量，实现逻辑控制。

中间继电器的结构和交流接触器基本相同，只是它无主、辅助触点之分，且触点个数较多，通常有 8 对触点。其中 4 对常开触点，4 对常闭触点。触点允许通过的电流较小，一般为 5 A。中间继电器主要用在控制电路中，起到信号的传递与转换作用，其符号如图 6.1.8 所示。

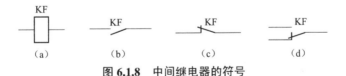

图 6.1.8 中间继电器的符号

（a）线圈；（b）常开触点；（c）常闭触点；（d）复合触点

2）热继电器

热继电器是一种用于电动机的过载、断相以及电流不平衡的保护电器。它是利用电流通过发热元件所产生的热量，加热双金属片来推动机构动作的一种电器。

图 6.1.9（a）所示为热继电器的结构原理。发热元件是阻值不大的电阻丝，串联接在电动机的主电路中。被发热元件缠绕的双金属片各自具有不同的膨胀系数，下层金属膨胀系数大，上层金属膨胀系数小。当主电路中电流超过允许值时，金属片的温度上升，经过一段时间后，双金属片因受热向上弯曲，使扣板脱扣。扣板在弹簧的作用下移动，使常闭触点打开。常闭触点是接在电动机的控制电路中，控制电路断开而使交流接触器的线圈断电，从而断开电动机的主电路，起到保护作用。待排除故障双金属片温度恢复正常之后，按一下复位按钮，

可使热继电器的触点恢复常闭状态。

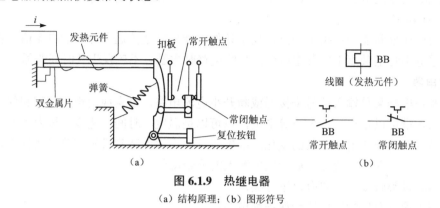

图 6.1.9　热继电器
(a) 结构原理；(b) 图形符号

由于双金属片的热惯性，热继电器不能作短路保护。同时在电动机起动或短时过载时，热继电器因惯性而不会动作，从而避免了电动机的不必要停车。图 6.1.9（b）所示为热继电器的图形和文字符号。

热继电器的参数主要有：

额定电压：指热继电器能够正常工作的最高电压值，常见有 220 V AC、380 V AC 和 600 V AC。

额定电流：指热继电器不动作时通过的电流。

整定电流：指热继电器的动作电流。常按电动机的额定电流的 0.95～1.05 倍调节，若电动机超负荷运行而超过其整定电流，热继电器会在一定时间内动作以保护电动机过热或过载。流过热继电器发热元件的电流超过整定电流越大，热继电器的触点动作时间越短。

3) 时间继电器

当继电器的线圈通电或断开一定时间后，其动作执行机构才动作，这类继电器称为时间继电器。时间继电器用以协调和控制生产机械的各种动作，如实现电动机的星形-三角形转换起动。其类型有电磁式、电子式、电动式和空气阻尼式，过去在交流电路中常采用空气阻尼式时间继电器。

（1）空气阻尼式时间继电器

空气阻尼式时间继电器利用空气阻尼的作用而达到延时目的，它的结构原理如图 6.1.10 所示。它是由可动铁芯、静铁芯、线圈、延时动作触点、瞬时动作触点和气囊式阻尼器等构成的。

当线圈通电后，可动铁芯克服弹簧的阻力与静铁芯吸合，固定在可动铁芯上的托板先改变瞬时动作触点的状态，即常闭触点断开，常开触点闭合。同时使活塞杆与可动铁芯之间存在一段距离，在活塞杆上的释放弹簧的作用下，活塞杆向下移动，使与活塞相连的橡皮膜也向下移，橡皮膜上面稀薄空气形成负压。活塞受橡皮膜上面空气的压力作用不能迅速下移，只有当空气由进气孔进入气室时，活塞才逐渐下移，移动到位后，杠杆使延时触点动作，即使触点延时闭合和延时断开。延时时间是从线圈通电时起到延时触点动作时为止的这段时间。通过调节螺钉来调节进气孔的大小，就可调节延时时间。当线圈断电后，依靠恢复弹簧的作用，可动铁芯恢复原位，从而使瞬时动作触点及延时动作触点同时立即复原。空气经由出气孔被迅速排出。

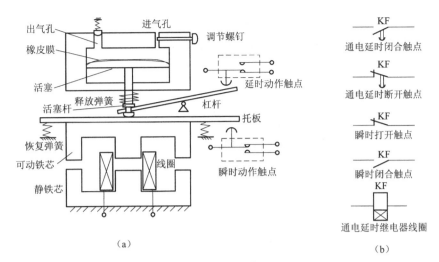

图 6.1.10　通电延时继电器
(a) 结构原理；(b) 图形符号

通电延时继电器都有两个延时触点和两个瞬时触点，其图形符号如图 6.1.10（b）所示。空气式时间继电器也可做成断电延时，只要将可动铁芯倒装一下即可，如图 6.1.11 所示。

断电延时继电器也有两个延时触点和两个瞬时触点，其图形符号如图 6.1.11（b）所示。空气式时间继电器的延时范围为 0.4～180 s。

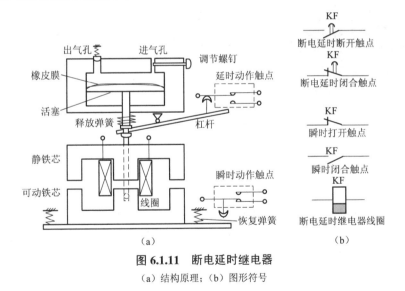

图 6.1.11　断电延时继电器
(a) 结构原理；(b) 图形符号

（2）电子式时间继电器

电子式时间继电器（图 6.1.12）具有适用范围广、延时精度高、调节方便、寿命长等优点，被控制系统大量使用。

电子式时间继电器的定时原理往往采用 RC 充放电或者数字脉冲计数电路。图 6.1.12 是某型电子式时间继电器正面和侧视图，可以发现，图（a）侧面是该继电器的管脚定义，图（b）显示了管脚接线图，可见该时间继电器有 1 对通电延时型触点，管脚 8 是延时触点的公共点，管脚 5-8 为一个通电延时断开触点，管脚 6-8 是通电延时闭合触点。管脚 7 为线圈的公共端，当用管脚 2–7 时，需接电源 220 V AC；当用管脚 4–7 时，需接电源 110 V AC。图（b）还标示了延时触头的额定电压为 250 V AC，额定电流为 3 A。

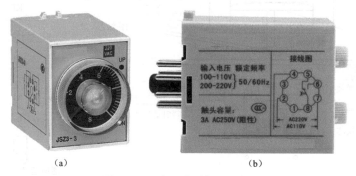

图 6.1.12　电子式时间继电器

4. 行程开关

行程开关（图 6.1.13）的动作原理与按钮相似，也是一种主令电器。按钮由操作人员来控制其触点的通与断，而行程开关用运动部件的撞块撞击杠臂，使其触点通与断。它有一个常开触点和一个常闭触点，通常是一对复合触点。行程开关多用于工作台前进与后退的行程控制。

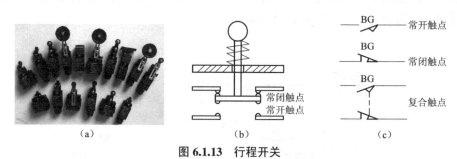

图 6.1.13　行程开关

(a) 实物；(b) 结构原理；(c) 图形符号

5. 其他新型电器

1）固态继电器

固态继电器（Solid State Relay，SSR）是采用半导体元件的一种无触点开关。其接通和断开没有机械触点，具有开关速度快、工作频率高、使用寿命长、动作可靠等优点。

固态继电器一般有两个输入端和两个输出端。当输入端无信号时，其输出端为阻断状态；当在输入端施加控制信号时，输出端为导通状态。固态继电器的实物和电路符号如图 6.1.14 所示。

图 6.1.14　固态继电器

(a) 实物；(b) 驱动元件；(c) 触点

2) 接近开关

接近开关又叫无触点行程开关,其功能是当被检测物与之接近到一定距离时就发出动作信号。它不像机械式行程开关需要施加机械力,而是通过其感辨头与被检测物间介质能量的变化来获取信号,因而其应用范围已远超一般行程控制和限位保护,可用于高速计数、测速、液位控制等。接近开关的实物和图形文字符号如图 6.1.15 所示。

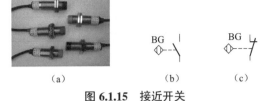

图 6.1.15 接近开关

(a) 各种接近开关实物;(b) 常开触点;(c) 常闭触点

3) 光电传感器

光电传感器是一种通过检测可见光或不可见光来控制触点通断的光学控制设备。光电传感器由发射管(光源)和接收管(传感器)两部分组成,如图 6.1.16 所示。发射和接收有可能是分离的。

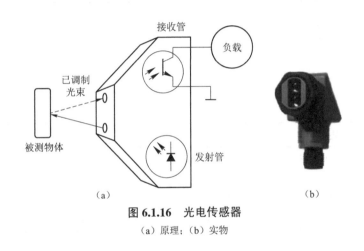

图 6.1.16 光电传感器

(a) 原理;(b) 实物

6.1.3 电气控制线路图的图形、文字符号及绘制原则

电气控制线路用导线将电动机、电器和仪表等按一定的控制要求连接起来,实现某种控制功能。为了表达生产机械电气控制系统的结构、原理等设计要求,便于电气系统的安装、调试和维护,将电气控制系统中的各个电气元件及其连接线路用一定的图形表示出来,就是电气控制系统图。

电气控制系统图通常有电气原理图、电气布置图和安装接线图。这些图应根据简明易懂的原则,采用国家标准统一规定的图形和文字符号、标准画法来绘制。

电气元器件的文字符号一般由两个字母组成,在国家标准 GB/T 5094.2—2003《工业系统、装置与设备以及工业产品——结构原则与参照代号》中,给出了电气元器件的第一个字母,如表 6.2 所示。

电气元器件的第二个字母,由 GB/T 20939—2007 中子类字母的代码规定,如表 6.3 所示。

表 6.4 给出了部分常见电气元器件的图形符号和新/旧国标的文字符号。

表 6.2　GB/T 5094.2—2003 中项目的字母代码（主类）

代码	项目的用途和任务
A	两种或两种以上的用途和任务
B	把某一输入变量（物理性质、条件和事件）转换为供进一步处理的信号
C	材料、能量或信息的存储
D	备用
E	提供辐射能或热能
F	直接防止（自动）能量流、信息流、人身或设备发生危险的或意外的情况，包括用于防护的系统和设备
G	启动能量流或材料流，产生用作信息载体或参考源的信号
H	产生新类型材料或产品
J	备用
K	处理（接收、加工和提供）信号或信息（用于保护目的的项目除外，见 F 类）
L	备用
M	提供用于驱动的机械能量（旋转或线性机械运动）
N	备用
P	信息表述
Q	受控切换或改变能量流、信号流或材料流（对于控制电路中的开/关信号，见 K 类或 S 类）
R	限制或稳定能量、信息或材料的运动或流动
S	把手动操作转变为进一步处理的特定信号
T	保持能量性质不变的能量变换，已建立的信号保持信息内容不变的变换，材料形态或形状的变换
U	保持物体在指定位置
V	材料或产品的处理（包括预处理和后处理）
W	从一地到另一地导引或输送能量、信号、材料或产品
X	连接物
Y	备用
Z	备用

表 6.3　GB/T 20939—2007 中子类字母的代码

子类字母代码	项目、任务基于	子类字母代码	项目、任务基于
A、B、C、D、E	电能	L、M、N、P、Q、R、S、T、U、V、W、X、Y	机械工程 结构工程 （非电工程）
F、G、H、J、K	信息、信号	Z	组合任务

第6章 电动机的电气控制

表 6.4 常见电气元器件的图形和文字符号新/旧国标对照表

名称	图形符号	文字符号 新国标（GB/T 5094—2003 GB/T 20939—2007）	文字符号 旧国标（GB 7159—1987）	说明
电源				
正极	+			
负极	−			
中性线	N			
直流系统电源线	L+ L−			
交流电源三相	L_1 L_2 L_3			
交流设备三相	U V W			
接地和接机壳、等电位				
接地	⊥	XE	PE	接地一般符号
	⊥			接机壳、接底板
	⊕			保护接地
导体和连接器件				
端子	●	XD	X	连接、连接点
	○			端子
基本无源器件				
电阻	─▭─	RA	R	电阻器一般符号
电感	⌒⌒⌒		L	电感器、线圈、绕组等
电容	─┤├─	CA	C	电容器一般符号
电能的发生和转换				
电动机	Ⓜ 3~	MA	M	三相笼型异步电动机
触点				
触点	╱	KF	KA KM KT 等	动合（常开）触点 也可用作开关的一般符号
	╲			动断（常闭）触点

续表

名称	图形符号	文字符号		说明
		新国标 （GB/T 5094—2003 GB/T 20939—2007）	旧国标 （GB 7159—1987）	
延时动作触点		KF	KT	当操作器件被吸合时延时闭合的动合触点
				当操作器件被释放时延时断开的动合触点
				当操作器件被吸合时延时断开的动断触点
				当操作器件被释放时延时闭合的动断触点
开关及开关器件				
单极开关		SF	S	手动操作开关的一般符号
			SF	具有动合触点且自动复位的按钮
				具有动断触点且自动复位的按钮
行程开关		BG	SQ	行程开关动合触点
				行程开关动断触点
电力开关器件		QA	KM	接触器的主动合触点
			QF	断路器
继电器线圈				
线圈		QA	KM	接触器线圈
			K	电磁继电器线圈符号
		KF	KT	延时释放继电器的线圈
				延时吸合继电器的线圈
		BB	FR	热继电器驱动器件

续表

名称	图形符号	文字符号		说明
		新国标 （GB/T 5094—2003 GB/T 20939—2007）	旧国标 （GB 7159—1987）	
熔断器				
熔断器		FA	FU	熔断器一般符号
灯和信号器件				
灯信号、器件	 ⊗	EA 照明灯	EL	灯、信号灯一般符号
		FG 指示灯	HL	
		PB	HA	电铃
			HZ	蜂鸣器

6.2 顺序功能图简介

在 IEC61131-3-2003 以及等同的中国国家标准 GB/T 15969.3—2005 中，将顺序功能图（Sequential Function Chart，SFC）作为控制系统编程语言的公用元素来定义，是一种采用文字描述和图形符号相结合的方法描述顺序控制系统的过程、功能和特性，将顺序控制系统的控制条件和过程用图形表示出逻辑控制功能的编程方法。例如可以描述顺序控制系统"起动"、"泵水"以及"清空"等机械的运行状态或电动机的"运行"和"停止"等。

顺序功能图可用作系统的顶层描述，也可用作单台电动机或通信等状态的描述。其最重要的特征是显示和描述系统的主要状态（步）、所有状态转移的条件和在各状态系统发生的行为（动作）。

顺序功能图的基本图形符号有步、转换、与步关联的动作和有向连线。

6.2.1 步

顺序功能图将一个循环过程分解成若干的阶段或状态，称为"步"（Step）。步与步之间由"转换"（Transition）分隔与连接。当两个步之间的转换条件满足时，实现转换，当前活动步结束而下一步开始，故不出现步的重叠。步可以是动作（Action）的开始、持续或结束。一个循环过程，分解的步越多，其描述越精确。

系统收到外部控制信号和反馈信号后，会产生相应的控制稳定状态。为描述这一稳定状态，在顺序功能图中用"步"的概念来定义。一个"步"代表一种工作状态，一个步要么是活动的，要么是不活动的。

用一个带步名的矩形框表示步，如图 6.2.1 所示。控制过程开始时的步与系统的初始状态对应，称为"初始步"，它表征了系统初始动作时的状态。每一个 SFC 都需要有一个初始步，整个 SFC 从初始步开始进行演变。

图 6.2.1 步的表示

6.2.2 转换

转换表示控制从一个或多个前驱步沿相应的有向连线转换到一个或多个后继步所依据的条件。转换由一根横跨垂直有向连线的水平线表示。演变方向应跟随有向连线从前驱步的底部到后继步的顶部。每一个转换应有一个相关的转换条件，它是单逻辑表达式的运算结果。

步经过有向连线连接到转换，转换经过有向连线连接到步。

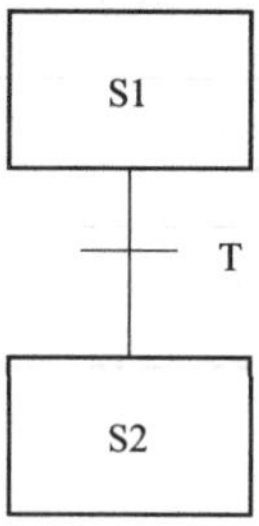

图 6.2.2 转换与步

如果通过有向连线连接到转换符号的所用前驱步都是活动的，且该转换相对应的转换条件满足，则转换实现，所有前驱步变成不活动步，所有后继步成为活动步。图 6.2.2 中，记 S1 为前驱步，S2 为后继步，S1=0 表示该步为非活动步，S1=1 表示该步为活动步；T 为转换条件，T=1 表示转换条件满足，T=0 表示转换条件不满足。当 S1=1 且 T=1 时，转换成立，活动步由当前活动步 S1 演变进化为 S2 为活动步（S2=1），同时灭活前驱步（S1=0）。因此 S2 要成为活动步的逻辑条件为 (S1)·(T)=1。

6.2.3 动作

每个步都应涉及零个或多个动作。其中，具有零个动作的步可认为具有等待功能，即等待后继转换条件成立。动作通过图形动作块与步连接，如图 6.2.3 所示，当 S1 是活动步时，动作 A 将发生。

图 6.2.3 动作与步

动作是 SFC 网络中步的命令或动作，动作控制功能块不仅包括一个动作名，还需包括动作执行条件和逻辑指示符变量。动作名称用于定义所执行的动作，是一个逻辑变量。而动作执行条件由限定符规定。限定符用于声明动作执行的开始时间、动作是否被存储、动作执行时间等。逻辑指示符变量用于反映动作的状态。一个完整的动作块如图 6.2.4 所示，有时为了简洁，动作块仅保留限定符和动作的逻辑表达式。动作或者动作块的输入变量是步状态变量，当且仅当步为活动步时，与之相连接的动作块的动作才会被执行。动作限定符的规定及其示例如表 6.5 所示。

限定符	动作名称	逻辑指示符变量
	动作逻辑表达式	

图 6.2.4 完整的动作块

表 6.5 动作限定符的规定

序号	限定符	解释	示例与说明		
			SFC	时序图	功能说明
1	无	非存储的(空限定符)	S1—打开阀A ┬T1	S1, T1, A 波形	当S1为活动步时,阀A打开;当S1为非活动步时,阀A关闭
2	N	非存储的	S1—N 打开阀A ┬T1		
3	R	复位(存储)	S2—S 打开阀B ┬T2	S2, T2, B, S5, T5 波形	当S2是活动步时,阀B打开并保持;当S5是活动步时,阀B关闭并保持关闭状态
4	S	置位(存储)	S5—R 关闭阀B ┬T5		
5	L	限制时间	S6—L T#1s 打开阀D ┬T6	S6, T6, D 波形 (1s)	当S6为活动步后,阀D打开1s;若步S6激活时间小于1s,则随S6成为非活动步而阀D关闭
6	D	延迟时间	S4—D T#1s 打开阀C ┬T4	S4, T4, C 波形 (1s)	当S4为活动步后1s才打开阀C,若S4为活动步不足1s,则阀C不能被打开
7	P	脉冲	S1—P 打开阀A ┬T1	S2, T2, A (一个扫描周期)	当S1是活动步时,阀打开一个扫描周期

续表

序号	限定符	解释	示例与说明			功能说明
			SFC		时序图	
8	SD	存储和延迟时间	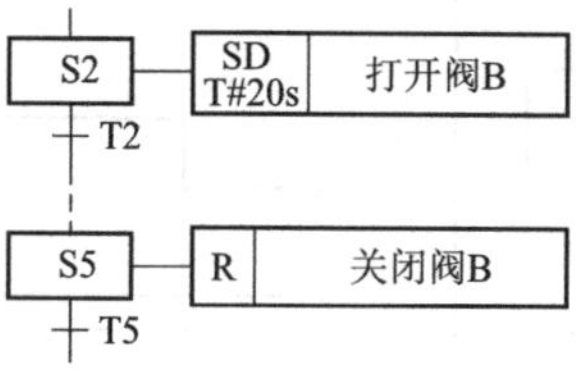 S2 — SD T#20s 打开阀B ; S5 — R 关闭阀B		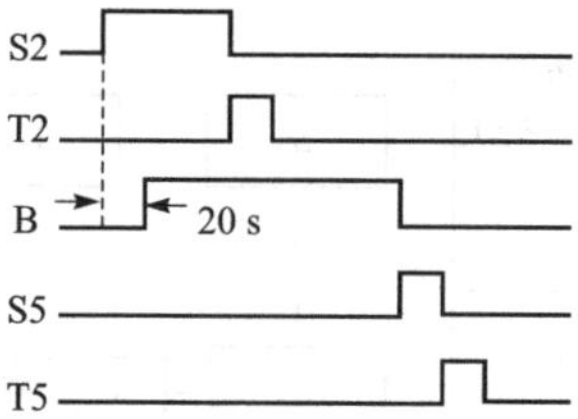 S2、T2、B(20 s)、S5、T5 时序图	当 S2 为活动步时，延时 20 s 打开阀 B 并保持；当 S5 成为活动步时，阀 B 关闭并保持。若 S2 持续时间小于 20 s，则阀 B 仍将延时 20 s 后打开
9	DS	延迟和存储	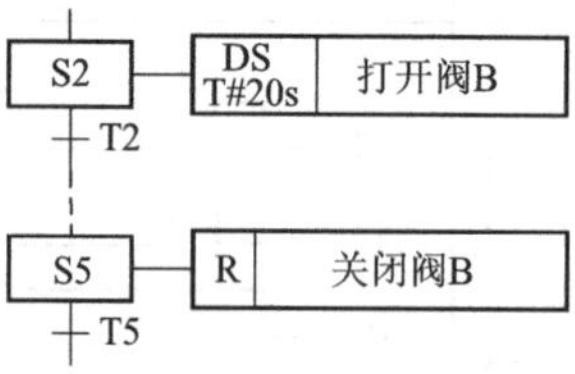 S2 — DS T#20s 打开阀B ; S5 — R 关闭阀B		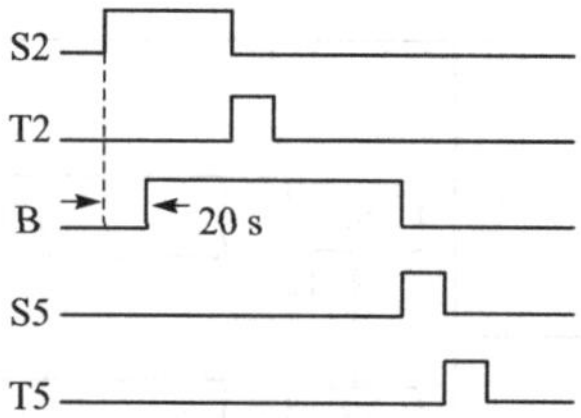 S2、T2、B(20 s)、S5、T5 时序图	当 S2 为活动步时，延时 20 s 打开阀 B 并保持；当 S5 成为活动步时，阀 B 关闭并保持。若 S2 持续时间小于 20 s，则阀 B 不会被打开
10	SL	存储和限制时间	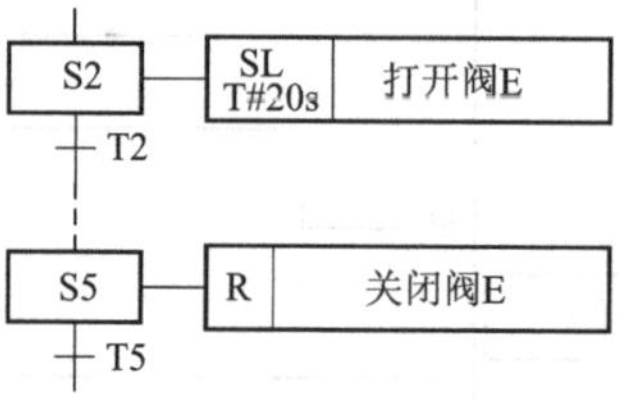 S2 — SL T#20s 打开阀E ; S5 — R 关闭阀E		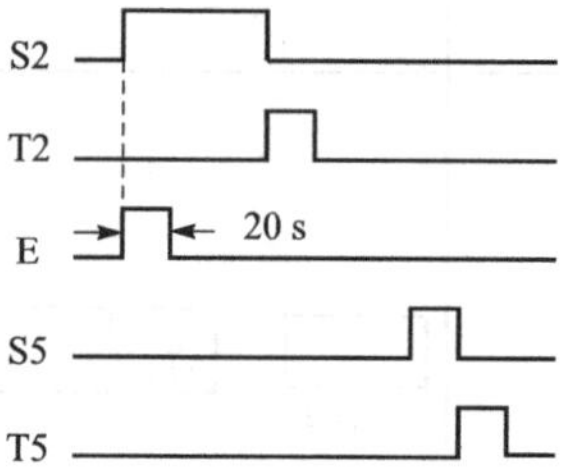 S2、T2、E(20 s)、S5、T5 时序图	当 S2 为活动步时，打开阀 E 并保持 20 s，此时要求 S2 到 S5 的持续时间应大于 20 s。

6.2.4 有向连线

在顺序功能图中，步之间的演化按有向连线规定的路径进行。有向连线图形符号是水平或垂直的直线。通常，连接到步的有向连线用连接到步顶部的垂直线表示，从步引出的有向连线用连接到步底部的垂直线表示，如图 6.2.2 所示。

顺序功能图是由步、动作、转换与有向连线构成的图形化表示控制功能的方法。与步有关的是一组动作，与转换有关的是一个转换条件。步、转换和有向连线之间的关系可描述为：步经有向连线连接到转换，转换经有向连线连接到步。

步的演化方向总是从上到下或从左到右，因此，有向连线的方向也是从上到下或从左到右（从而箭头可省略）。若不遵守该规定，必须对有向连线添加箭头。步激活状态的演化由一个或几个转换的实现引起，并沿着有向连线的方向进行。转换实现的同时，使有向连线连接到相应转换符号的所有前驱步立刻成为非活动步，同时所有后继步激活。因此，顺序功能图

中步、转换和动作的连接总维持着步/转换和转换/步的相互更迭,即:
- 两个步绝不能直接连接,它们总是由一个转换分隔;
- 两个转换绝不能直接连接,它们总是由一个步分隔。

6.2.5 顺序功能图的结构

步的演化由表 6.6 所示基本结构组成。

表 6.6 步的演变基本结构

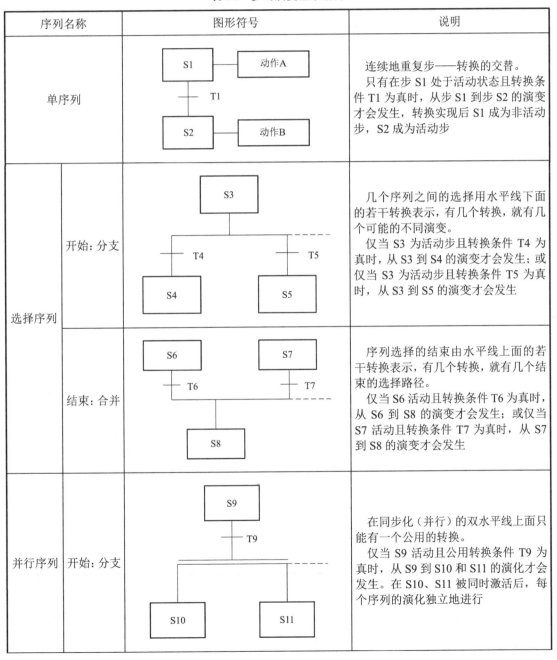

序列名称		图形符号	说明
单序列			连续地重复步——转换的交替。只有在步 S1 处于活动状态且转换条件 T1 为真时,从步 S1 到步 S2 的演变才会发生,转换实现后 S1 成为非活动步,S2 成为活动步
选择序列	开始:分支		几个序列之间的选择用水平线下面的若干转换表示,有几个转换,就有几个可能的不同演变。仅当 S3 为活动步且转换条件 T4 为真时,从 S3 到 S4 的演变才会发生;或仅当 S3 为活动步且转换条件 T5 为真时,从 S3 到 S5 的演变才会发生
	结束:合并		序列选择的结束由水平线上面的若干转换表示,有几个转换,就有几个结束的选择路径。仅当 S6 活动且转换条件 T6 为真时,从 S6 到 S8 的演变才会发生;或仅当 S7 活动且转换条件 T7 为真时,从 S7 到 S8 的演变才会发生
并行序列	开始:分支		在同步化(并行)的双水平线上面只能有一个公用的转换。仅当 S9 活动且公用转换条件 T9 为真时,从 S9 到 S10 和 S11 的演化才会发生。在 S10、S11 被同时激活后,每个序列的演化独立地进行

续表

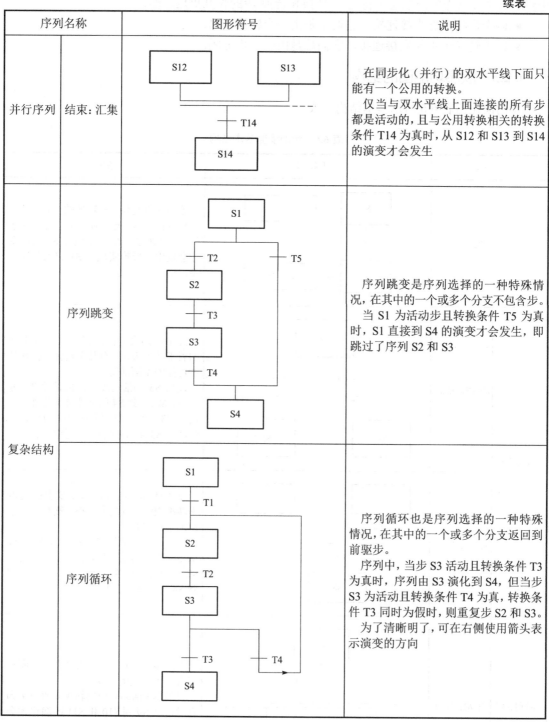

当转换的实现导致同时有多个步激活时,这些步的序列称作同步序列(Simultaneous Sequence)或并行序列。当它们被同步激活时,这些序列的每个进展演进都是独立的。为了强调这类序列结构的特殊性,同步序列的分支和合并常用水平双线的图形符号表示。

需防止不安全序列或不可达序列结构的发生。在这些序列结构中，可能出现不安全的或不可控的步，或出现不可激活的步。为此，编程软件提供了对有关语法的检查，防止发生或出现不安全或不可达序列的结构。

顺序功能图提供了一种可分级描述控制系统复杂控制功能的图形化方法。这些方法的主要特征有：

（1）在控制过程中，选择序列用分支表示。
（2）不同序列的并行分支可在同一 SFC 中表示。
（3）顺序功能图中步、转换等基本元素，能够用任意其他图形语言表示（如状态转移图）。
（4）动作限定符用来定义序列动作的工作（动作）方式。
（5）虽然顺序功能图常用于描述复杂控制系统，但也能用于描述底层动作的顺序动作。

6.2.6 用 SFC 描述控制系统的功能

接下来，举例说明顺序功能图如何描述控制系统的控制功能。读者可与传统文字描述比较，得出 SFC 描述的优势所在。

【例 6.1】冲压机

冲压机用于对工件进行冲压成型。本例中，冲压机用液压系统驱动，采用电磁阀 XV 和 SV 进行换向，控制冲压头向下和向上运动。图 6.2.5 所示为冲压机的工作原理示意图。

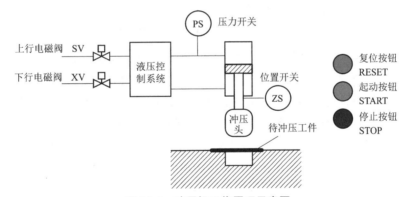

图 6.2.5 冲压机工作原理示意图

冲压机的工作过程如下：当操作员按下复位按钮 RESET 后，上行电磁阀 SV 被激励，冲压头上移，撞击位置（行程）开关 ZS 使其闭合，此时表明冲压头的复位过程完成。此后，操作员将需冲压的工件手动放置到冲压位置，然后按下起动按钮 START，电磁阀 XV 被激励，冲压头下移，冲压被加工工件，冲压过程中液压会不断升高。当液压达到设定值时，压力开关 PS 闭合，进入保压状态，电磁阀 XV 保持激励状态，使工件定型 8 s。然后电磁阀 XV 失电，电磁阀 SV 被激励，冲压头上行，直到冲压头回复到位置开关 ZS 闭合，电磁阀 SV 才被断电。操作员取出已完成冲压的工件，若需再次冲压，可将待冲压工件放置到冲压位置，按下起动按钮进行下一次冲压即可。若需停止工作，则按下停止按钮 STOP 即可。

根据冲压机的工作过程描述，可以编写出顺序功能图如图 6.2.6 所示。图中，步 S0 为初始步，该步没有任何动作。步 S1 为复位步，为冲压工作做准备用。S2 为等待步，此时冲压头复位到规定位置，等待起动按钮按下。S3 为冲压步，用于对工件进行冲压。S4 为回复步，用于冲压头复位,再次按下起动按钮 START 后可进行下一次冲压工作,或按停止按钮 STOP 后停止冲压工作。

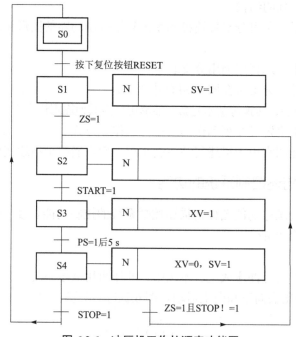

图 6.2.6　冲压机工作的顺序功能图

由初始步 S0 演进到复位步 S1 的转换条件是按下复位按钮 RESET。由复位步 S1 演进到等待步 S2 的转换条件是冲压头已复位到规定位置,即位置开关 ZS 闭合。由等待步 S2 演进到冲压步 S3 的转换条件是按下起动按钮 START。由冲压步演进到回复步 S4 的转换条件是压力达到设定值 5 s 后,即 PS=1 后 5 s 中。在回复步 S4 往下演化,有两个路径,一是按下停止按钮 STOP,系统停止工作;二是冲压头回复到位,即位置开关 ZS=1,回到等待下一次冲压指令(再次按下起动按钮)。

在复位步 S1,关联的动作是上行电磁阀激励,使冲压头上行,完成复位操作。在等待步 S2,因冲压头已复位,需关闭上行电磁阀 SV。在按下起动按钮 START 后,由等待步 S2 演进到冲压步 S3。在冲压步 S3,应激励下行电磁阀 XV（XV=1）,使冲压头下行冲压工件。随着冲压的进行,管路压力逐渐增大,当管路中压力达到设定值时（PS=1）,进入回复步 S4,此时需关闭下行电磁阀 XV,打开上行电磁阀 SV。

【例 6.2】交通信号控制系统。

简化的交通信号控制系统的控制功能如下：交警上班后,将起动开关切换到自动（START=1）,交通信号按下列顺序自动切换：（1）南北向红灯（NS_RED）点亮 60 s,同时,东西向绿灯（EW_GREEN）点亮 55 s,然后东西向绿灯闪烁 3 s,接着东西向黄灯（EW_YELLOW）点亮 2 s；（2）自动切换到东西向红灯（EW_RED）点亮 50 s,同时南北向绿灯（NS_GRENN）点亮 45 s,南北向绿灯闪烁 3 s,南北向黄灯点亮 2 s。

按控制功能要求,编制的顺序功能图如图 6.2.7 所示。S0 是初始步,无任何动作,等待输入信号 START,开始信号灯的自动控制。步 S1～S8 的动作均设置为限时型,即在设置的时间完成后，该步消失，演进到下一步。东西和南北向，是并列分支，并列分支的合并（结束）转换条件由红灯的点亮时间决定。

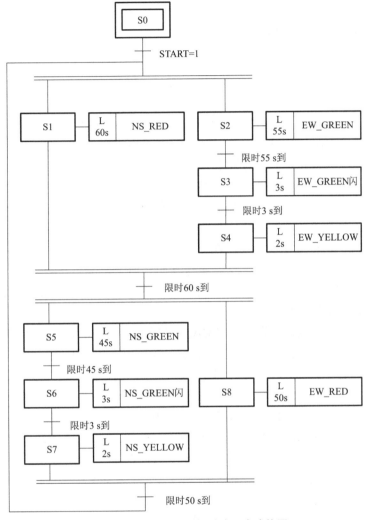

图 6.2.7　交通信号控制系统顺序功能图

顺序功能图既是一种对控制系统控制功能的描述方法，也是一种自顶向下的程序设计方法。在 IEC61131-3 中，SFC 是在可编程序控制器（PLC）程序设计语言的公共元素部分定义的，在第 7 章可编程序控制器中，将介绍如何用 SFC 的思想设计 PLC 程序。在本章，读者应先熟悉如何用 SFC 描述控制系统的控制功能。

6.3　控制线路的基本环节和典型控制线路

继电接触器控制线路常常用来控制三相异步电动机以拖动各类机械负载按不同的工艺要求运行，尽管电气控制线路各有不同，但它们都是由一些最基本的控制环节按一定规律组合而成的，掌握了这些基本环节会有助于对各种控制线路的分析与设计。

继电接触器控制线路，从本质来说是一种数字逻辑运算，故可以采用所学的数字电路的原理来分析和设计。针对继电接触控制的特殊性，控制功能的分析和描述采用顺序功能图更为简便、直观。

6.3.1 电动机的点动和长动控制

1. 电动机的点动控制

点动是指电动机在很短时间内的断续工作状态，通常是切削机床上作试车调整，如铣床对刀。

图 6.3.1 所示为三相异步电动机的点动控制线路，由开关 QA_1、交流接触器 QA、起动按钮 SF、熔断器 FA 及电动机 MA 组成。控制线路分为主电路和控制电路两部分。

我们知道接触器的线圈与触点是一个整体，但为了便于分析和设计控制电路，常按它的作用原理来画图。即将接触器的主触点画在电动机的主电路中，而将它的线圈画在控制电路中，机械结构则不画在控制线路中。并将同一电器的各个部分都采用同一文字符号标明。而且控制线路原理图中所有电器各触点状态是在没有通电的情况下，按钮是在未按下时的位置。

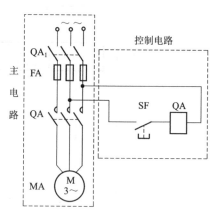

图 6.3.1 点动控制线路

点动控制线路的工作过程：先合开关 QA_1 接通电源，为电动机工作做好准备。当按下起动按钮 SF 时，交流接触器线圈 QA 通电，动铁芯被吸合，主电路中的三个常开触点闭合，三相电源加到电动机定子绕组上，电动机 MA 转动。当松开按钮 SF 时，QA 线圈电路被切断，在复位弹簧作用下，铁芯的触点恢复原位，电动机被切断电源而停转。在电路中熔断器 FA 实现短路保护，交流接触器具有零压和欠压保护作用。

从前述分析可见，接触器 QA 线圈得失电的状态，反映了电动机的工作状态，是系统的输出。按钮 SF 对应操作者的指令或动作，是系统的输入信号。设按钮 SF 按下为逻辑 1，按钮未按下为逻辑 0；接触器 QA 线圈得电为逻辑 1，反之为逻辑 0。则接触器线圈的状态与按钮 SF 的逻辑关系可表示为

$$QA=SF$$

同样的，可编制控制线路的顺序功能图如图 6.3.2 所示。步 S0 是初始步，此时线圈 QA 不得电，电动机 MA 处于停止状态。在步 S0 按下按钮 SF，则由步 S0 演进到步 S1。在步 S1，线圈 QA 得电，电动机 MA 运行。在步 S1 电动机运行中，松开按钮 SF，则由步 S1 演进回初始步 S0。这里显然与步对应的动作是非存储型的，即步消逝，对应步的动作停止。

2. 长动控制线路

长动是指三相异步电动机长期运行的工作状态，即在按下起动按钮 SF_1 电动机起动后，即使起动按钮复位，接触器线圈仍能长期得电。为实现这一目的，在起动按钮两端并联一个交流接触器的常开触点，称自锁环节，控制线路如图 6.3.3 所示。为使三相异步电动机停转，在控制电路中串接一个常闭停止按钮 SF_2。由于电动机工作在长期运行状态，在线路中接入热继电器 BB，起过载保护作用。将热继电器的发热元件 BB 串接在主电路中，将其常闭触点 BB 串接在控制电路中。工作过程如下：

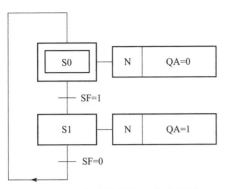

图 6.3.2 点动控制的顺序功能图

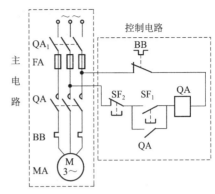

图 6.3.3 长动控制线路

闭合 QA_1 → 按 SF_1 → QA 线圈得电 → QA 常开主触点闭合 → 电动机 MA 运转。
　　　　　　　　　　　└→ QA 常开辅助触点闭合 → 自锁。

按 SF_2 → QA 线圈失电 → 各触点全部复位 → 电动机 MA 停转。

若电路发生过载,热继电器 BB 的发热元件经一段时间后,其常闭触点断开,使 QA 线圈断电,电动机 MA 停转。

忽略热继电器的常闭触点,长动控制线路的逻辑表达式为

$$QA = \overline{SF_2}(SF_1 + QA)$$

显然是时序逻辑电路,上式改写为

$$(QA)^{n+1} = \overline{SF_2}(SF_1 + (QA)^n) = \overline{SF_2}(SF) + \overline{SF_2}(QA)^n$$

其状态转移表如表 6.7 所示,状态转移图如图 6.3.4 所示,可见长动控制是摩尔型有限状态机,每个状态的输出即对应状态值。可见,继电接触控制系统可以用时序逻辑的方法来分析和设计。当 SF_1、SF_2 两个按钮均未按下时(均为逻辑 0),则线圈 QA 保持原来的状态;当只有 SF_2 被按下时(动作),QA=0,即线圈 QA 失电,电动机停转;当仅有 SF_1 被按下时,QA=1,线圈 QA 得电,电动机得电运行;当 SF_1、SF_2 同时被按下时,QA=0,电动机停转。回忆在数字电子技术所学的基本 RS 触发器的逻辑功能,有

$$\begin{cases} Q^{n+1} = S + \overline{R}Q^n \\ RS = 0 \end{cases}$$

表 6.7　长动控制线路的状态转移表

SF_1	SF_2	$(QA)^{n+1}$	功能
0	0	$(QA)^n$	保持
0	1	0	复位
1	0	1	置位
1	1	0	复位

可以发现,基本 RS 触发器输入 R 和 S 不能同时为逻辑 1,而长动控制线路从逻辑上取消了输入不能同时为逻辑 1 的限制,其余输入时输出均是一致的。基于此,可将长动控制线路叫做复位优先的 RS 触发器。这里起动按钮 SF_1 对应置位输入,停止按钮对应复位输入。

可编制长动控制线路的顺序功能图如图 6.3.5 所示。图中，由于流向是清楚无疑义的，故箭头未画出。同时，转换条件也省略了"按下""=1"等表达式，转换条件 SF_1 即表示按下按钮 SF_1 或者 $SF_1=1$。步 S0 为初始步，此时线圈 QA 未得电、电动机停转。步 S0 的对应动作则为复位 QA，同理步 S1 对应的动作则为置位 QA。

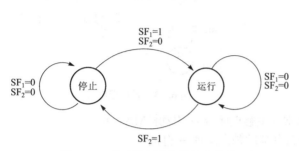

图 6.3.4 长动控制线路的状态转移图

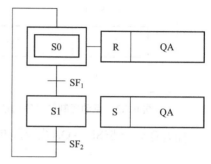

图 6.3.5 长动控制线路的顺序功能图

与控制线路的文字描述相比较，顺序功能图专注于系统输出稳定状态以及稳定状态间的转换关系，而忽略了稳定状态转换之间的细节。这与系统设计者最初从需求方获知的控制要求是一致的，因为需求方并不知道设计者会如何实现所要求的控制功能。而随着设计者对控制要求的深入掌握，顺序功能图变得越来越完善，设计出的控制系统也就越来越满足需求。因此，顺序功能图是一种非常好的自顶向下的设计语言。

3. 点动与长动控制线路

在生产实践中通常要求对电动机既能实现点动又能实现长动控制，其控制线路如图 6.3.6 所示，注意图中组合刀开关（刀开关和熔断器的组合）由自动空气断路器代替，具有比组合刀开关更多的保护功能。工作过程如下：

点动：闭合 QA_1 → 按 SF_3 → QA 线圈得电 → QA 主触点闭合 → 实现点动。虽然 QA 辅助触点闭合，但 SF_3 复合按钮的常闭触点断开不能构成 QA 线圈的自锁。松开 SF_3 → QA 线圈失电 → 各触点全部复位 → MA 停转。

长动：按 SF_1 → QA 线圈得电 → QA 主触点闭合 → MA 运转。
　　　　　└─→ QA 辅助触点闭合 → 自锁。

按 SF_2 → QA 线圈失电 → 触点复位 → MA 停转。

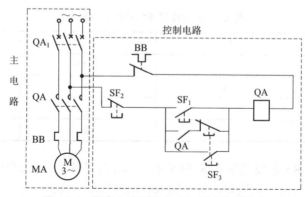

图 6.3.6 异步电动机的点动与长动控制线路

4. 电气控制系统中的线号

为了施工、检修时方便、准确，需要对连接导线进行定义，即线号。每个厂家定义线号的命名方法都有所不同，这里介绍"等电位"线号命名方法。采用线号命名导线，以正反转电路为例，说明线号的命名方法。

编制线号，如图 6.3.7 所示，按下列原则进行：

（1）线号从电源端开始，依次编号；

（2）按先主电路，后控制电路的原则，从上到下，从左到右顺序编号，且每经过一个电气元件需改变线号；

（3）电气上相同的导线使用同一线号。

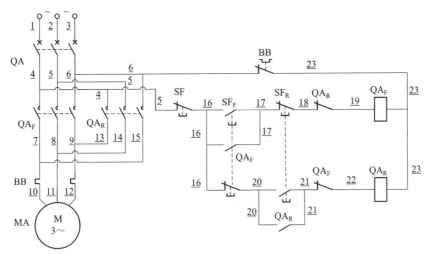

图 6.3.7　线号命名方法示例

6.3.2　正、反转控制线路

生产机械的往复运动要求对电动机实现正、反转控制，如工作台的前进与后退，车床主轴的正转与反转，起重机吊钩的上升与下降，等等。由异步电动机原理可知，改变电动机的转向就是改变三相交流电源的相序。为此，采用两个交流接触器实现这一要求：当电动机正转工作时，正转交流接触器 QA_F 工作，接入电源的相序为 A–B–C；当电动机反转工作时，反转交流接触器 QA_R 工作，接入电源的相序为 C–B–A。

为了避免出现两个交流接触器同时工作的误操作而引起的电源短路故障，对两个交流接触器的线圈要加互锁环节。电动机正–停–反控制线路如图 6.3.8 所示。正转接触器 QA_F 的一个常闭辅助触点串接在反转接触器 QA_R 的线圈电路中，反转接触器 QA_R 的一个常闭辅助触点串接在正转接触器 QA_F 的线圈电路中，这两个常闭触点称为互锁环节。这样一来，当正转接触器线圈通电时，它的常闭触点断开了反转接触器线圈电路，这时若误按了反转起动按钮，反转接触器也不会动作；反之当反转接触器线圈通电时，正转接触器也不可能动作。工作过程如下：

闭合 QA→按 SF_F→QA_F 线圈通电→QA_F 主触点闭合→MA 起动正转。
　　　　　　　　　　└→QA_F 常开辅助触点闭合→实现自锁。
　　　　　　　　　　└→QA_F 常闭辅助触点断开→实现互锁。

按 SF→QA_F 线圈断电→QA_F 触点全部复位→MA 停转。
按 SF_R→QA_R 线圈通电→QA_R 主触点闭合→MA 起动反转。
　　　　　　　　　　└→QA_R 常开辅助触点闭合→实现自锁。
　　　　　　　　　　└→QA_R 常闭辅助触点断开→实现互锁。

按 SF→QA_R 线圈断电→QA_R 触点全部复位→MA 停转。

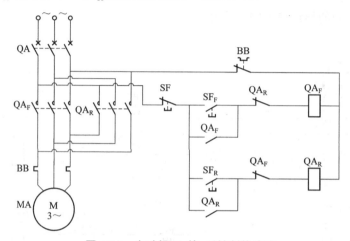

图 6.3.8　电动机正–停–反控制线路图

综合上述分析过程，可得电动机正—停—反控制的顺序功能图如图 6.3.9 所示。步 S0 是停止步，此时电动机停转，两个接触器线圈 QA_F、QA_R 均失电。在停止步 S0，若按下正转起动按钮 SF_F，则由 S0 演进到正转步 S1，此时正转接触器 QA_F 得电，反转接触器 QA_R 不能得电；若在停止步 S0，按下反转起动按钮，则由 S0 演进到反转步 S2，此时正转接触器 QA_F 不能得电，而反转接触器 QA_R 得电。无论在步 S1 或 S2，只要按下停止按钮，则回到初始步 S0，电动机停转，接触器 QA_F、QA_R 均失电。

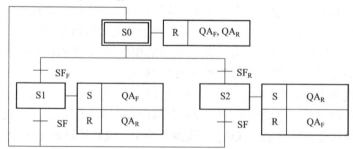

图 6.3.9　电动机正–停–反顺序功能图

图 6.3.8 中自动空气断路器 QA 已具有短路、过载、零压和欠压保护功能。由以上分析可知，若要实现电动机由正转到反转的转换，必须先经过停车，然后重新起动。若在原电路中将正转起动按钮、反转起动按钮改用复合按钮，就可实现由正转直接改为反转或反转直接改为正转，控制线路如图 6.3.10 所示。该控制线路的顺序功能图请读者自行画出。

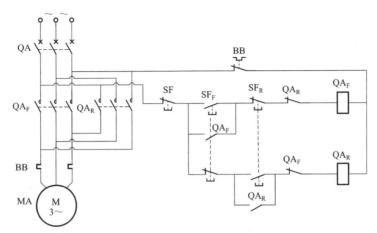

图 6.3.10　三相异步电动机强制正反转控制线路

6.3.3　行程控制

有些生产机械要求其工作台能在一段距离内自动往复循环运动,以实现对工件进行连续加工。这种控制通常是利用行程开关实现的,也就是用行程开关自动实现电动机的正反转控制,从而使工作台不断地自动往返运动。工作台自动往返控制示意图如图 6.3.11 所示。

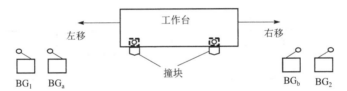

图 6.3.11　工作台自动往返控制示意图

设工作台左移为电动机正转,工作台右移为电动机反转。行程开关 BG_a、BG_b 控制工作台左移和右移,即控制电动机正转和反转。行程开关 BG_1、BG_2 是防止 BG_a、BG_b 失控时进行保护的开关,又称限位保护开关。工作台上装有撞块,当撞块压下行程开关时,行程开关的触点状态改变,从而控制电动机的正转和反转。行程开关控制的正反转控制电路(主电路与正反转控制线路的主电路同,故略)如图 6.3.12 所示,工作过程如下:

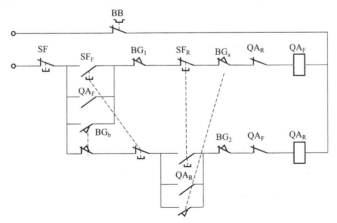

图 6.3.12　行程开关控制的正反转控制电路

按 $SF_F \rightarrow QA_F$ 线圈通电→电动机正转（工作台左移）→行至工作台撞块压下行程开关 $BG_a \rightarrow BG_a$ 的常闭触点断开→QA_F 线圈断电→QA_F 接触器复位，电动机停止正转。
　└→ BG_a 的常开触点闭合（BG_a 触点先断后合）→QA_R 线圈通电→电动机反转（工作台右移）。
小车行至工作台撞块压下行程开关 $BG_b \rightarrow BG_b$ 的常开触点断开→QA_R 线圈断电→QA_R 接触器复位→电动机停止反转。
　　　　　　　　　　　　└→BG_b 常闭触点闭合→使电动机再次正转→如此往复。
按下停车按钮 $SF \rightarrow QA_F$（或 QA_R）断电→电动机停止正转（或反转），工作台停止移动。

行程开关控制的正反转控制电路的顺序功能图如图 6.3.13 所示。其中 S0 仍然是初始停止步，步 S1 表示工作台左移，步 S2 表示工作台右移。从 S0 演进到 S1 或 S2，是一选择分支：当按下 SF_F 时，进入左移步 S1，此时线圈 QA_F 得电而线圈 QA_R 不能得电；当按下 SF_R 时，则选择进入右移步 S2，此时线圈 QA_F 失电而线圈 QA_R 得电。在步 S1，工作台向左运动，当碰撞到行程开关 BG_a 或按下按钮 SF_R 时，则进入右移步 S2；或当在左移过程中按下停止按钮 SF 或 BG_a 失效工作台碰撞到保护位置 BG_1 时，则工作台立即停止。

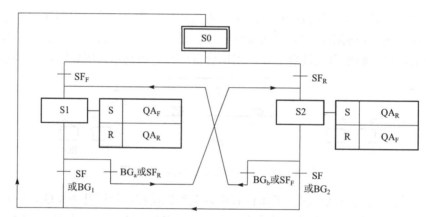

图 6.3.13　行程开关控制的正反转控制电路的顺序功能图

6.3.4　顺序控制

有些生产机械要求几台异步电动机按一定先后次序进行工作，如机床主轴电动机开动之前，要求提供润滑油的电动机先起动运转。实现先后次序工作过程的控制称为顺序控制。控制线路如图 6.3.14 所示，在主电路中 MA_1 先起动，MA_2 后起动，控制 MA_1 运转的接触器为 QA_1，控制 MA_2 运转的接触器为 QA_2。并利用 QA_1 的常开触点来控制 QA_2 的线圈通电。工作过程如下：

闭合 QA→按 $SF_1 \rightarrow QA_1$ 线圈通电→QA_1 主触点闭合→MA_1 起动、运转。
　　　　　　　└→QA_1 的一个辅助触点闭合实现自锁，另一个辅助触点闭合，给
　　　　　　　　QA_2 线圈支路提供通电条件，又称顺序控制环节。
此时再按 $SF_2 \rightarrow QA_2$ 线圈通电→QA_2 主触点闭合→MA_2 起动、运转。
　　　　　　　└→QA_2 辅助触点闭合→实现自锁。
按 $SF \rightarrow QA_1$、QA_2 线圈同时断电→主、辅助触点全部复位→电动机 MA_1、MA_2 停转。

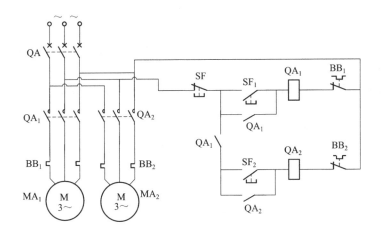

图 6.3.14 顺序控制线路

该顺序控制线路的顺序功能图如图 6.3.15 所示。S0 是初始步，此时所有电动机停转，所有接触器线圈不得电。在初始步 S0，按下起动按钮 SF_1 时，则由初始步 S0 演进到电动机 MA_1 单独运行步 S1，此时接触器 QA_1 线圈得电。在步 S1 时按下起动按钮 SF_2，则进入两台电动机均运行步 S2，此时接触器 QA_2 线圈得电。注意这里动作的标识符是 S（置位），因此 QA_1 始终得电。在步 S1 或 S2，按下停止按钮时，则返回到初始步，所有电动机停止运行，所有线圈失电。

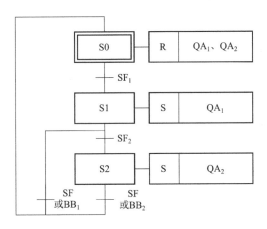

图 6.3.15 顺序控制线路的顺序功能图

6.3.5 时间控制

采用时间继电器进行延时控制称为时间控制。如电动机的顺序控制需自动进行，电动机 Y–△换接起动等，都需要用时间继电器来控制。

1. 用时间继电器实现的顺序控制

图 6.3.16 所示为利用时间继电器 KF 实现两台电动机顺序控制电路，主电路与图 6.3.14 中的主电路同，故略。其工作过程为：

按 SF_1→QA_1 线圈通电→QA_1 主触点闭合→MA_1 运转。
　　　　└→QA_1 的常开辅助触点闭合→实现自锁。
└→KF 线圈通电→KF 延时闭合触点经过一段时间延时后闭合→QA_2 线圈通电→QA_2 主触点闭合→MA_2 运转。

按 SF_2→QA_1、QA_2、KF 线圈全部断电，触点复位→MA_1、MA_2 停转。

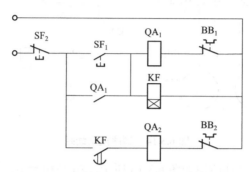

图 6.3.16　用时间继电器实现的顺序控制电路

2. Y-△ 起动控制线路

额定运行为 △ 形接法且容量较大的电动机可以采用 Y-△ 降压起动。电动机起动时定子绕组按 Y 形连接，待转速升高到一定值时，改为 △ 形连接，Y-△ 换接可通过时间继电器实现。Y-△ 起动控制线路如图 6.3.17 所示。

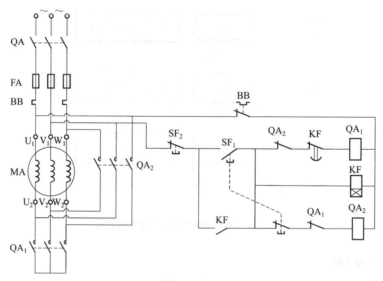

图 6.3.17　Y-△ 起动控制线路 1

在主电路中，接触器 QA_1 主触点实现电动机的 Y 形连接，接触器 QA_2 主触点实现电动机的 △ 形连接，时间继电器 KF 实现 Y-△ 转换。因 QA_1 与 QA_2 的主触点不能同时闭合，否则电源将被短路，所以在控制电路中 QA_1 与 QA_2 的两个线圈要有互锁环节。工作过程如下：

按 SF_1→QA_1 线圈通电→QA_1 主触点闭合电动机实现Y形连接起动。
    ↳ QA_1 常闭辅助触点断开，实现互锁。
  → KF 线圈通电→KF 瞬时动作触点闭合，实现自锁。
    ↳ KF 常闭延时动作触点经延时后打开→QA_1 线圈断电→QA_1 主触点断开Y形连接。
      ↳ QA_1 常闭触点复位→QA_2 线圈通电→QA_2 主触点闭合→电动机实现△形连接，正常运转。

按 SF_2→QA_2 线圈及 KF 线圈断电→全部触点复位→电动机停转。

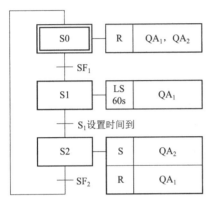

图 6.3.18 Y－△起动控制线路 1 顺序功能图

图 6.3.17 的顺序功能图如图 6.3.18 所示。在初始步 S0，所有接触器线圈均不得电。在初始步 S0 按下起动按钮，则进入Y形起动步 S1，图中限时时间为 60 s。限时时间到后，则进入△形运行步 S2，此时接触器 QA_1 线圈失电，QA_2 线圈得电。

为了防止当接触器 QA_1 的主触点尚未断开（如经常使用的接触器，可能造成触点粘连）而接触器 QA_2 主触点已吸合造成的电源短路故障，常采用如图 6.3.19 所示的控制线路。这种控制线路通过接触器 QA_3 使Y-△换接过程中断开电源，Y-△换接完成后才能再次接通电源。

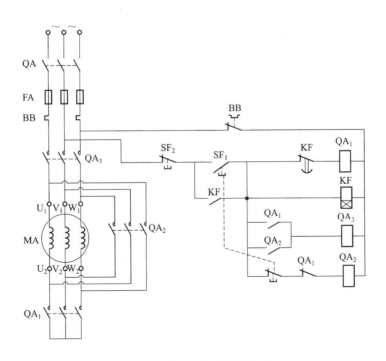

图 6.3.19 Y－△起动控制线路 2

工作过程如下：

按 SF_1→QA_1 线圈通电→QA_1 主触点闭合→电动机实现Y接。
    →QA_1 常开辅助触点闭合→QA_3 线圈通电，接通电源，电动机在Y接下运转。
    →QA_1 常闭辅助触点断开→QA_2 线圈通路。

SF_1 按下的同时 KF 线圈通电→KF 瞬时触点闭合，实现自锁。

KF 延时动作触点经延时后打开→QA_1 线圈断电→ QA_1 主触点断开Y接。
     →QA_1 常开辅助触点复位→QA_3 线圈断电→断开电源。
     →QA_1 常闭辅助触点复位→QA_2 线圈通电→QA_2 主触点闭合实现△接。

QA_2 常开辅助触点闭合→QA_3 线圈通电→再次接通电源，电动机在△接下继续运转。

按 SF_2→QA_2、QA_3、KF 线圈全部断电→各触点复位，电动机停转。

6.4 实际机床控制线路举例

在对各种控制线路进行分析时，应首先从电动机着手，先看主电路有哪些控制元件的触点以及保护是如何连接的，从而大致判断出电气线路所要完成的功能。接下来分析控制电路，对控制电路的分析通常是由上往下，由左向右。设想按动操作按钮，然后观察有哪些电气元件动作，哪些触点的状态发生变化，进而影响到哪些执行元件动作等。下面结合图 6.4.1 所示的主电路与图 6.4.2 所示的控制电路进行分析。

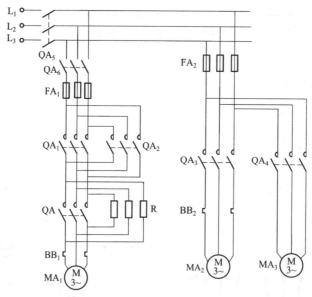

图 6.4.1 车床电气原理图的主电路

1. 主电路分析

主电路共有三台电动机：主轴电动机 MA_1、冷却泵电动机 MA_2 和快速移动电动机 MA_3。交流接触器 QA_1 和 QA_2 实现主轴电动机的正转和反转，交流接触器 QA 的主触点用于短路限流电阻 R（用于点动）。主轴电动机有短路和过载保护。冷却泵电动机 MA_2 由 QA_3 实现单方向运转，有过载和短路保护。快速移动电动机 MA_3 由 QA_4 实现单方向运转，只有短路保护，因为它完成刀架的快速移动,属于短时工作,所以没有过载保护。

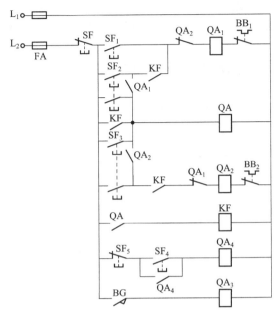

图 6.4.2 车床电气原理图的控制电路

2. 控制电路分析

1) 主轴电动机的点动控制

调整车床时要求点动控制 MA_1,工作过程如下:

按 SF_1→QA_1 线圈通电→主轴电动机 MA_1 经 R 限流接至电源→电动机 MA_1 在低速下转动。

松开 SF_1→QA_1 线圈断电→电动机 MA_1 停止。

在点动过程中,中间继电器 KF 及接触器 QA 不动作。

2) 主轴电动机的正、反转控制

(1) 主轴电动机的正转:

接 SF_2→QA 线圈通电→QA 主触点将电阻 R 短接。
　　　　→QA 辅助常开触点闭合→KF 线圈通电→KF 常开触点闭合,并同 SF_2 触点
　　　一起使 QA_1 线圈通电→QA_1 主触点闭合→主轴电动机 MA_1 正向起动运转。
　　　　　　→QA_1 辅助常开触点闭合,和 KF 触点串联构成了 QA_1 自锁。
　　　　　　→QA_1 辅助常闭触点构成与 QA_2 的互锁。

(2) 主轴电动机的反转:

按 SF_3→QA 线圈通电(作用同正转)→KF 通电→QA_2 线圈通电→电动机反转。KF 与 QA_2 的常开触点构成 QA_2 自锁。QA_2 常闭触点构成与 QA_1 的互锁。

停车:按下 SF→QA 线圈、QA_1(或 QA_2)线圈,KF 线圈断电→主轴电动机 MA_1 停转。

3) 刀架快速移动控制

刀架快速移动是由刀架快速移动电动机 MA_3 来驱动的,通过转动刀架手柄压下位置开关 BG,使接触器 QA_3 通电,电动机 MA_3 起动快速运行。

4）冷却泵控制

冷却泵由冷却泵电动机 MA_2 来驱动，当按下 SF_4 时，接触器 QA_4 线圈通电，并自锁，电动机 MA_2 起动，提供冷却液。按下 SF_5，QA_4 线圈断电，电动机 MA_2 停转。

6.5 继电器控制线路的一般设计原则

为了使电气控制系统满足生产机械加工工艺的要求，并使线路安全可靠、操作和维护方便、设备投资及其运行经济，必须正确合理地设计控制线路。控制线路设计的一般原则如下：

（1）在满足对生产对象要求的前提下，控制线路应力求简单，尽量减少连接导线和所用控制电器的数量、触点的数量及被控电器在接通时所经过的触点的数量，这样可减少线路出现故障的机会。

（2）尽量选择典型环节和典型的控制线路，根据各部分的联锁条件将其组合起来，综合而成满足控制要求的完整控制线路。

（3）正确连接接触器的线圈，在电路中不能将两个线圈串联，若要两个电器同时动作其线圈应该并联连接。

（4）接通电源后，不按操作按钮电器不应该有动作。

（5）通常触点在左，线圈在右。

（6）在控制线路设计中，要有一定的安全保护措施，如短路保护、过载保护、欠压保护、限位保护等。

通常控制线路的设计方法有两种，即经验设计法和逻辑设计法。

经验设计法是根据生产工艺要求，利用各种典型的线路环节，直接设计控制线路。这种设计方法比较简单，但要求设计者必须熟悉和掌握多种典型线路，在设计过程中还要经过多次反复修改，才能符合设计要求。

逻辑设计法是根据生产工艺要求，利用逻辑代数来分析设计线路，用这种方法设计的线路比较合理，但这种设计方法难度大，不易掌握。本节主要采用经验设计法。

（1）设计举例 1：生产工艺要求电动机 MA_1 先起动，起动后，电动机 MA_2 才可以起动，MA_2 起动后经过一段延时，MA_1 自动停车，且 MA_1 单向运转，MA_2 能实现正反转，要有短路及过载保护。

设计步骤：

① 设计主电路。根据工艺要求可知，实现电动机 MA_2 的正、反转需要两个交流接触器 QA_2、QA_3；实现电动机 MA_1 的单向运转需要一个交流接触器 QA_1。

② 设计控制电路。三个交流接触器线圈要三个起动按钮，SF_1 用于接通 QA_1 线圈（即起动 MA_1），SF_2 用于接通 QA_2 线圈（即起动 MA_2 正转），SF_3 用于接通 QA_3 线圈（即起动 MA_3 反转）。用 QA_1 的一个常开触点实现 MA_1 与 MA_2（MA_3）的顺序控制，且 QA_2 与 QA_3 线圈之间要有互锁，QA_1 与 QA_2、QA_3 线圈要有自锁。需一个通电延时时间继电器，用它的通电延时断开触点，实现 MA_2 起动后，经过一段时间 MA_1 停车的自动控制，并由 KF 的瞬时动作触点构成自锁。停车按钮为 SF。设计的控制线路如图 6.5.1 所示。

（2）设计举例 2：有三台电动机 MA_1、MA_2、MA_3。按起动按钮后，电动机 MA_1 先起动，延时一段时间后电动机 MA_2 自行起动，MA_2 起动后经过一段延时，MA_3 自行起动。按停止按钮后，MA_3 立即停车，一段时间后 MA_2 自行停车，MA_2 停车一段时间后 MA_1 自行停车。

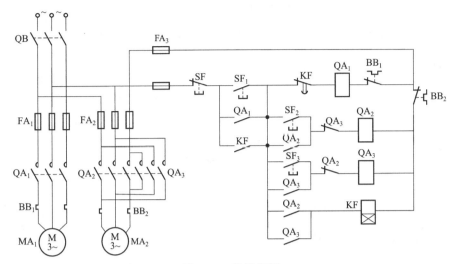

图 6.5.1 设计示例

按要求设计电路，如图 6.5.2 所示。每台电动机都设有短路、过载保护。电动机的顺序延时自动起动可用通电延时时间继电器实现，而顺序自动停车则可用断电延时时间继电器完成。为了记忆起动、停止状态，使用中间继电器来暂存这些信息。

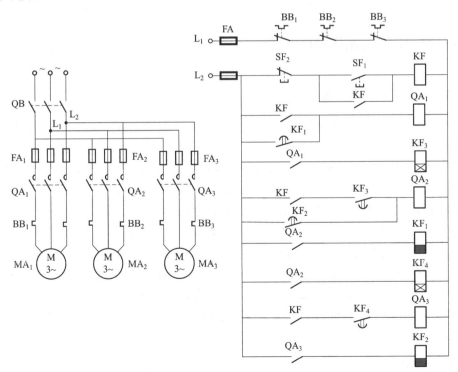

图 6.5.2 三台电动机顺序起动停止电路

其动作顺序如下：

按下起动按钮SF_1 → 中间继电器KF线圈得电 → KF常开触点闭合 → 接触器QA_1线圈得电

→ QA_1主触点闭合，电动机MA_1起动运行。

→ QA_1辅助触点闭合 → 通电延时时间继电器KF_3线圈得电 → 延时时间到，SF_3延时闭合触点闭合，QA_2线圈得电

→ QA_2主触点闭合，电动机MA_2延时起动运行。

→ QA_2辅助触点闭合 → 通电延时时间继电器KF_4线圈得电 → 延时时间到，SF_4延时闭合触点闭合，QA_3线圈得电

→ QA_3主触点闭合，电动机MA_3延时起动运行。

断电延时时间继电器KF_1线圈得电，断电延时触点闭合，锁住线圈QA_1。

QA_2辅助触点闭合。

断电延时时间继电器KF_1线圈得电，断电延时触点闭合，锁住线圈QA_2。

按下停止按钮SF_2 → 中间继电器KF线圈失电 → KF触点恢复断开 → 接触器QA_3线圈失电

→ QA_3主触点断开，电动机MA_3立即停车。

→ QA_3辅助触点断开 → 断电延时时间继电器KF_2线圈失电 → 延时时间到，SF_2延时断开。触点断开，QA_2线圈失电

→ QA_2主触点断开，电动机MA_2延时停车。

→ QA_2辅助触点断开 → 断电延时时间继电器KF_1线圈失电 → 延时时间到，SF_1延时断开。触点断开，QA_1线圈失电

→ QA_1主触点断开，电动机MA_1延时停车。

6.6 常用电气元件的选择

6.6.1 交流接触器的选择

选择接触器时要考虑的主要性能指标是额定电流（主触头的额定电流）、线圈的额定电压、触点的个数等。

常用的额定电流等级为 5 A、10 A、20 A、40 A、75 A 或更高，额定电流应根据电动机的功率及使用情况来选择，一般情况下额定电流应大于或等于负载的额定电流。

线圈的额定电压应等于控制电路的电源电压，其电压等级为交流 220 V、380 V 和 660 V，直流 24 V、36 V 和 48 V 等。

触点数目应根据控制线路的要求而定，交流接触器通常有三对常开主触点和 1～6 对辅助触点。在选用接触器时首先根据电路中负载电流的类型选择，如果是交流负载则选择交流接触器，如果是直流负载则选择直流接触器；其次选择接触器主触点的额定电压应大于或等于负载的额定电压；再次选择接触器主触点的额定电流应不小于负载的额定电流；最后根据控制电路要求确定线圈工作电压和辅助触点的数量。

6.6.2 继电器的选择

1. 中间继电器

选择中间继电器时主要考虑触点的数量、线圈的电压、触点的电流，使其满足控制电路

的要求。

2. 时间继电器

选择时间继电器时主要考虑延时方式（断电延时或通电延时）、延时范围、延时精度及触点的形式和数量。在要求不是很高的场合下，可采用价格较低的空气阻尼式时间继电器，若对延时精度要求较高可选用电子式时间继电器。

3. 热继电器

热继电器的主要技术指标是整定电流。整定电流的整定值为电动机额定工作电流的 0.95～1.05 倍，若超过此整定值的 20%，热继电器应在 20 min 内动作。对于 JR10-10 型热继电器，整定电流为 0.25～10 A。

6.6.3 熔断器的选择

熔断器的选择主要考虑其类型和熔丝额定电流。

熔断器类型要根据负载保护特性和短路电流大小来选择，如电动机过载保护宜选用锌质熔体和铅锡合金的熔断器。

熔丝额定电流的选择原则如下：

（1）对于照明等电路可直接按负载的额定电流选取。

（2）对于单台长期工作电动机：熔丝额定电流≥（1.5～2.5）倍电动机的额定电流。

（3）对于多台电动机：熔丝额定电流≥（1.5～2.5）倍容量最大的电动机额定电流＋其余电动机的额定电流之和。

习　题

6.1　自动空气断路器能起什么保护作用？

6.2　交流接触器的铁芯为什么用硅钢片叠成？为什么要在铁芯端面装有短路环？

6.3　交流接触器发生下列问题时，如何检查并清除故障：

（1）线圈有异响；（2）线圈不能得电；（3）线圈过热；（4）线圈得电而触点不能吸合；（5）触点寿命过短。

6.4　中间继电器与交流接触器有什么不同？

6.5　热继电器与熔断器各起什么保护作用？它们根据什么原理区分故障电流而不产生误动作的？

6.6　对三相电动机进行过载保护的热继电器，其中一个发热元件损坏而需替换修复，为什么不推荐仅换已坏发热元件而需替换整个热继电器？

6.7　列出热继电器发出保护动作后，重启电动机前需检查哪些关键环节。

6.8　以图 6.3.3 为例，在相关网站搜索中国国家标准，确定如何选择适用下列使用场景的控制箱外壳：（1）油漆喷射枪；（2）锅炉房；（3）谷物饲料厂；（4）工厂里的车床。

6.9　行程开关是靠什么实现其触点的通与断的？

6.10　自锁环节是如何组成的？它在控制线路中起什么作用？

6.11　互锁环节是如何组成的？它在控制线路中起什么作用？

6.12　分析题图 6.1 所示电路，哪种电路能实现电动机正常连续运行和停止？为什么？

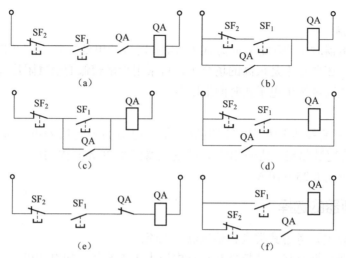

题图 6.1　习题 6.12 图

6.13　题图 6.2 是实现电动机正反转的控制电路，请指出存在的错误，并改正之。

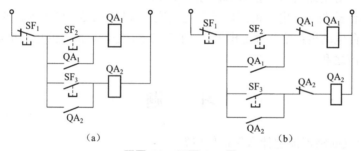

题图 6.2　习题 6.13 图

6.14　试分析题图 6.3 所示控制线路的动作过程，并指出控制电路所能实现的控制功能。

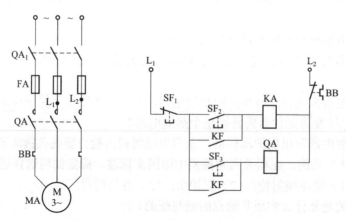

题图 6.3　习题 6.14 图

6.15　试指出题图 6.4 所示的控制线路所能实现的控制功能。

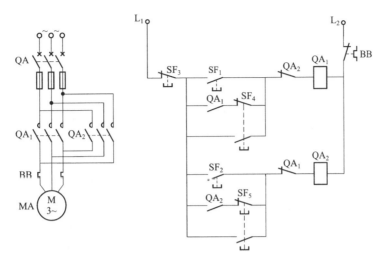

题图 6.4　习题 6.15 图

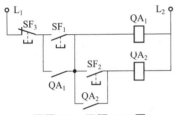

题图 6.5　习题 6.16 图

6.16　分析题图 6.5 所示控制电路的动作过程，并指出具有什么典型环节。

6.17　有两台三相异步电动机 MA_1 和 MA_2，要求：(1) 每台电动机都能正转；(2) 各自有短路、过载保护；(3) 第一台电动机工作时，第二台电动机不能工作，反之亦然。(1) 画出满足控制要求的顺序功能图；(2) 试设计实现上述要求的控制电路和主电路。

6.18　有两台三相异步电动机 MA_1 和 MA_2，要求：(1) 必须首先起动 MA_1，然后才可以起动 MA_2；(2) MA_2 先停车后，MA_1 才能停车。(1) 画出满足控制要求的顺序功能图；(2) 画出 MA_1 和 MA_2 的主电路和控制电路。

6.19　试分析题图 6.6 所示控制线路，画出顺序功能图，指出电动机 MA_1 和 MA_2 动作规律。

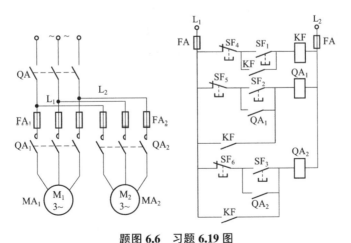

题图 6.6　习题 6.19 图

6.20　画出题图 6.7 所示控制线路的顺序功能图，指出图中 QA_1、QA_2、QA_3、KF 在电路中的作用，该线路实现的是什么控制？

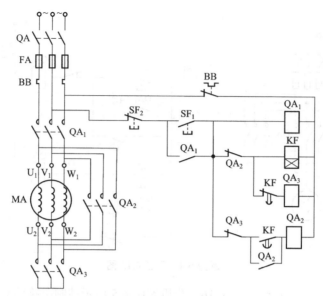

题图 6.7 习题 6.20 图

6.21 有两台电动机 MA_1 和 MA_2，要求（1）MA_1 先起动，经过延时 30 s 后，MA_2 能自行起动；（2）MA_2 起动后，MA_1 立即停车。（1）画出满足控制要求的顺序功能图；（2）设计完成上述要求的主电路和控制电路，并具有过载和短路保护。

6.22 设计满足下述要求的两台电动机 MA_1 和 MA_2 的控制电路。

（1）MA_1 先起动后，按起动按钮，MA_2 才能起动。

（2）MA_2 起动后经过延时 20 s，MA_1 自动停车。

6.23 设计一个运料小车控制电路，要求如下：按起动按钮后，运料小车从起始点出发，向目的方向前进，到达地点后自动停车（用行程开关实现），停车 2 min 后自动返回起始位置，并停车。

6.24 画出图 6.3.19 所示控制电路的顺序功能图。

6.25 画出图 6.4.2 所示控制电路的顺序功能图。

6.26 画出图 6.5.1 所示控制电路的顺序功能图。

6.27 画出图 6.5.2 所示控制电路的顺序功能图。

第 7 章
可编程序控制器的原理及应用

可编程序控制器（Programmable Controller），又称为可编程序逻辑控制器（Programmable Logic Controller），现简称为 PLC，是专为工业自动控制而设计的一种数字运算操作的电子装置。它采用可以编制程序的存储器，在其内部存储执行逻辑控制、顺序控制、定时、计数和算术运算等操作的指令，并能通过数字或模拟的输入和输出，控制各种类型的机械或生产过程。PLC 具有运行稳定、可靠性高、抗干扰能力强，设计、使用和维护方便等特点，在各种工业控制过程中得到了非常广泛的应用。本章以西门子的 SIMATIC S7-1200 小型机为主介绍可编程序控制器的基本结构、基本指令、编程方法及其应用。

学习本章后，应能：

（1）掌握 PLC 控制系统的硬件结构和硬件的基本配置方法；
（2）掌握 SIMIENS PLC S7-1200 的基本指令集；
（3）掌握梯形图编程方法，并能根据指定任务设计 PLC 控制系统；
（4）掌握顺序功能图编程方法，并能根据指定任务设计 PLC 控制系统。

7.1 概述

在过去，继电接触器控制系统具有结构简单、设计方法容易掌握、价格便宜等优点而获得了广泛的应用。但是由于继电接触器控制系统使用的是机械触点，因而在频繁使用过程中会影响系统的可靠性。特别是需要改变生产过程，继电接触器控制系统就需重新设计、布线和安装，从而增加了重新设计控制系统的时间和成本。1968 年，美国通用汽车公司（General Motors，GM）为了适应汽车制造业的激烈竞争，提出对新的汽车生产流水线控制系统的技术要求并进行技术招标。GM 对新控制系统的技术要求归纳起来有：

（1）编程方便，可现场修改程序；
（2）维修方便，采用插件式结构；
（3）可靠性高于继电接触控制装置；
（4）体积小于继电器控制柜；
（5）数据可直接送入管理计算机；
（6）扩展时原系统改变小；
（7）成本可与继电控制系统竞争等。

莫利（Richard E. Morley）所在的公司 Bedford Associates 赢得这一合同。随后莫利创建

莫迪康（后被施耐德 Schneider 收购），于 1969 年开始销售第一台可靠的可编程序控制器产品，引起了工业界和控制界的广泛关注。莫利后来与通用电气（General Electronics）合作于 1977 年研制出了符合 GM 要求的"编程方便、维护便利、可靠性高、体积小、易于扩展"的可编程序控制器，并在 GM 汽车生产线上获得成功，这标志着一种新型工业控制装置的问世。它不仅具有逻辑控制的功能，而且具有定时、计数等功能，当控制对象或生产工艺流程需要改变时，仅通过改变程序即可做到，而不必重新设计和安装硬件控制系统，或者仅进行少量的硬件系统改造。

PLC 比较公认的定义是："可编程序控制器是一种数字运算操作的电子系统，专为工业环境而设计。它采用了可编程序的存储器，用来在其内部存储逻辑运算、顺序控制、定时、计数和算术运算等操作的指令，并通过数字式或模拟式的输入和输出，控制各种类型机械的生产过程；而有关的外围设备，都应按易于与工业系统连成一个整体，易于扩充其功能的原则设计。"该定义说明了 PLC 的三个重要概念：① PLC 是什么？② PLC 具备什么功能（能干什么）？③ PLC 及其控制系统的设计原则。也就是说，PLC 是"数字运算操作的电子系统"，即一种计算机，是一种"专为在工业环境而设计"的工业计算机。PLC 编程方便，能完成逻辑运算、顺序控制、定时、计数和算术运算等操作，具有"数字式或模拟式的输入和输出"，易于与工业系统连成一个整体，易于扩充。

近年来，随着技术的发展和市场需求的增加，PLC 的结构和功能正在不断改进和完善。现代可编程序控制器总的发展趋势是高集成度、小体积、大容量、高速度、易使用、高性能、信息化、标准化、与工业现场总线紧密结合等。

（1）发展微小型 PLC，使其体积更小、速度更快、功能更强、价格更低、配置更加灵活，其组成由整体结构向小型模块化结构发展，增加了配置的灵活性。

（2）发展大型 PLC，使其具有大型网络化、高可靠、多功能、高速度、大容量、信息化、兼容性好等特性。网络化和强化通信能力是 PLC 发展的一个重要方面。

（3）发展智能化 I/O 模块。即开发本身带 CPU 的 I/O 模块，以减少占用主 CPU 的计算时间，提高整个 PLC 系统的性能。

（4）提高开放性和标准化水平。由于各个 PLC 制造商的产品没有统一标准，PLC 产品存在一定的差异性，影响了用户的使用，使得程序的重复使用和可移植性变差。有鉴于此，国际标准化组织制定了 IEC61131-3 PLC 的编程语言标准。现各 PLC 制造厂家均开发出与 IEC61131-3 兼容的编程语言。也出现了独立于 PLC 硬件的纯 PLC 编程软件，如 Codesys 等，这种编程系统甚至在嵌入式系统中也可支持 PLC 编程。

可编程序控制器的功能包括：逻辑控制功能、定时/计数控制功能、顺序控制功能、数据处理功能、A/D 与 D/A 转换功能、运动控制功能、过程控制功能、扩展功能、远程控制功能、通信联网功能、监控功能等。

可编程序控制器的基本性能指标：

（1）输入/输出点数（I/O 点数）：指可编程序控制器外部输入、输出端子数。

（2）扫描速度：一般指 PLC 执行一条指令的时间，单位为 μs/步。

（3）内存容量：一般指 PLC 存储用户程序的多少。

（4）指令条数：指令条数（指令种类）的多少是衡量 PLC 软件功能强弱的主要指标。

（5）内部寄存器：内部寄存器的配置情况是衡量 PLC 硬件功能的一个指标。

(6) 高功能模块：将高功能模块与主模块搭配，可实现一些特殊功能。常用的高功能模块有：A/D 模块、D/A 模块、高速计数模块、位置控制模块、通信模块、高级语言编辑模块，等等。

可编程序控制器按控制规模分为小型机、中型机、大型机和超大型机。

(1) 小型机：I/O 点数在 128 点以下，内存容量在几 KB，具有逻辑运算、定时、计数等功能，适用于开关量控制的场合。

(2) 中型机：I/O 点数在 128～512 点，内存容量在几十 KB，除具有小型机的功能外，还增加了数据处理功能，并可配置模拟量输入、输出模块，适用于小规模综合控制系统。

(3) 大型机：I/O 点数在 512～896 点，内存容量在几百 KB。

(4) 超大型机：I/O 点数在 896 点以上，内存容量在 1 000 KB 以上。

西门子各系列 PLC 的实物如图 7.1.1 所示。

图 7.1.1　西门子各系列 PLC 实物

7.2　可编程序控制器的基本结构和工作原理

7.2.1　可编程序控制器的基本结构

可编程序控制器实质上是一种工业控制专用计算机，其组成与一般计算机基本相同。PLC 主要由中央处理器、存储器、输入单元、输出单元、电源等部分组成。对于整体式结构 PLC，所有部件都封装在同一机箱内，如图 7.2.1 所示；对于组合式结构 PLC，各功能部件分别独立封装，通过总线相互连接，安装在机架的插槽内，其组成结构框图如图 7.2.2 所示。

1. 中央处理器 CPU

和其他计算机一样，CPU 是 PLC 的运算和控制核心，由运算器、控制器和寄存器等组成，通过地址总线、数据总线和控制总线与存储器、I/O 接口电路连接。CPU 主要完成从存储器中读取指令，执行指令，处理中断和自诊断功能。

2. 存储器

存储器用来存放系统程序和用户程序。系统程序是指完成 PLC 各种控制功能的程序，由制造厂家编写，一般固化到只读存储器（ROM）中；用户程序是使用者根据所控制的生产过程和工艺要求编写的程序，由用户通过编程装置输入到读写存储器（RAM 或 FLASH ROM）中，用户程序允许修改。

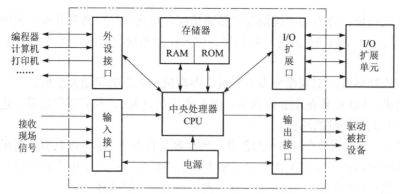

图 7.2.1 整体式 PLC 的基本结构框图

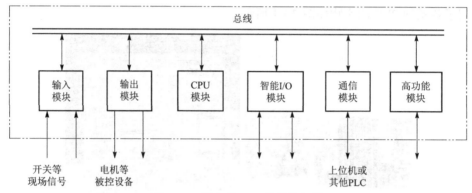

图 7.2.2 组合式 PLC 的结构框图

3. 输入/输出接口

输入/输出接口是 PLC 主机与外部设备之间的连接电路。为了提高抗干扰能力，一般输入、输出接口均有光电隔离电路。其中，输入现场信号主要指开关、按钮、行程开关等主令电器的信号。输出主要指接触器、指示灯、小功率负载等设备。

数字量输入接口的原理框图如图 7.2.3 所示，主要完成 4 个任务：敏感输入信号、转换输入信号的电平（通常是 220 V AC 或 24 V DC 转换为较低电平）、隔离输入信号、输出 PLC 内部 CPU 能接收的直流信号。

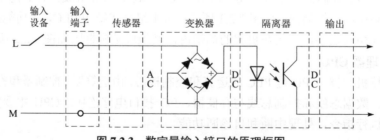

图 7.2.3 数字量输入接口的原理框图

数字量输出接口是将 PLC 内部的标准信号转换成现场执行机构所需的数字量信号，主要有三种类型，分别是继电器型、晶体管型和双向晶闸管型，如图 7.2.4 所示。需要注意的是，数字量输出接口需要外接电源。在考虑外接电源时，需参考输出接口的类型。如果是图 7.2.4（a）

所示继电器型，则可外接交流电源也可接直流电源，电压幅值要与负载额定电压匹配，通常有 220 V AC 和 24 V DC；如果是图 7.2.4（b）所示晶体管型，则外接电源通常只能是 24 V 直流电源；如果是图 7.2.4（c）所示双向晶闸管型，外接电源只能是 220 V 交流电源。

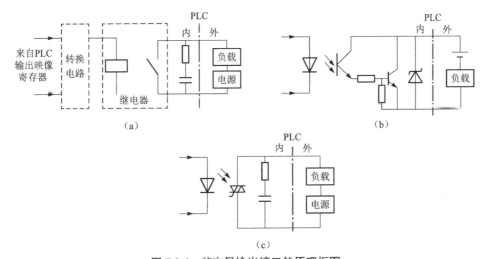

图 7.2.4　数字量输出接口的原理框图
（a）继电器型；（b）晶体管型；（c）晶闸管型

图 7.2.5 所示为西门子 S7–1214C AC/DC/继电器型主机的接线图，上部从左到右分 4 部分：

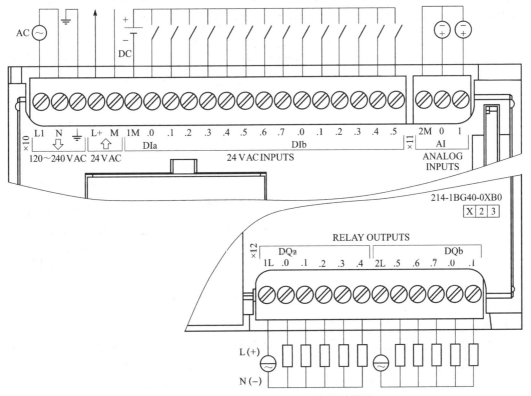

图 7.2.5　S7–1214C AC/DC/继电器接线图

（1）120～240 V 交流电源输入，接交流供电电源，其中"L1"为相线，"N"为中性线。

（2）24 V 直流输出，其中 L+为正，M 为负（公共端），可向外接传感器供电。

（3）数字量输入，其中".0"".1"等标示了该端子在输入映像寄存器里的地址，"1M"是公共端。图 7.2.5 中，可直接将 24 V DC 的"M"端与"1M"相连，"L+"与输入开关型设备的公共端相连，即 24 V DC 的 L+、M 两端子对应数字量输入中电池符号的正和负端。

（4）模拟量输入。电压源符号表示需转换的外部模拟信号。

图 7.2.5 的下部为数字量输出端子接线图，由于该型号为继电器型输出，故外接电源既可是直流也可是交流，电阻符号表示负载，可以是指示灯、接触器线圈等。每 5 个输出点分为一组，共用一个公共端。

图 7.2.6 所示为 S7–1215C DC/DC/DC 的接线图，与图 7.2.5 S7–1214C AC/DC/继电器比较有以下不同：① CPU 型号不同；② CPU 供电不同，图 7.2.5 需外接 120～240 V 交流电源，而图 7.2.6 需外接 24 V 直流电源，所以往往需选配一个直流电源模块，如 PM207；③ 输出接口类型不同，图 7.2.5 输出是继电器型，故输出接口既可外接直流电也可接交流电，而图 7.2.6 是直流电型，只能接 24 V 直流电源，额外还提供了高速脉冲输出的功能。

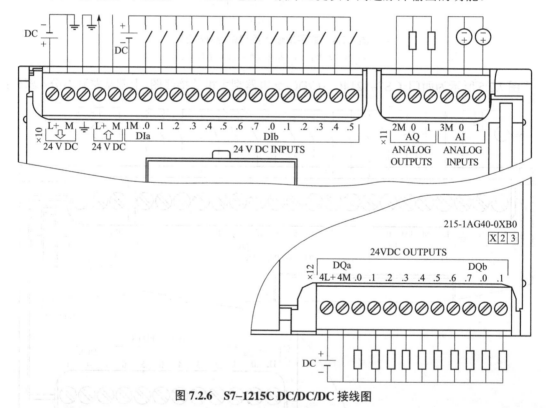

图 7.2.6　S7–1215C DC/DC/DC 接线图

4. 编程器

编程器是人–机对话的工具，用来输入、修改和调试用户程序，监视 PLC 的运行情况，调整内部寄存器的参数等。目前，许多 PLC 都可以利用一条通信电缆与计算机的串行口或以太网口相连，配以厂家提供的编程软件，进行用户程序的输入和调试、PLC 运行状态的监视、生产过程参数的监控等。

5. 其他接口电路

为了扩展 PLC 的功能，除 I/O 接口外，PLC 还配置了其他一些接口，主要有：用于扩展接口模块、智能 I/O 接口（如位置闭环控制模块、PID 调节器的闭环控制模块、高速计数器模块等）、通信接口、A/D 接口、D/A 接口等。

7.2.2 可编程序控制器的工作原理

任何一个继电接触器控制系统从功能上都可以分为三个基本部分，如图 7.2.7 所示。

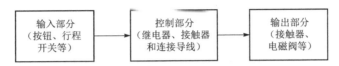

图 7.2.7 继电接触器控制系统的基本结构框图

（1）输入部分：来自被控对象的各种开关信息或操作命令，用以向系统送入控制信号，如控制按钮、行程开关、传感器信号等。

（2）控制部分：按照被控对象和生产工艺流程要求动作的各种继电接触器控制线路。

（3）输出部分：用以控制生产机械和生产过程中的各种被控对象，如接触器、电磁阀等执行机构。

可编程序控制器根据它的工作原理同样由三个部分组成，如图 7.2.8 所示。其输入部分与输出部分与继电器控制线路相同，而控制部分是写入 PLC 程序存储器中的控制程序，这些程序也是按照被控对象和生产工艺流程要求而编写的。显然要改变生产工艺流程，只需改变控制程序即可。

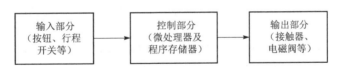

图 7.2.8 PLC 控制系统的基本结构框图

PLC 连续循环执行用户程序、完成控制功能是以扫描工作方式进行的。所谓扫描工作方式，即 CPU 从程序段的第一句顺序读取顺序执行，直至最后一句。CPU 在每个扫描周期中，要完成的任务包含写入输出、读取输入、执行用户程序、更新通信模块以及响应用户中断事件和通信请求等，如图 7.2.9 所示。上述操作（用户中断事件除外）按先后顺序定期进行处理。对于已启动的中断事件，将根据优先级按其发生顺序进行处理。

PLC 系统必须保证扫描周期在一定的时间段内（即最大循环时间）完成。

在每个扫描周期的开始，从过程映像寄存器重新获取数字量和模拟量输出的当前值，然后将其写入 CPU、信号模块上组态为自动 I/O 更新（通常为默认组态）的物理输出。注意，通过指令访问物理输出时，输出过程映像寄存器和物理输出本身都将被更新。

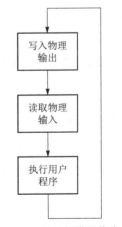

图 7.2.9 CPU 扫描工作方式

随后在该扫描周期中，将读取 CPU、信号模块上组态为自动 I/O 更新的数字量和模拟量输入的当前值，然后将其写入输入过程映像寄存器。通过指令访问物理输入时，指令将访问物理输入的值，但输入过程映像不会更新。

读取输入后，系统将从第一条指令开始执行用户程序，一直执行到最后一条指令。根据指令逻辑，更新过程映像寄存器输出区的值，但不写入（更新）实际的物理输出。这就通过在给定周期内执行用户程序提供一致的逻辑，并防止物理输出点可能在过程映像寄存器中多次改变状态而出现抖动。

除跳转和中断外，程序往往按照从上到下、从左到右的顺序依次执行。

在西门子 PLC 的编程概念中，用户程序的结构有：

（1）组织块（Organization Block，OB）：用来定义程序的结构，有些 OB 具有预定义的行为和启动事件，但用户也可以创建具有自定义启动事件的 OB。

（2）功能（Function，FC）和功能块（Function Block，FB）：包含与特定任务或参数组合相对应的程序代码。每个 FC 或 FB 都提供一组输入和输出参数，用于与调用块共享数据。FB 还使用相关联的数据块（称为背景数据块）来保存该 FB 调用实例的数据值。

（3）数据块（Data Block，DB）：存储程序块可以使用的数据。

常见的西门子程序块有：

（1）程序循环组织块（Program-cycle OB）：通常命名为 OB1，只要 CPU 在运行，该组织块就一直重复执行。其他程序组织块编号需大于等于 OB200。

（2）启动组织块（Startup OB）：当 CPU 操作模式由停止切换为运行时，该组织块执行一次。因此如需要初始化某些参数或者对硬件模块的设置等仅需执行一次的初始化操作代码，可放入启动组织块。

（3）延时组织块（Time_delay）：通过启动中断指令设置某一事件后指定间隔执行该延时组织块。

子程序（Subroutine），在其他编程语言中，又称作进程（Procedure）、函数（Function）、方法（Method）等，是执行某一特定任务的一段代码，并与程序中的其他代码相对独立。在西门子的编程体系中，与 OB、FC 相似。子程序常常用于程序中重复出现且多地调用的地方。

7.3　S7-1200 CPU 的数据存储、存储区、I/O 和寻址

可编程序控制器的指令和数据在存储器中是按照一个一个存储单元存放的，操作数是根据其数据类型分类存放、分类查找的。不同的机型有不同的存储范围和寻找存储数据的寻址方式。本章以 SIMATIC S7-1200 小型机为例，介绍存储器的数据类型和寻址方式。

7.3.1　CPU 存储器的有效范围

存储器以二进制方式存储所有常数，并可用十进制、十六进制、ASCII 码或浮点数形式来表示，不同数据有不同的格式和大小，可以按字节、字、双字进行存储。西门子 S7-1200 系列 PLC，支持 Bool、整型、浮点型、字符串型等数据类型。

表 7.1 中，SIMATIC S7-1200 存储区分别为输入映像寄存器 I、输出映像寄存器 Q、位存

储区 M、临时存储区 L 和数据块 DB。其中，I、Q、M 是全局存储器，所有程序代码均可访问。当 CPU 调用代码块，操作系统就会分配要在执行期间使用的临时数据或临时存储器 L，代码执行完成后，CPU 将重新分配临时存储器 L，以用于执行其他代码。在用户程序中加入 DB，可以存储代码块的数据。

表 7.1　CPU 1214C 存储器范围

存储区	说明
输入映像存储区 I	在扫描周期开始时从物理输入复制
输出映像存储区 Q	在扫描周期开始时复制到物理输出
位存储区 M	控制和数据存储器
临时存储区 L	存储块的临时数据，这些数据仅在该块的本地范围内有效
数据块 DB	数据存储器，同时也是 FB 的参数存储器

每个存储单元都有唯一的地址。程序利用地址访问存储单元中的信息，绝对地址由以下元素构成：

（1）存储区标识符，如 I、Q、M。

（2）要访问数据的大小，如"B"表示访问一个字节（Byte），"W"表示访问一个字（Word），"D"表示访问一个双字（Double Word）。

（3）数据的起始地址，如字节 3。

访问地址中的位（Bit）时，不要输入大小的助记符，仅需输入数据的存储区、字节位置和位位置，如%I0.0、%Q1.1、%M10.3 等（后文省略%），如图 7.3.1 所示。字节、字和双字寻址如图 7.3.2 所示。

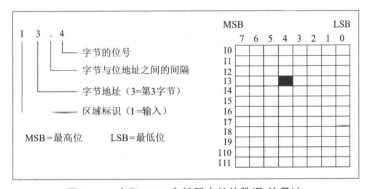

图 7.3.1　存取 CPU 存储器中的位数据(位寻址)

数据块 DB 用于存储各种类型的数据，包括程序操作的中间状态和功能块 FB 的其他控制信息参数，以及许多指令（如定时器和计数器）所需的数据结构。可以按位、字节、字和双字访问。数据块寻址格式如表 7.2 所示。

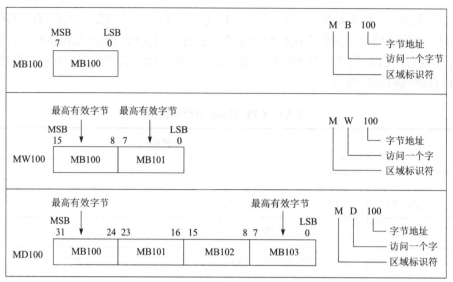

图 7.3.2 字节、字和双字对同一地址存取操作的比较

表 7.2 数据块寻址格式

位	DB[数据块编号].DBX[字节地址].[位地址]	DB1.DBX2.3
字节、字、双字	DB[数据块编号].DB[大小].[起始字节地址]	DB1.DBB4 DB10.DBW1 DB1.DBD8

7.3.2 PLC 数据类型

数据类型用以指定数据的大小以及如何解释数据。每个指令参数均至少支持一种数据类型。

形参（变量）指的是指令上标记该指令要使用的数据位置的标识符（某些指令的输入端 IN），实参指的是包含指令要使用的数据的存储单元（指令中含"%"字符前缀，即绝对地址）或常量。

指定实参时，必须指定变量（符号）或者绝对（直接）存储器地址。变量将符号名（变量名）与数据类型、存储区、存储器偏移量等关联在一起，在西门子编程软件的变量编辑器中进行创建或编辑。如果在指令中直接使用绝对地址，西门子编程软件会自动以"Tag_name"为该地址进行命名。为了使编写的程序易读性强，并便于修改，对程序需使用的地址取一个有意义的名字是非常必要的。表 7.3 列出了位和位序列数据类型。

表 7.3 位和位序列数据类型

数据类型	位长度	数值类型	数值范围	常数示例	地址示例
Bool	1	逻辑运算	FALSE 或 TRUE	TRUE	I1.0 Q0.4 M40.6 DB1.DBX2.3 "Tag_name"
		二进制	2#0 或 2#1	2#0	
		无符号整数	0 或 1	1	
		八进制	8#0 或 8#1	8#1	
		十六进制	16#0 或 16#1	16#1	

续表

数据类型	位长度	数值类型	数值范围	常数示例	地址示例
Byte	8	二进制	2#0 到 2#1111 1111	2#1000 1101	IB2 MB34 DB1.DBB4 "Tag_name"
		无符号整数	0 到 255	15	
		有符号整数	−128 到 +127	−57	
		八进制	8#0 到 8#377	8#35	
		十六进制	16#0 到 16#FF	16#2D	
Word	16	二进制	2#0 到 2#1111 1111 1111 1111	2#1101 0011 1010 0110	MW12 DB1.DBW2 "Tag_name"
		无符号整数	0 到 65535	63568	
		有符号整数	−32 768 到 32 767	−100 256	
		八进制	8#0 到 8#177 777	8#54 432	
		十六进制	16#0 到 16#FF FF	16#ABCD	
DWord	32	二进制	略	略	MD20 DB1.DBD8 "Tag_name"
		无符号整数	0 到 4 294 967 295	12 345 678	
		有符号整数	−2 147 483 648 到 2 147 483 647	−4 327 890	
		八进制	略	略	
		十六进制	16#0 到 16#FF FF FF FF	16#CD 79FA	

与其他高级编程语言类似，输入和处理数据习惯于采用十进制。PLC 指令中常用数据类型及其说明如表 7.4 所示。

表 7.4　PLC 指令中常用数据类型及其说明

类型	数据类型	位长度	数值范围	常数示例	地址示例
整数	USInt	8	0～255	65 2#0100 1101	MB0 DB1.DBB4 "Tag_name"
	SInt	8	−128～+127	+78 16#2C	
	UInt	16	0～65 535	61 672	MW20 DB1.DBW4 "Tag_name"
	Int	16	−32 768～+32 767	27 139	
	UDInt	32	0～4 294 967 295	40 345 761	MD28 DB1.DBD4 "Tag_name"
	Dint	32	−2 147 483 648～2 147 483 648	−23 456 781	

续表

类型	数据类型	位长度	数值范围	常数示例	地址示例
浮点数	Real	32	−3.402 823e+38～−1.175 495e−38 ±0 +1.175 495e−38～+3.402 823e+38	167.432 1.45e−7	MD100 DB1.DBD4 "Tag_name"
	LReal	64	−1.797 693 134 862 315 8e+308～ −2.225 073 858 507 201 4e−308 ±0 +2.225 073 858 507 201 4e−308～ +1.797 693 134 862 315 8e+308	123 456e40 1.345E+40	不支持直接寻址
时间	Time	32	T#−24 d_20 h_31 m_23 s_648 ms～ T#24 d_20 h_31 m_23 s_647 ms 存储形式：−2，147，483，648 ms～ +2，147，483，647 ms	T#5 m_30 s T#1 d_2 h_15 m_30 s_45 ms TIME#10 d20 h30 m20 s630 ms 500 h10 000 ms 10 d20 h30 m20 s630 ms	
日期		16	D#1990−1−1～D#2168−12−31	D#2009−12−31 DATE#2009−12−31 2009−12−31	
TOD		32	TOD#0: 0: 0.0～TOD#23:59:59.999	TOD#10:20:30.400 TIME_OF_DAY#10:20:30 .400 23:10:1	
DTL		12字节	最小：DTL#1970−01−01−00:00:00.0 最大：DTL#2262−04− 11:23:47:16.854 775 807	DTL#2008−12−16−20:30:20.250	
字符	Char	8	16#00～16#FF	'A'，'t'，'#'	
	WChar	16	16#0000～16#FFFF	'A'，'t'，'#'，亚洲字符和其他字符	
字符串	String	N+2字节	N=（0～254字节）	"ABC"	
	WString	N+2字节	N=（0～65 534字节）	"ligdx@bit.edu.cn"	

7.4 可编程序控制器的基本指令

可编程序控制器的工作过程是依据一连串的控制指令进行的，这些指令就是常说的编程语言。可编程序控制器的编程语言分两类：一种是图形语言，有梯形图（Ladder Diagram，LD）和功能块图（Function Block Diagram，FBD）；另一种是文本语言，有指令表（Instruction List，IL）和结构文本（Structured Text，ST）。西门子S7−1200除了支持梯形图与功能块图编程外，还支持结构化控制语言（Structured Control Language，SCL）。SCL是一种基于PASCAL的高级编程语言，不在IEC61131−3规定的语言内。第6章电动机的电器控制中介绍的顺序功能图，在IEC61131−3中，是作为公共元素定义的，类似于流程图，可看作一种分析程序和组织程序的方法。但是在西门子 S7-1500 中型机及以上机型，和其他厂商的 PLC 编程软件来看（如 Codesys），均将顺序功能图作为一种编程语言，可直接进行图形化编程。非常遗憾的是，西门子不提供对 S7-1200 系列 PLC 的顺序功能图编程的直接支持。

梯形图是一种图形语言，它是以继电接触器控制系统的电气原理图为基础演变而来的。与传统继电接触器控制电路的电气原理图相似，它仍沿用了继电器的触点和线圈等符号（欧美标准符号），均是通过触点的开、闭组合控制线圈的通电、断电，从而实现对生产机械运行的控制。梯形图易于理解，易于初学者使用，而且全世界通用，这是本章重点介绍的内容。

梯形图有如下特点：梯形图中的继电器、定时器等"电器"不是物理意义上的那种电磁继电器，而是基于数字逻辑电子电路构成的寄存器（或存储器）单元，常称为"软继电器"。它是根据计算机对信息的"存—取"原理来读出寄存器的状态（高电平/真/TRUE/1 或低电平/假/FALSE/0）或在一定条件下改变它的状态。当读出寄存器的状态为高电平或低电平时，相当于继电器触点的通与断，而改变寄存器的状态，相当于继电器线圈的通电与断电。

软继电器线圈一般用"—( )"符号表示，其常开触点用"—| |—"符号表示，常闭触点用"—|/|—"符号表示。对于长动控制线路，其对应的梯形图如图 7.4.1 所示。

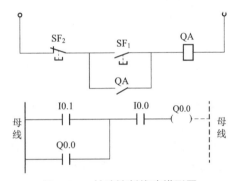

图 7.4.1　长动控制线路梯形图

需要注意的是，PLC 的外部接线中，I0.0 对应的停止按钮 SF$_2$ 接为常闭形式。

在梯形图中，没有真实的电流流动，为了便于分析 PLC 的周期扫描原理以及控制信息在存储空间分布的情况，假设在梯形图中有"电流"流动。为了区别于真实的电流，称为"能流"。能流在梯形图中只能是单方向流动，即从左到右流动，并且按先上后下的顺序从左到右流动，不会产生反流。在梯形图中，最左边的竖线称为起始母线，触点、线圈及母线的连接线称为逻辑线，在右侧，也应想象有一条虚拟的终止母线。若与母线相连的触点闭合，可以使能量流流过该器件，到下一个器件，最后汇入终止母线，若触点打开将阻止能流通过。在随后介绍的 MOVE 等指令中的 ENO，起的就是能流传递的作用。

画梯形图的要求如下：

（1）每一个逻辑行必须从起始母线画起；

（2）"软继电器"线圈不能直接接在左边的母线上；

（3）在梯形图中"软继电器"线圈只能使用一次，而其触点可以使用无限次；

（4）梯形图必须按照计算机执行程序时的顺序依次画出。

本节仅介绍常用的梯形图指令，完整的指令及其说明请参考 S7-1200 可编程序控制器系统手册。

7.4.1 位逻辑运算指令

位逻辑运算指令是对存储器指定的位地址进行操作的系列逻辑指令。

1. 位逻辑指令

1）常开、常闭触点

常开触点梯形图：

$$\text{―} | \text{ ``in'' } | \text{―}$$

"in"：存储器中指定的地址位，Bool 型变量。当常开触点断开时，对应的存储器地址位 in 为 0；当常开触点闭合时，对应的存储器地址位 in 为 1。

常闭触点梯形图：

$$\text{―} | \text{ ``in'' } / | \text{―}$$

当常闭触点闭合时，对应的存储器地址位 in 为 0；当常闭触点断开时，对应的存储器地址位 in 为 1。这些指令是从指定的存储器或映像寄存器中（又称操作数）读取数值。

当"in"指定的输入位使用存储器标识符 I（输入映像寄存器）和 Q（输出映像寄存器）时，则从过程映像寄存器中读取位值，而物理触点信号会连接到 PLC 对应的端子上。在每个扫描周期的开始，CPU 扫描已连接的输入信号端子并持续更新输入映像寄存器中的相应状态值。

常开、常闭触点是读取标识符指定寄存器中对应地址位的位值，它不改变该位的状态。当读取的位值为 1 时，常开触点闭合，常闭触点断开；反之，若读取的位值为 0，则常开触点保持断开，常闭触点保持闭合。即当读取的位值为 1 时，我们说"触点动作"，指触点从图示状态向相反状态变化，即常开触点闭合，常闭触点断开；而当读取的位值为 0 时，触点保持图示状态而"无动作"。

2）取非指令

取非指令梯形图：

$$\text{―} | \text{NOT} | \text{―}$$

这条指令是将指令左侧能流的逻辑状态取反。即如果指令左侧的运算结果为 1，则右侧结果为 0；反之，如果指令左侧的运算结果为 0，则右侧结果为 1。

3）输出线圈指令

输出线圈指令梯形图：

$$\text{―} (\text{ ``out'' }) \text{―}$$

输出线圈指令写入"out"标识符指定的输出位的值。若指定的输出位使用输出映像寄存器标识符 Q，则 CPU 接通或断开（写入 1 或 0）过程映像寄存器中的输出位，同时将指定的位设置为等于能流状态（指令左侧的逻辑运输结果）。外部执行器所需的控制信号连接到 PLC 的 Q 端子上，在 CPU 的"RUN"模式下，CPU 将连续扫描输入信号，并根据程序逻辑处理输入，然后通过输出映像寄存器设置新的输出状态值。CPU 将存储在输出映像寄存器中新的输出状态传送到已连接的输出端子，从而控制执行器。

输出线圈指令只能放置在梯形图网络的最右侧作为物理的逻辑输出。

为了增加程序的可读性和可移植性，西门子编程软件通过 PLC 变量，可对物理地址定义一个有意义的符号（形参，标识符），如表 7.5 所示。其中，名称是实际地址的符号表示。为了增加程序的可读性和可移植性，往往需要为使用的变量取有意义的名字。若设计者没有取名，系统会自动为该地址取名为"Tag_序号"。

表 7.5 PLC 变量表举例

名称	数据类型	地址
in1	Bool	%I0.0
in2	Bool	%I0.1
in3	Bool	%I0.2
in4	Bool	%I0.3
out1	Bool	%Q0.0
out2	Bool	%Q0.1

【例 7.1】位逻辑指令与逻辑运算。分析图 7.4.2 所示各网络的逻辑功能，并画出波形图。

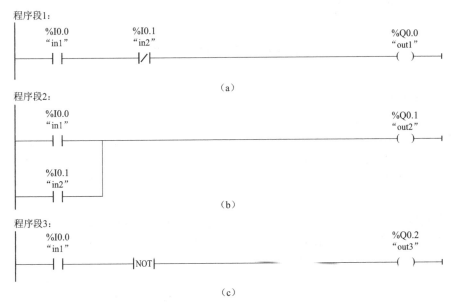

图 7.4.2 位逻辑指令举例

(a) 与逻辑运算；(b) 或逻辑运算；(c) 非逻辑运算

【解】回忆数字电子技术的相关内容，将图 7.4.2 中触点类比为开关，输出线圈类比为灯，则有逻辑表达式分别为

$$\text{out1} = (\text{in1}) \cdot (\overline{\text{in2}}) \quad \text{out2} = \text{in1} + \text{in2} \quad \text{out3} = \overline{\text{in1}}$$

因此，波形图如下：

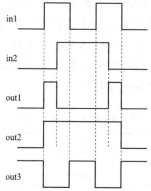

可见，通过触点和连线，可完成逻辑运算，并将逻辑运算结果赋值输出线圈。在这点上与继电接触控制线路是相同的。但在梯形图的设计中，需注意以下规则：① 不能有导致反向能流的分支，如图 7.4.3（a）所示；② 不能有可能导致短路的分支，如图 7.4.3（b）所示。

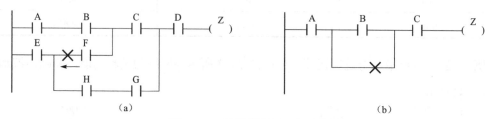

图 7.4.3　梯形图程序规则示例

(a) 不能有反向能流分支；(b) 不能有短路能流分支

2. 置位/复位指令

1）置位和复位 1 位指令

置位和复位 1 位指令如图 7.4.4 所示。当指令被激活时，out 地址的位值设置为 1（置位）或 0（复位）；激活信号消失后，out 地址的位值保持不变。置位和复位 1 位指令可放置在程序的任意位置。若置位/复位指令成对出现，相当于数字电子技术中的 RS 触发器。

2）置位和复位位域指令

置位和复位位域指令如图 7.4.5 所示。当指令被激活时，从 out 地址开始的 n 位被置位或复位；当激活信号消失后，从 out 地址开始的 n 位的值保持不变。在梯形图中置位和复位位域指令必须位于程序网络的最右端。

```
   "out"           "out"              "out"                "out"
 ─( S )─         ─( R )─         ─( SET_BF )─┤       ─(RESET_BF)─┤
                                    "n"                  "n"
   (a)             (b)              (a)                  (b)
```

图 7.4.4　置位和复位 1 位指令　　　　图 7.4.5　置位和复位位域指令

(a) 置位 1 位指令；(b) 复位 1 位指令　　　(a) 置位位域指令；(b) 复位位域指令

3）置位优先和复位优先 RS 触发器指令

置位优先和复位优先 RS 触发器指令如图 7.4.6 所示，其中 "INOUT" 为需要置位或复位的位地址,输出 Q 的值与"INOUT"保持一致。其特性如表 7.6 所示。

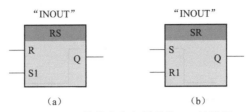

图 7.4.6 置位优先和复位优先 RS 触发器
(a) 置位优先 RS 触发器;(b) 复位优先 RS 触发器

表 7.6 置位优先和复位优先 RS 触发器特性

置位优先 RS 触发器指令				复位优先 RS 触发器指令			
R	S1	Q 或 INOUT	说明	R1	S	Q 或 INOUT	说明
0	0	Q^n	保持	0	0	Q^n	保持
0	1	1	置位	0	1	1	置位
1	0	0	复位	1	0	0	复位
1	1	1	置位优先	1	1	0	复位优先

在继电接触控制电路中的长动控制线路中,以逻辑功能而言,就是复位优先的 RS 触发器。因此图 7.4.7 所示的两个程序,其逻辑功能是完全一致的。

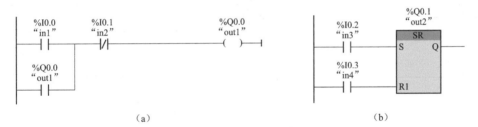

图 7.4.7 两种长动控制的实现方法
(a) 用触点实现长动控制;(b) 用复位优先实现长动控制

【例 7.2】置位和复位 1 位指令举例。梯形图如图 7.4.8 所示。

图 7.4.8 【例 7.2】梯形图

图 7.4.8 梯形图的波形图如图 7.4.9 所示。当 in1 上升沿到达后,out1 直接被置位;直到

复位指令有效，out1 才被复位。注意图中 out1 粗线段部分，此时 in1 和 in2 同时为 1，但复位指令后执行，故输出 out1 为 0。当对同一地址位进行置位和复位操作时，必须避免二者同时有效以规避可能的逻辑错误。

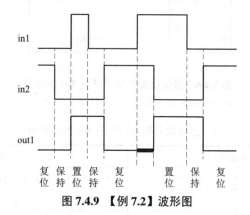

图 7.4.9 【例 7.2】波形图

【例 7.3】置位和复位位域指令举例。梯形图和波形图如图 7.4.10 所示。当 in1 有效时，从 out1 地址 Q0.0 开始的三位（n=3），即 Q0.0，Q0.1 和 Q0.2 被立即置位并保持；当复位信号 in2 有效时，从 out1 开始的两位（n=2）被立即复位，此时 out3（Q0.2）仍保持 1 不变；当 in3 有效时，out3 被立即复位。

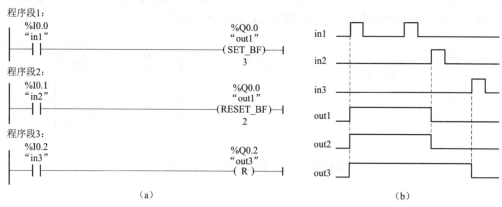

图 7.4.10 置位和复位 1 位指令举例和波形图
(a) 梯形图；(b) 波形

3. 上升沿和下降沿指令

1）上升沿指令

上升沿指令梯形图：

$$\text{―}|\text{P}|\text{―}$$

"IN" / "M_BIT"

在指定的"IN"位检测到正跳变（由断到通，由 0 到 1）时，该触点的状态为逻辑 1（TRUE，接通）一个扫描周期。

2）下降沿指令

下降沿指令梯形图：

$$\text{—|N|—}$$
"IN"
"M_BIT"

在指定的"IN"位检测到负跳变（由通到断）时，该触点的状态为 TRUE 一个扫描周期。

上升沿和下降沿指令可放置在程序段中除分支结尾外的任何位置。"M_BIT"保存输入的前一个状态的存储器位。

4. 常开（NO）和常闭（NC）触点的讨论

程序中的常开/常闭触点用来扫描一位逻辑的状态，是读取内部存储区相应位的逻辑值，并依据读取的逻辑值决定触点的通断。

图 7.4.11（a）所示为梯形图。图 7.4.11（b）中，外部常开按钮 SF1 接地址 I0.0，然后 Q0.0 外连接触器 QA。若操作人员没有操作常开按钮 SF1（按钮未动作），CPU 扫描对应的输入映像接触器位值 I0.0（PB1）为 0，因此程序没有能流流入线圈 Q0.0（QA1），而输出映像寄存器对应位值为 0，与之相连的外部接触器线圈 QA1 不得电。当操作人员按下按钮 SF1（按钮动作）时，输入映像寄存器对应位值 I0.0 变为 1，程序中对应常开触点 PB1 闭合，输出线圈 Q0.0 得电，外接接触器线圈 QA1 随之得电。这里程序中的常开触点 I0.0（PB1）当扫描到存储器中对应位值为 1 而闭合（动作），即由图示断开状态向相反状态（闭合）转化。简言之，常开触点扫描"1"闭合（动作），扫描"0"断开（不动作）。

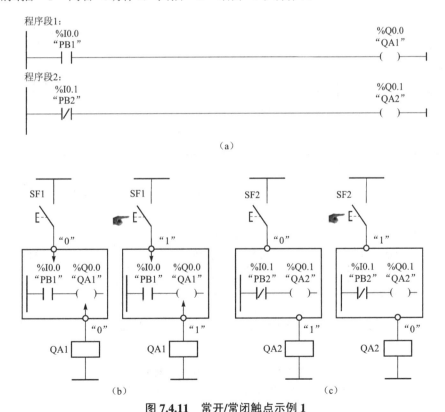

图 7.4.11 常开/常闭触点示例 1
(a) 梯形图；(b) 程序段 1 内外关系；(c) 程序段 2 内外关系

图 7.4.11（c）中，当外接常开按钮 SF2 未按下（无动作）时，输入映像寄存器对应位值

I0.1 为 0，但程序中触点使用常闭触点 I0.1，结果是常闭触点因扫描到对应位值为 0 而保持触点状态不变（触点无动作），即常闭触点 I0.1 保持接通，故输出线圈 Q0.1 得电，外部接触器线圈 QA2 也随之得电。当按下按钮 SF2 时，输入映像寄存器对应位值 I0.1 变为 1，程序中常闭触点 I0.1 需由图示状态向相反状态动作，即由闭合转为断开，输出线圈 Q0.1 没有能流而失电，外接接触器线圈 QA2 随之失电。简言之，常闭触点扫描"1"断开（动作），扫描"0"闭合（不动作）。概括起来，PLC 程序中无论是常开还是常闭触点，当扫描到"1"时触点向图示相反状态动作，扫描到"0"时触点保持图示状态不变（不动作）。

5. 外部触点类型与梯形图触点的关系

当设计梯形图程序时，必须考虑如何选择常开触点指令还是常闭触点指令。PLC 常开/常闭触点指令的选择与外接开关（传感器）的触点类型紧密相关。外接输入开关动作，相对应的输入映像寄存器的位值为 0 还是 1，CPU 无从知晓。CPU 仅会存储 0 或是 1 到输入映像寄存器的对应位中。如果编写程序时，当外接开关动作时需要获得 1，则需考虑输入开关的类型（常开还是常闭）。外接开关是常开的，则开关动作，CPU 在扫描周期开始将 1 存入对应位中；而如果外接开关是常闭的，则开关动作时，CPU 在扫描周期开始将 0 存入对应位中。

考察图 7.4.12，程序段 1 和网络 2 程序不同，但均完成当且仅当两个外接开关都动作时输出为 1 的功能。

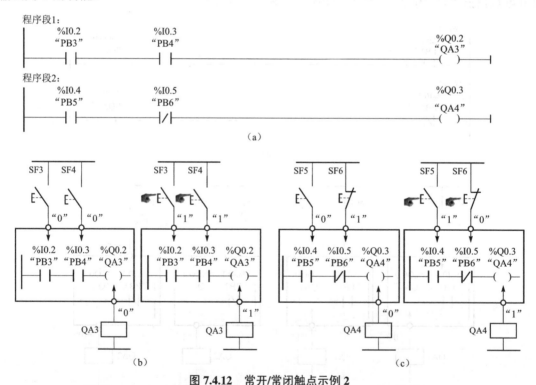

图 7.4.12 常开/常闭触点示例 2
（a）梯形图；（b）程序段 1 内外关系；（c）程序段 2 内外关系

7.4.2 定时器指令

S7-1200 提供 4 种类型的定时器，分别是接通延时定时器（On_Delay, TON）、断电延时定时器（Off_Delay，TOF）、有记忆的接通延时定时器（TONR）和脉冲发生器（TP）。其中 TON、TOF 和 TONR 指令的参数名称及其数据类型等，如表 7.7 所示。TIME 数据格式为有符号双字整数，数据长度为 32 位，默认单位为 ms（毫秒），如直接输入常数 50，即表示 50 ms，显示为"T#50 ms"，如 1 天 3 小时 20 分钟 45 秒又 15 毫秒，可输入为"T#1 d_3 h_20 m_45 s_15 ms"，下划线_可省略。使用中，无须指定全部时间单位，如"T#10 h_20 s"也是有效的。TIME 格式能存储的时间范围为"T#–24 d_20 h_31 m_23 s_648 ms"到"T#24 d_20 h_31 m_23 s_647 ms"，对应的毫秒值为–2,147,483,648 ms 到+2,147,483,647 ms。

表 7.7 定时器参数说明

参数	输入/输出	数据格式	存储器范围	说明
IN	INPUT	BOOL	I、Q、M、D、L	使能输入端 0=禁用定时器 1=启用定时器
PT	INPUT	TIME	I、Q、M、D、L 或常数	延时时间值，不能为负值
R	INPUT	BOOL	I、Q、M、D、L	仅 TONR 有 0=不重置 1=将经历的时间和 Q 位重置为 0
Q	OUTPUT	BOOL	I、Q、M、D、L	当消逝时间 ET 大于等于预设时间 PT 时，该位被置位（TON）或复位（TOF）
ET	OUTPUT	TIME	I、Q、M、D、L	当前计时值

1. 脉冲发生器（TP）

脉冲发生器梯形图：

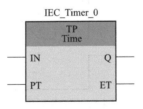

脉冲发生器 TP 可产生具有预设宽度的脉冲，其中"IEC_Timer_0"中的"0"为定时器的编号，"IN"为使能端，"PT"为预设脉冲宽度时间值，"Q"为脉冲输出端，"ET"为经历的时间。脉冲发生器的时序图如图 7.4.13 所示。

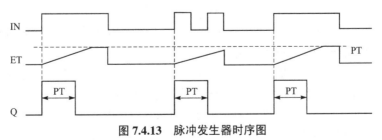

图 7.4.13 脉冲发生器时序图

当"IN"信号有效后,脉冲发生器立即开始计时,经历时间 ET 随之增加,同时输出端"Q"变为 1;当"IN"有效的持续时间大于预设脉冲宽度时间后,ET 值不再增加。"IN"在预设时间 PT 内多次触发时,只有"IN"的第一次触发有效。可知脉冲发生器的触发只需在"IN"有一个短时脉冲,就能产生所需时间宽度的脉冲波形。

2. 接通延时定时器(TON)

接通延时定时器 TON 的功能与继电接触控制系统中通电延时继电器相同,各输入/输出的定义见表 7.7,其梯形图为:

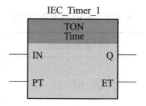

当"IN"有效时,定时器开始计时,当前计时值(消逝时间)存储在 ET 指定的存储单元内。若消逝时间 ET 等于延时预设时间 PT 后,定时器的 Q 端由断(OFF,0)变为接通(ON,1),时序图如图 7.4.14 所示。当消逝时间大于等于预设时间后,定时器当前值 ET 保持为预设时间值,不再更新,计时停止并保持输出 Q 为接通。若"IN"接通的时间小于预设的延时时间 PT,则输出"Q"不会接通。当"IN"失效时,定时器被重置,计时值 ET 和输出位 Q 均被复位。

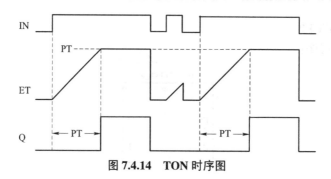

图 7.4.14 TON 时序图

【例 7.4】分析图 7.4.15 所示梯形图。设梯形图中,start(I0.0)外接常开按钮,stop(I0.1)外接常闭按钮,输出 motor1(Q0.0)和 motor2(Q0.1)分别接两台电动机的接触器线圈。接通延时定时器的预设时间为 10 s。

当程序第一次扫描时,程序段 1 中因 stop 外接常闭按钮,故从输入映像寄存器读取值为 1,使该常开触点动作而导通。而 start 外接常开按钮,故从输入映像寄存器读取值为 0,该常开触点无动作保持断开。因此 motor1 不得电。

当按下起动按钮,程序扫描到 start(I0.0)对应的输入映像寄存器的位值为 1,使输出 motor1(Q0.0)变为 1,对应连接的接触器线圈得电,相应地电动机也随之起动运行。在下一次扫描时,因 Q0.0 已为 1,故即使 start 已经复位,Q0.0 仍被锁存为 1。

程序段 2 中,因 Q0.0 为 1,接通延时定时器的"IN"有效,定时器被激活开始计时。当延时 10 s 后，输出 motor2（Q0.1）为 1，对应的接触器线圈也随之得电，第二台电动机也起动运行。

在任意时刻按下 stop 按钮，Q0.0 和 Q0.1 均被立即复位，定时器也同时复位，定时器的计时值 ET 和延时时间到标志位 Q 同时被复位。该段示例程序的功能为，当按下起动按钮 start，电动机 motor1 立即起动运行，电动机 motor1 运行 10 s 后，电动机 motor2 自动运行；按下停止按钮 stop，两台电动机都立即停止运行。

图 7.4.15　TON 示例梯形图

3. 有记忆接通延时定时器（TONR）

有记忆接通延时定时器梯形图：

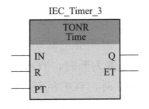

当使能输入端 IN 接通时，有记忆接通延时定时器开始计时，当使能输入端断开时，该定时器保持当前计时值 ET 不变；当使能输入端再接通时，则定时器从原保持值开始再往上加；当定时器的当前值 ET 等于预设值 PT 时，定时器的状态位 Q 被置 1，同时定时器停止计时，ET 值始终等于 PT，以后即使输入端再断开，定时器也不会复位。若要定时器复位必须使能复位输入端（R）。

对于如图 7.4.16（a）所示的梯形图，对应的时序图如图 7.4.16（b）所示。

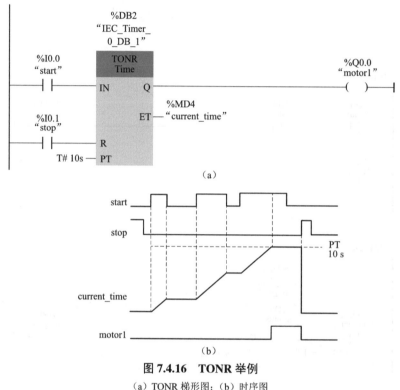

图 7.4.16　TONR 举例
（a）TONR 梯形图；（b）时序图

4. 断开延时定时器（TOF）

断开延时定时器梯形图：

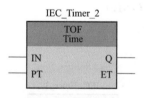

断开延时定时器（TOF）与断电延时时间继电器功能相同。当使能输入端 IN 接通时，TOF 的 Q 端立即被置位。当输入端 IN 由通变为断时，TOF 立即从 0 开始计时，当前值 ET 开始累加；当当前计时值 ET 等于预设值 PT 时，TOF 的输出端 Q 由高变低。若使能端 IN 继续为低，当前值 ET 保持 PT 值不变并停止计时，Q 端也保持为低。

对于如图 7.4.17（a）所示的梯形图，对应的时序图如图 7.4.17（b）所示。

第 7 章 可编程序控制器的原理及应用

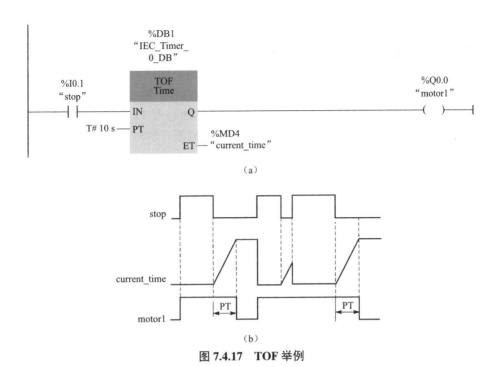

图 7.4.17 TOF 举例
（a）TOF 梯形图；（b）时序图

【例 7.5】分析图 7.4.18 所示的梯形图。

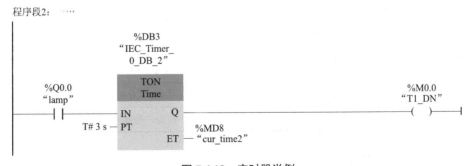

图 7.4.18 定时器举例

两个定时器的延时时间分别是 2 s 和 3 s。用 start 来起动该段程序,当 start 为 1 时,触点闭合,因 T1_DN(M0.0)为 0,定时器 DB2 开始计时,2 s 后定时时间到,lamp 被置位。在程序段 2 中,常开触点 lamp 闭合,定时器 DB3 开始计时。DB3 计时到 3 s 时,T1_DN 线圈被置位。下一个扫描周期,因常闭触点 T1_DN 读取 1 而动作,触点断开,两个定时器被同时复位,T1_DN 线圈也随之复位。在下一个扫描周期,常闭触点 T1_DN 因读取 0 而接通,定时器 DB2 再次激活,进行下一个循环。因此,lamp 接通断开的时间分别是 3 s 和 2 s,其时序图如图 7.4.19 所示。

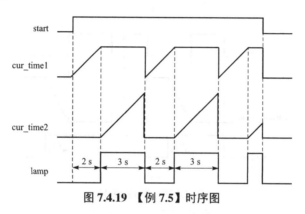

图 7.4.19 【例 7.5】时序图

7.4.3 计数器指令

西门子 S7-1200 有三种计数器:加计数器(count up,CTU)、减计数器(count down,CTD)和加减计数器(count up and down,CTUD),其功能是对外部事件或脉冲计数。当外部事件发生次数达到预设值时,发出相应的动作信号。其参数及其功能描述见表 7.8。计数值的数值范围取决于所选的数据类型,如果预设计数值 PV 是无符号整型数,则可以减计数到零或加计数到范围限值;如果预设计数值 PV 是有符号整数,则可以减计数到负整数限值或加计数到正整数限值。使用时,预设计数值 PV 最好取正整数或者无符号整数。

表 7.8 计数器参数说明表

参数	数据类型	说明
CU,CD	Bool	加和减计数脉冲序列输入端
R(CTU,CTUD)	Bool	1=将计数值复位
LD(CTD,CTUD)	Bool	1=装载预设计数值
PV	整数型	预设计数值
Q,QU	Bool	CV>PV 时被置位
QD	Bool	CV≤0 时被置位
CV	整数型	当前计数值,数据类型需与 PV 相同

1. 加计数器指令(CTU)

加计数器指令梯形图:

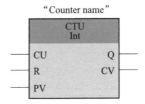

其中,"Counter name"在编程时会自动添加加计数器编号,CU 为加计数器的计数脉冲输入端,PV 为加计数器的预设计数值输入端,R 为加计数器的复位端。对于加计数器,在 CU 输入端,每当一个上升沿到来时,计数器当前值 CV 加 1,直至数据类型限制的最大值。当当前计数值 CV 大于或等于预设计数值(PV)时,该计数器状态输出端 Q 被置位,计数器的当前值仍被保持。如果在 CU 端继续有上升沿到来时,计数器也继续计数,但不影响计数器的状态输出位。当复位端(R)有效(为 1)时,计数器被复位,此时当前值 ET 清零,状态输出位 Q 也被清零。在指令框"Int"处,可选择表 7.4 所示的整数型数据类型,PV、CV 的数据类型需与之一致。

对于如图 7.4.20(a)所示的梯形图,所对应的时序图如图 7.4.20(b)所示。

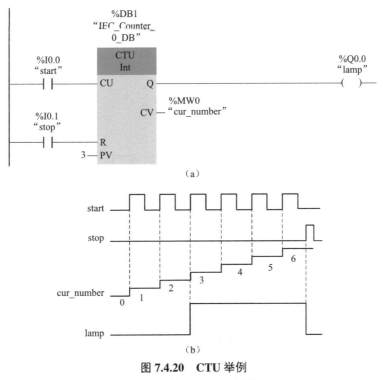

图 7.4.20 CTU 举例
(a)CTU 梯形图;(b)时序图

当加计数器 DB1 对 CU 输入端 start(I0.0)的脉冲上升沿累加计数值达到 3 时,则计数器的状态输出端 Q 被置 1,lamp(Q0.0)随之被置位。随着 start 的上升沿的到来,计数器的计数值进一步累加,但当 stop(I0.1)触点闭合,计数器立即被复位,Q0.0 被断开。

2. 减计数器指令(CTD)

减计数器指令梯形图:

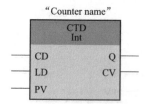

其中,"Counter name"在编程时会自动添加减计数器编号,CD 为减计数器的脉冲输入端,PV 为减计数器的预设计数值输入端,LD 为减计数器的预设值装载使能输入端。对于减计数器,在 CD 输入端,每当一个上升沿到来时,计数器当前值 CV 减 1,当当前计数值 CV 等于 0 时,该计数器状态输出端 Q 被置位。若 CD 端继续有脉冲输入,计数器 CV 将变为负值并继续减计数,计数器输出端 Q 保持 1 状态。当预设值装载使能端(LD)为 1 时,计数器被复位,即减计数器被装入预设值(PV),状态位被清零。

对于如图 7.4.21(a)所示的梯形图,所对应的时序图如图 7.4.21(b)所示。

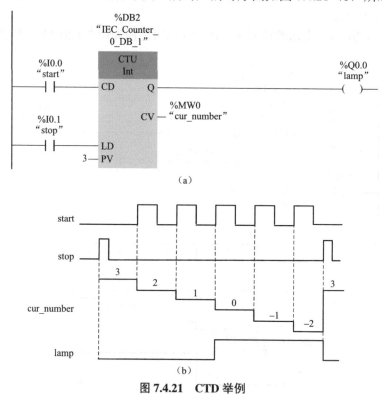

图 7.4.21　CTD 举例
(a) CTD 梯形图;(b) 时序图

当 stop(I0.1)触点闭合时,给减计数器装载端(LD)一个复位信号,使其输出端 Q 复位为 0,同时当前计数值 CV 被装入预设值(PV)。当减计数器的输入端 CD 累计脉冲达到 3 时,当前计数值 CV 等于 0,使计数器的输出端 Q 被置 1,从而接通 lamp(Q0.0)。当 CD 端继续有脉冲时,当前值 CV 由 0 继续往负值减 1(因数据类型为 Int),其输出端 Q 保持 1 不变,至 I0.1 触点再闭合。

3. 加/减计数器指令(CTUD)

加/减计数器指令梯形图:

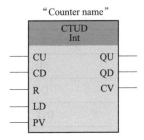

加/减计数器（CTUD）兼有加计数器和减计数器的双重功能，当 CU 输入端的每一个上升沿到来时，计数器当前值 CV 加 1，当当前值大于或等于预置计数值（PV）时，计数器输出端 QU 被置位；当 CD 输入端的每一个上升沿到来时，计数器当前值减 1。当当前计数值 CV 小于等于 0 时，计数器输出端 QD 被置位。当复位端（R）有效时，计数器当前值 CV 被复位为 0，同时 QU 复位，而 QD 被置位。当装载端 LD 有效时，计数器当前值被装载预设值，QD 复位而 QU 被置位。

图 7.4.22 所示为 CTUD 的时序图（设预设值 PV 为 4），当加/减计数器的加输入端 CU 来过 4 个上升沿后，CV 大于等于 PV，计数器的输出位 QU 被置 1，再有上升沿到来，计数器当前值 CV 继续累加，而 QU 保持不变。CD 输入 5 个脉冲，计数值 CV 到达 5 后，减输入端 CD 有上升沿到来时，计数器执行减计数，若当前值 CV 小于预设值 4，则 QU 位复位。一旦复位端 R 信号到来，计数器当前值 CV 被清零，QU 复位，QD 被置位。

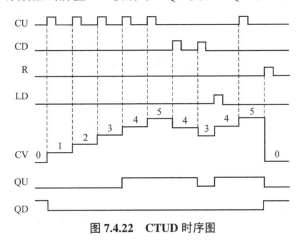

图 7.4.22　CTUD 时序图

7.4.4　比较指令

比较指令用来比较同数据类型的两个值之间的关系，若比较结果为真，则触点闭合，其梯形图为：

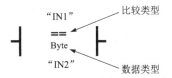

其中，"IN1" 和 "IN2" 为需比较的值，二者数据类型需一致，可以为各种西门子 S7-1200 支持的合法数据类型。比较类型说明见表 7.9。

表 7.9　比较类型说明

比较类型	满足以下条件时比较结果为真
==	IN1 等于 IN2
<>	IN1 不等于 IN2
>=	IN1 大于等于 IN2
<=	IN1 小于等于 IN2
>	IN1 大于 IN2
<	IN1 小于 IN2

S7-1200 提供了丰富的比较指令,其他比较指令还有 IN_Range(范围内值)和 OUT_Range(范围外值)指令、OK（检查有效性）和 NOT_OK（检查无效性）指令以及其他变型和数组比较指令,读者可查阅 S7-1200 系统手册学习。

7.4.5　传送指令

传送指令用来复制指定内存区域内的数据到新的内存区域。

1. MOVE（移动值）、MOVE_BLK（移动块）和 UMOVE_BLK（无中断移动块）指令

传送指令梯形图及其说明见表 7.10，EN 为数据传送的使能端。当数据传送无误时，ENO 输出 1，否则输出 0。

表 7.10　移动指令说明

梯形图	说明	
MOVE EN　ENO IN　※OUT1	将存储在指定地址 IN 的数据复制到新地址 OUT1	
MOVE_BLK EN　ENO IN　OUT COUNT	移动过程可被中断	将存储在从地址 IN 开始的 COUNT 指定数目的数据复制到 OUT 开始的新地址。 EN—使能端 IN—源起始地址 COUNT—要复制的数据数目 OUT—目标起始地址
UMOVE_BLK EN　ENO IN　OUT COUNT	移动过程不可中断	

在 S7-1200 指令集中，还有 FILL_BLK（填充块）、SWAP（交换字节）等指令也归类为移动指令类，这里不一一介绍。

【例 7.6】分析图 7.4.23 所示梯形图的功能。

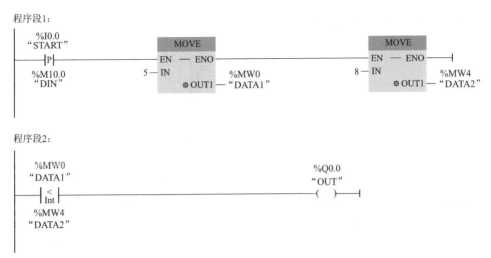

图 7.4.23 【例 7.6】梯形图

程序段 1，当 START（I0.0）从 0 变为 1 时，将整数 5 传送到 DATA1（MW0），将整数 8 传送到 DATA2（MW4）。在程序段 2，DATA1 和 DATA2 进行比较，因 5 小于 8，比较指令输出结果为真，触点导通，输出线圈 OUT（Q0.0）为 1。

7.4.6 数学函数指令

数学函数指令用来进行各种数学运算，如加、减、乘、除、取绝对值等。

1. 加、减、乘和除运算指令

加、减、乘、除运算指令的梯形图为：

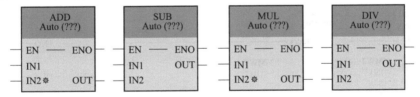

梯形图中，EN 为使能端，当 EN=1 时，该指令被执行。IN1 和 IN2 为两个输入端，OUT 为输出端，当指令成功执行后 ENO 为真。指令中"？？？"为数据类型，编程时需选择。使用中需注意，IN1、IN2 和 OUT 的数据类型必须相同。整数除法运算时，会截去商中的小数部分仅保留整数。

2. 加/减 1 指令

加/减 1 指令梯形图为：

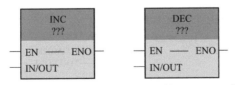

加/减 1 指令在 EN 为高时，每个 CPU 扫描周期，使 IN/OUT 指定的有符号或无符号整数值加/减 1。指令中"？？？"为数据类型，编程时需选择整数数据类型。

由于加/减 1 指令在 EN 有效时，每个扫描周期都要执行指令一次，为了精确执行，往往 EN 前端采用上升沿指令来控制指令的执行次数或加减操作。

3. 计算（CALCULATE）指令

计算指令的梯形图为：

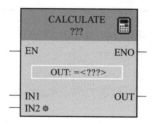

该指令用于创建多个输入时的数学函数，通过指令框中部 OUT 可输入所需的运算式。使用中，输入和输出的数据类型必须相同，若部分输入数据类型与输出不同，会被执行强制数据类型转换。

其他数学运算指令还有 MOD（取余）、NEG（取反）、ABS（求绝对值）、MIN（求最小值）、MAX（求最大值）、SIN（正弦函数）、EXP（指数函数）等，请参阅系统手册或随机帮助。

【例 7.7】分析图 7.4.24 所示的梯形图。

图 7.4.24 【例 7.7】数学运算示例

程序段 1 当 LD（I0.0）产生上升沿时，将常数 5 传送到整型变量 IN1，3 传送到整型变量 IN2，3.141 5 传送到实数型变量 fIN1，2.7 传送到实数型变量 fIN2。在程序段 2 中，当 EN 为 1 时，减和除运行执行，减的结果送入变量 SUB，值为 2；除的结果送入变量 DIV，因为是整型数相除，故结果为 1（余数 2 舍去）。在程序段 3，当 EN2 有效后，计算算式 SIN（IN1）+IN2*IN3。注意 CALCULATE 指令类型为 Real，SUB 变量被强制类型转换，因此计算结果 fRESULT 约为 5.4。

7.4.7 字逻辑指令

字逻辑操作指令是实现逻辑与、或、异或及取反等操作的指令，其指令梯形图为：

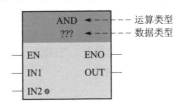

其中，运算类型有 AND（按位逻辑与）、OR（按位逻辑或）和 XOR（按位逻辑异或），"？？？"表示输入操作数 IN1、IN2 和输出 OUT 的数据类型，要求输入、输出的数据类型必须一致，合法的数据类型有 Byte、Word 和 DWord。

【例 7.8】 分析图 7.4.25 所示的梯形图。

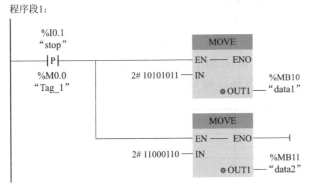

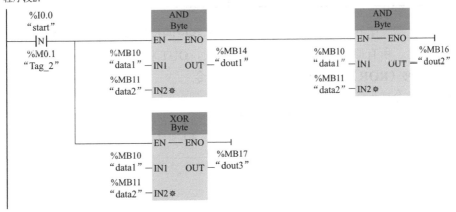

图 7.4.25 逻辑运算指令举例

当 stop 由低变高时，MOVE 指令被执行，二进制数 2#10101011 被传送到 data1，2#11000110 被传送到 data2。当 start 由高变低时，逻辑操作指令被执行，执行结果如下：

	MLB	LSB	
data1	1 0 1 0 1 0 1 1	
data2	1 1 0 0 0 1 1 0	
dout1	1 0 0 0 0 0 1 0	AND
dout2	1 1 1 0 1 1 1 1	OR
dout3	0 1 1 0 1 1 0 1	XOR

7.4.8 移位和循环移位指令

移位和循环移位指令包括：左、右移位及左、右循环移位指令。

1. 左移位（SHL）和右移位（SHR）指令

移位指令梯形图为：

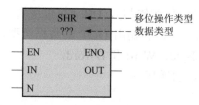

其中，SHR 表示右移操作，SHL 表示左移操作。"？？？"表示数据类型，必须是整数类型数据，要移位的数 IN 以及移位操作后保持的数 OUT，其数据类型必须一致。N 为要移位的位数，数据类型为无符号整数。若采用 SHL 指令，N=3，IN，OUT 的数据类型为 Word。设 IN 数据为 2#1110 0010 1010 1101，则各次移位后 OUT 的数据如下：

首次移位前的 OUT 值	1110 0010 1010 1101
首次左移后	1100 0101 0101 1010
第二次左移后	1000 1010 1011 0100
第三次左移后	0001 0101 0110 1000

可见，移位后，用 0 填充清空的位位置；若要移位的位数 N 大于要移位数据的位数，则最终移位完成后，所有原始位值被移出并用 0 取代，OUT 将为 0。

2. 循环右移（ROR）和循环左移（ROL）指令

循环移位指令梯形图为：

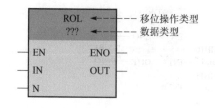

其中，移位操作类型，ROL 表示循环左移操作，ROR 表示循环右移操作。数据类型需是整数。这条指令是将输入数（IN）循环左（或右）移 N 位，再将结果输出到 OUT。如果操作数是字节，当移位次数大于或等于 8，那么在执行循环移位前，先对 N 取以 8 为底的模，其结果 0～7 为实际移动位数。

如果操作数是字，移位次数大于或等于 16，那么在执行循环移位前，先对 N 取以 16 为底的模，其结果 0～15 为实际移动位数。

如果操作数是双字，移位次数大于或等于 32，那么在执行循环移位前，先对 N 取以 32 为底的模，其结果 0～31 为实际移动位数。

若采用 ROR 指令，N=2，IN，OUT 的数据类型为 Word。设 IN 数据为 2#0100 0000 0000 0001，则各次移位后 OUT 的数据如下：

首次循环移位前的 OUT 值	0100 0000 0000 0001
首次循环右移后	1010 0000 0000 0000
第二次循环右移后	0101 0000 0000 0000

7.4.9 高速计数指令

7.4.3 小节所述的计数器指令仅能计数低于 S7-1200 CPU 扫描周期速率的计数事件。而高速计数器（High Speed Counter，HSC）可计数高于 PLC CPU 扫描周期速率的计数脉冲，并可通过组态 HSC 测量高速脉冲的频率和周期。高速计数器常用在运动控制中读取安装于电机轴上的编码器输出的高速脉冲信号，从而获取电机运转时的速度、轴位置等信息。使用 HSC 的步骤如下：

（1）在设备组态中选择 CPU 的属性选项卡启用 HSC 相应通道，并组态设置技术类型、工作模式、时钟发生器输入端子号等。在输入地址处，可设置读取计数值的地址，如 ID1000 等。或者调用"工艺"→计数→其他，选择功能块 CTRL_HSC 设置高速计数器的参数。

（2）在程序需要读取高速计数值的位置，通过 MOVE 指令读取计数值。

【例 7.9】利用高速脉冲计数器，编写程序计算从 I0.2 输入的高速脉冲的频率。

【解】建立工程文件，组态 CPU，选择 1215C DC/DC/DC，在"设备组态"的"属性"选项卡选择"高速计数器"（HSC）下，选中 HSC1，勾选启用该高速计数器，在项目信息名称处可修改该计数器的名称如 IISC_main，接着在硬件输入→"时钟发生器输入"设置脉冲输入端口为 I0.2。编写的程序及其说明如图 7.4.26～图 7.4.29 所示。其中，程序段 1 对高速计数器进行设置，通过 CV 端对计数器进行定时重启；程序段 2 通过接通延时定时器 TON 设置对计数器重启的时间间隔，这里设置为间隔 8 s 重启一次计数器；程序段 3 通过 MOVE 指令，将存储于 ID1000 的当前计数脉冲个数转存到 MD100 中；程序段 4 通过右移 3 位，执行除以 8 的功能，然后将长整型数 MD100 转换为整型存储到 MW104 中显示。

程序段 1：

对高速计数器进行设置，HSC 是计数器的硬件标识符，可从设备组态→属性→系统常量查到。CV=1，请求设置新的计数器值。这里采用了间接的方式测量脉冲的频率。可设置

Period=1 并配合 NEW_PERIOD 直接测量频率。

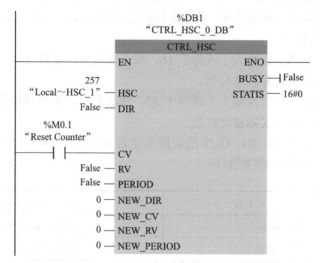

图 7.4.26 【例 7.9】程序及其说明（程序段 1）

程序段 2：

由于高速脉冲很快，不能每个扫描周期去读取计数值，需间隔时间读取。此处设置间隔时间为 8 s。

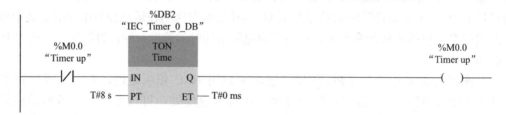

图 7.4.27 【例 7.9】程序及其说明（程序段 2）

程序段 3：

将当前计数值读出送入 MD100，并重启计数器。

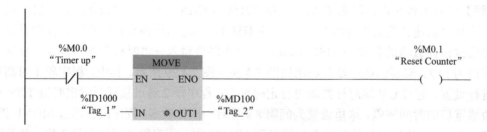

图 7.4.28 【例 7.9】程序及其说明（程序段 3）

程序段 4：

将计数脉冲个数转换为频率。右移（SHR）3 位相当于除以 8，再转换为整型 Int（此转换可省略）。

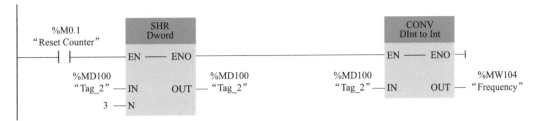

图 7.4.29 【例 7.9】程序及其说明（程序段 4）

7.4.10 脉冲输出指令

1. CTRL_PWM（脉宽调制）指令

脉宽调制指令梯形图为：

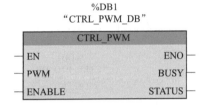

该指令可提供占空比可变且固定循环时间（频率）的 PWM 波形输出。指令梯形图中，PWM 端为 PWM 标识符，ENABLE 为使能端（1=启动脉冲发生器；0=停止脉冲发生器），BUSY 发生器状态输出（1=发生器忙，0=发生器空闲），STATUS 输出发生器的执行条件代码。

要使用 PWM 发生器，需在设备组态中选择 CPU 的属性选项卡启用脉冲发生器（PTO/PWM）相应通道，并组态设置信号类型、时基、脉宽格式、循环时间、脉冲输出通道等参数。在输出地址处，可设置占空比的地址，如 QW1000 等。

当指令盒输入 EN 为 TRUE 时，根据 ENABLE 输入的值启动或停止所标识的发生器，其脉冲宽度由对应的 Q 字输出地址中的指定值指定。

2. CTRL_PTO（脉冲串输出）指令

脉冲串输出指令的梯形图为：

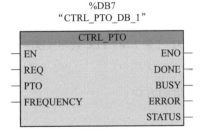

其中，EN 指令激活输入端（1=激活，0=禁用），REQ 为输出频率设置是否有效端（1=将 PTO 输出频率设置为 FREQUENCY 所表示的值，0=无修改），PTO 为脉冲发生器的硬件标识符（可通过设备视图的"脉冲发生器属性"查看），FREQUENCY 为所需频率，数据类型为 UDInt，单位为 Hz。

【例 7.10】某步进电动机驱动器与 1215C DC/DC/DC 连接，其接线图如图 7.4.30 所示。

试利用 PLC 的高速脉冲输出功能，编制程序实现步进电动机按固定转速正反转运行。

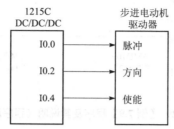

图 7.4.30　步进电动机驱动器与 PLC 连接示意图

【解】编制的程序及其说明如图 7.4.31～图 7.4.33 所示。

程序段 1：

PTO 为高速脉冲输出设备的硬件标识符，可从"设备组态"→"CPU 属性"→"系统常数"中找到。

REQ=true 时，FREQUENCY 的输入值才起作用，即此时设置脉冲的输出频率为 10 kHz。

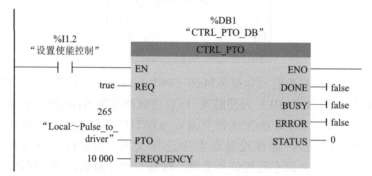

图 7.4.31　【例 7.10】PLC 程序（程序段 1）

程序段 2：

通过外部开关 I1.1 控制驱动器工作与否。

图 7.4.32　【例 7.10】PLC 程序（程序段 2）

程序段 3：

通过外部开关控制步进电动机的方向。

图 7.4.33　【例 7.10】PLC 程序（程序段 3）

7.4.11 模拟量输入/输出指令

CPU 1215C 分别自带两路模拟量输入和输出通道。PLC CPU 在扫描周期使用内部存储区对本地模拟量进行同步更新，每个模拟量输入/输出，在存储区占用 2 个字节（16 位）。其中模拟量输入电压的范围为 0～10 V，对应数字量为 0～27 648，但分辨率为 10 位。当输入电压大于 10 V 时，会溢出，但数字量仍有输出。其输入电压值与对应的数字量的关系见表 7.11。

表 7.11 模拟量输入/输出关系（CPU）

系统		输入电压测量范围		输出电流范围	
十进制	十六进制	0～10 V	说明	0～20 mA	说明
32 767	7FFF	11.852 V	上溢		上溢
32 512	7F00				
32 511	7EFF	11.759 V	过冲范围	23.52 mA	过冲范围
27 649	6C01				
27 648	6C00	10 V	额定范围	20 mA	额定范围
20 736	5 100	7.5 V		15 mA	
34	22	12 mV		0.024 7 mA	
0	0	0 V		0 mA	
负值		不支持		不支持	

模拟量输出为电流型，满量程范围 0～20 mA，对应输出数字量为 0～27 648，分辨率为 10 位。由于模拟量输出是电流型，要转换成电压，需外接负载，其驱动负载的阻抗最大值为 500 Ω。数字量与输出电流的对应关系见表 7.11。

图 7.4.34 所示程序段，显示了如何进行模拟量输入和输出的操作。IW64 是模拟量输入通道 0 的映像存储地址，采用 MOVE 指令将 IW64 映像寄存器中存储的将模拟量已转换为数字量的值送到"Data in"以作后续处理。第二个 MOVE 指令，将待转换为模拟量的数据送到输出映像寄存器 QW64 中，在 CPU 的扫描周期开始，系统会自动将其转换为模拟值。

图 7.4.34 模拟量输入/输出示例

西门子 S7-1200 的指令集非常丰富，本章仅就基本指令做了概略介绍，想要学习完整的指令，可通过编程软件的帮助或西门子官网下载对应的系统手册。

7.5 编程方法与实例

编写 PLC 控制程序首先遇到的问题是 PLC 如何与外部设备连接，现以笼型异步电动机的起动、停止控制电路为例，说明 PLC 内部梯形图程序与输入/输出设备之间的关系。通常来自现场的指令信号是经 PLC 的输入接口进入 PLC 的，指令信号是指按钮、继电器触点、行程开关等。

为了提高抗干扰能力，输入接口通常是由发光二极管和光电三极管组成的光电耦合器构成的光电隔离电路，然后信号经光电隔离电路传送到输入映像寄存器（图 7.2.3）。输入映像寄存器存储着高电平"1"或低电平"0"，这对应着"继电器"的通/断状态，通常高电平"1"为通，低电平"0"为断。此处"继电器"是指由系统软件程序赋予其具有继电器功能的"软继电器"，即存储器单元，而非真正的物理继电器，因此可以将输入映像寄存器等效为输入"软继电器"。输入"软继电器"也可理解为含有线圈和触点，如图 7.5.1 所示。图中起动按钮 SF_2 通过输入接口电路与输入"软继电器"的线圈 I0.0 相连，停止按钮 SF_1 通过输入接口电路与输入"软继电器"的线圈 I0.1 相连，热继电器的常闭触点 BB 通过输入接口电路与输入"软继电器"的线圈 I0.2 相连。若输入"软继电器"的线圈与直流电源构成回路，则输入"软继电器"动作，并使其触点的状态发生变化（即输入映像寄存器单元的状态发生相应变化）。PLC CPU 通过扫描得到输入端（或点）的信息，CPU 根据输入信息，按已编制好的程序进行逻辑运算。

在程序的执行过程中，由 CPU 发出的各种控制信号先送入输出映像寄存器。在 CPU 扫描周期的开始阶段，将输出映像寄存器中的内容送到物理输出端（或点）。输出映像寄存器也可以等效为输出"软继电器"，同样也有线圈和触点，输出的控制信号经输出接口去控制和驱动负载，如控制指示灯的亮灭、电磁阀的开闭、接触器线圈的通电和断电，等等。输出接口及其说明参见图 7.2.4。

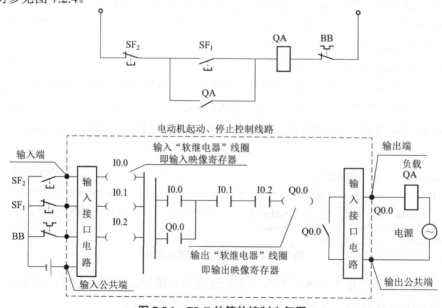

图 7.5.1　PLC 的等效控制电气图

在图 7.5.1 中，I0.1 接常闭停止按钮，I0.2 接热继电器常闭触点，因此在程序启动后的第一个扫描周期，更新输入映像寄存器对应位值为 1，程序中 I0.1 和 I0.2 常开触点虽外部开关无动作，但因读取位值为 1 而闭合。当按下起动按钮 SF_2 时，输入"软继电器"线圈 I0.0 "有电"，其触点 I0.0 闭合，使输出"软继电器"线圈 Q0.0 "有电"，对应触点 Q0.0 闭合，经输出接口电路使负载电源构成回路，从而交流接触器 QA 得电，接通电动机的主电路，实现电动机运转。当按下停止按钮 SF_1 时，输入"软继电器"线圈 I0.1 "断电"，其触点 I0.1 断开，使输出"软继电器"线圈 Q0.0 "断电"，对应触点 Q0.0 断开，QA 失电，电动机停转。

由以上分析可以看出，PLC 内部控制电路可以理解为是一个用程序实现的"接线"电路，只要修改程序就可以改变控制规律。

7.5.1 PLC 控制程序的设计方法概述

PLC 从提出概念之初，就是为了替代继电接触控制系统，因此继电接触控制系统的设计方法可移植到 PLC 程序的设计中。另一方面，PLC 是一种特殊的计算机系统，因而计算机的程序设计方法也可用于 PLC 程序设计。PLC 的主要控制对象是工业过程，因此例如顺序功能图就特别适合控制功能的描述和 PLC 程序的设计。

开发设计 PLC 控制程序的流程如图 7.5.2 所示。

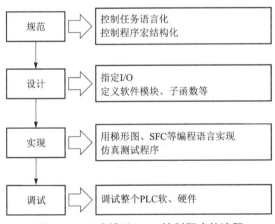

图 7.5.2 开发设计 PLC 控制程序的流程

在规范阶段，需形成控制任务准确、精细化的描述。对系统功能描述要尽可能的定型，找出其中相矛盾的要求，有误导或不完全的设计要求。该阶段完成后，要形成控制功能的文字文件、系统的宏结构描述、解决方案的粗略描述等文件。在工程中，这些文件内容需反复与甲方交流并签字确认。

在设计阶段，用图形化或流程化的方法，对控制功能、控制函数等进行独立于技术实现的设计。可以用流程图或顺序功能图描述控制系统的功能。

在实现阶段，采用梯形图、文本语言等 PLC 编程语言，编制程序并仿真，确保程序正确。

在调试阶段，编制的程序与控制系统硬件进行联调联试。在各种工况下，耐心仔细测试程序，消除软硬件设计的瑕疵，确保系统安全可靠运行。

1. 经验设计法

经验设计法是在典型控制程序的基础上，根据控制对象的控制要求，进行组合和修改梯形图,形成满足控制要求的程序。这种设计方法程序的质量、设计周期取决于设计者的经验,所以常用于较简单的程序设计。

由于继电接触控制系统已长期使用,已有较完善并经过验证的控制电路图。而 PLC 梯形图程序与继电接触控制电路类似,故可以直接将已经验证的继电接触控制线路转换为梯形图,其步骤如下:

(1)熟悉并理解现有继电接触控制线路。

(2)对照 PLC I/O 端子接线图,将继电接触控制线路的被控元件(如接触器、指示灯、电磁阀等)换成 PLC 对应的输出点编号,将输入元件(如按钮、行程开关等)触点换成对应的输入点编号。

(3)将继电接触控制线路中的中间继电器、时间继电器用 PLC 的辅助继电器(存储单元)、定时器代替。

(4)画出全部梯形图,并联机调试。

经典设计法,对较简单的控制系统和已有继电接触控制线路时是可行的。但随着控制功能复杂程度增大,控制要求日趋智能化和柔性化时,该方法存在极大的局限性。

2. 状态图设计法

过程控制系统往往可以用状态来描述,这里状态是指系统的一种工作模式。例如继电接触控制所介绍的启停控制电路,其状态转移图如图 7.5.3 所示。

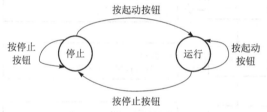

图 7.5.3 启停控制状态转移图

设常开起动按钮为 Start(=1,按下;=0,未按下),常开停止按钮为 Stop,PLC 接控制电动机的接触器线圈的输出点为 Qout(=1,线圈得电,电动机运行;=0,线圈失电,电动机停止运行),可得状态转移表如表 7.12 所示。

表 7.12 状态转移表

Start Stop	Q_{out}^{n}	Q_{out}^{n+1}
0 0	0	0
	1	1
0 1	0	0
	1	0
1 0	0	1
	1	1
1 1	0	0
	1	0

可得逻辑表达式为 $(Q_{out})^{n+1} = \overline{Stop}(Start + Q_{out}^n)$，很容易得到图 7.4.7 所示的梯形图程序实现。

用状态转移图方法设计 PLC 程序，遵循如下步骤：

（1）根据控制任务，定义输入、输出信号以及状态。通常状态是输出的组合。

（2）根据控制任务，确定状态间的转移规律、状态转移的条件，画出状态转移图。

（3）根据状态转移图，列出状态转移表，写出各状态的输出表达式。

（4）按照状态的输出表达式，编写 PLC 程序。

3. 流程图设计法

流程图的画法与其他计算机编程语言完全相同。例如，启停控制的流程图如图 7.5.4 所示，其设计步骤在此不做赘述。

4. 顺序功能图设计法

顺序功能图类似于状态转移图，是一种图形化语言，用以表示工业过程。随着 IEC61131-3 的推广和普及，顺序功能图作为一种 PLC 程序设计语言和方法，已获得绝大部分主流 PLC 生产厂家的支持。

在第 6 章中，我们已经介绍了如何用顺序功能图来分析继电接触控制系统的控制功能和对控制过程进行描述。本章，将进一步介绍如何用顺序功能图，在不直接支持 SFC 的机型上实现顺序功能图编程。

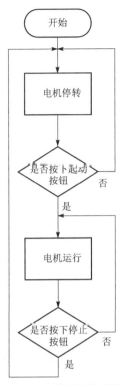

图 7.5.4 启停控制的流程图

顺序功能图的核心是步以及步之间的转换，即步与步之间是如何演进的。在 S7-1200 中，对图 7.5.5（a）所示的步及其转换，可用图 7.5.5（b）所示梯形图实现。图中，S_i 表示第 i 步，S_{i+1} 表示后续步，由步 S_i 向后续步 S_{i+1} 演变的转换条件为 T_i。从顺序功能图得知，从步 S_i 要演进到步 S_{i+1}，需当且仅当 S_i 是活动步且转换条件 T_i 成立时，后续步 S_{i+1} 激活并复位前进步 S_i。因此可得梯形图实现如图 7.5.5（b）所示。

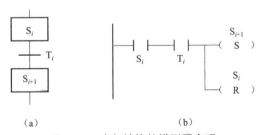

图 7.5.5 步与转换的梯形图实现
（a）步与转换；（b）程序实现

7.5.2 PLC 系统设计与编程实例

本小节以西门子 S7-1215 DC/DC/DC CPU 为例，讨论 PLC 控制系统的设计与编程。

【例 7.11】试用 PLC 梯形图编程语言实现三相异步电动机的正-停-反控制，PLC 系统的接线图如图 7.5.6 所示。

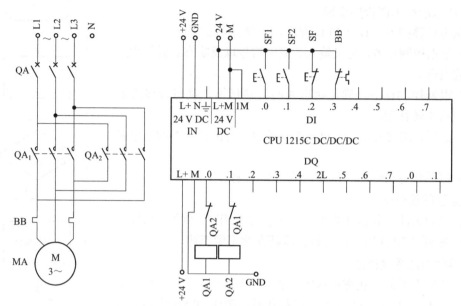

图 7.5.6 正反转 PLC 系统接线图

由图 7.5.6 可知，PLC 的输入/输出点分配如表 7.13 所示。

表 7.13 正反转 PLC 控制系统输入/输出点分配表

输入信号			输出信号		
名称	PLC 变量	输入点地址	名称	PLC 变量	输出点地址
正转起动按钮	SF1	I0.0	正转接触器	QA1	Q0.0
反转起动按钮	SF2	I0.1	反转接触器	QA2	Q0.1
停止按钮	SF	I0.2			
热继电器	BB	I0.3			

比较 6.3.2 节电动机正反转继电接触控制电路，可以发现，PLC 控制系统和继电接触控制系统在主电路上是相同的，其区别在于控制回路。继电接触控制系统的控制回路，由硬导线连接构成"程序"，是并行处理的关系，而 PLC 控制系统的控制功能，则由存储在 PLC 内的程序所决定，并由 CPU 按一定规则顺序执行。要改变系统的控制功能，主要是改变 PLC 程序。这使系统的维护、系统功能的修改更为方便、快捷。这正是 PLC 比继电接触控制系统优越的地方。

图 7.5.6 中，与 PLC 输入相连的停止按钮 SF 和热继电器 BB 均采用常闭触点，其原因是系统上电后，常闭触点处于接通状态，PLC 的输入触点状态指示灯点亮，可在一定程度上用来指示输入电路是否正常工作，提高系统的可靠性。为了防止两个接触器线圈同时得电，导致电动机主电路短路，在 PLC 输出端进行了"硬"互锁连接，进一步提高系统

的安全性和可靠性。

【解】经验设计法，参见图 6.3.8，可得 PLC 程序如图 7.5.7 所示。

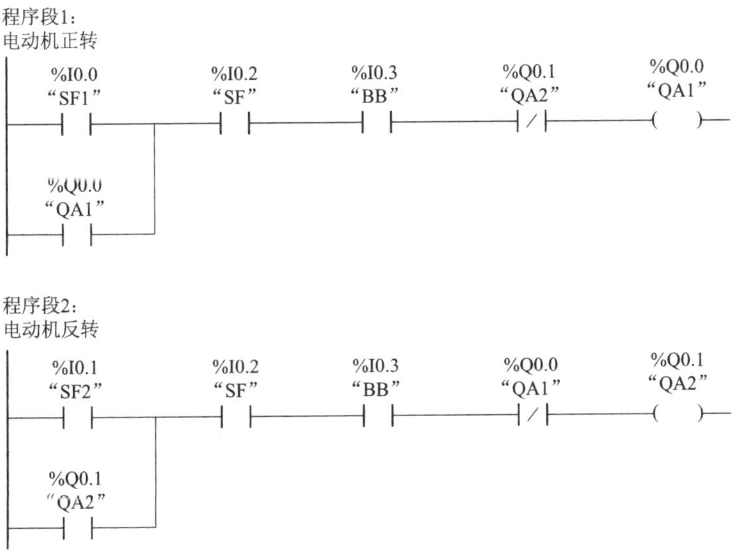

程序段1:
电动机正转
%I0.0
“SF1”
%I0.2
“SF”
%I0.3
“BB”
%Q0.1
“QA2”
%Q0.0
“QA1”
%Q0.0
“QA1”
程序段2:
电动机反转
%I0.1
“SF2”
%I0.2
“SF”
%I0.3
“BB”
%Q0.0
“QA1”
%Q0.1
“QA2”
%Q0.1
“QA2”

图 7.5.7 【例 7.11】程序 1

状态图设计法：电动机的正–停–反控制的状态转移图如图 7.5.8 所示，在电动机停止时，按下正转起动按钮 SF1，电动机则正转运行，此时 QA1 得电，QA2 失电；若停止时按下反转起动按钮 SF2，则反转运行，此时 QA1 失电，QA2 得电。在任何状态按下停止按钮 SF 或发生过热而 BB 动作，系统状态均回到停止状态，两个接触器线圈 QA1 和 QA2 失电。

SF 或 BB
停止
SF1
SF2
正传
SF 或 BB
反转

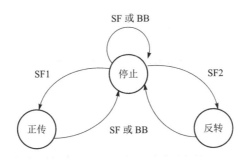

图 7.5.8 【例 7.11】状态转移图

用 RS 触发器，可直接得到梯形图如图 7.5.9 所示。

用顺序功能图编程方法，其顺序功能图如图 7.5.10 所示。S_STOPPING 是初始步（或停止步），当 PLC 系统上电第一个 CPU 扫描周期时，需进入初始步。在初始步电动机应停止运行。S_RUNNING 是正转运行步，此时 QA1 得电而 QA2 不能得电。由初始步演进到正转运行步的转换条件是按下正转起动按钮 SF1。在初始步，若选择按下反转起动按钮 SF2，则演进到反转运行步 S_REVERSE。无论在正转还是在反转步，只要按下停止按钮 SF 或电动机过载使热继电器 BB 触点动作，均演进到初始步，电动机停止运行。

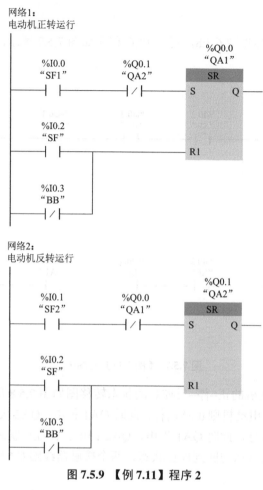

图 7.5.9 【例 7.11】程序 2

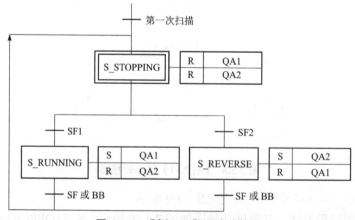

图 7.5.10 【例 7.11】顺序功能图

按顺序功能图,编制的程序如图 7.5.11 所示。程序段 1~3 完成步的转换,需注意的是,CPU 第一个扫描周期接通一次,需在编程软件中按路径"设备组态"→"CPU 属性"→"系统和时钟存储器",启用系统存储器字节才可调用 FirstScan。FirstScan 的功能是在 CPU 上电的第一个扫描周期,接通一个扫描周期。

第 7 章 可编程序控制器的原理及应用

程序段1：
初始步的进入，除了按停止按钮和热继电器动作外，还有第一个CPU 扫描周期

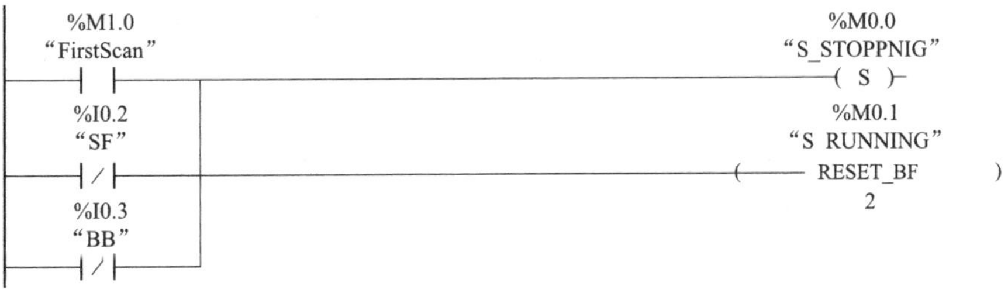

```
    %M1.0                                              %M0.0
  "FirstScan"                                       "S_STOPPNIG"
  ─┤├─┬─────────────────────────────────────────────────( S )──
    %I0.2                                              %M0.1
    "SF"                                             "S_RUNNING"
  ─┤/├─┤                                       ──(  RESET_BF  )──
    %I0.3                                                2
    "BB"
  ─┤/├─┘
```

程序段2：
在初始步按下正转起动按钮，则进入正转步，同时需对前驱步(初始步)灭活

```
    %M0.0        %I0.0                              %M0.1
  "S_STOPPING"   "SF1"                           "S_RUNNING"
  ─┤├──────────┤├─┬───────────────────────────────────( S )──
                  │                                  %M0.0
                  │                                "S_STOPPING"
                  └────────────────────────────────────( R )──
```

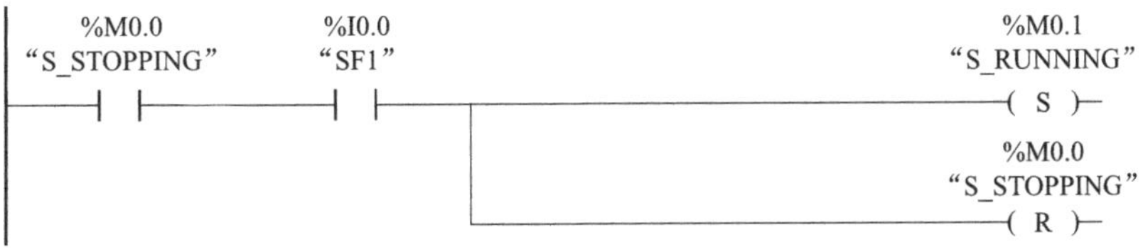

程序段3．
在初始步按下反转起动按钮，则进入反转步，同时需对前驱步(初始步)灭活

```
    %M0.0        %I0.1                              %M0.2
  "S_STOPPING"   "SF2"                            "S_REVERSE"
  ─┤├──────────┤├─┬───────────────────────────────────( S )──
                  │                                  %M0.0
                  │                                "S_STOPPING"
                  └────────────────────────────────────( R )──
```

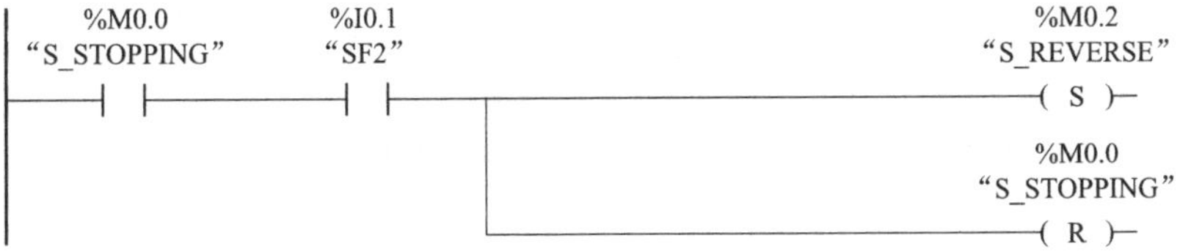

程序段4：
初始步的动作：使电动机停转，两个接触器线圈均不得电

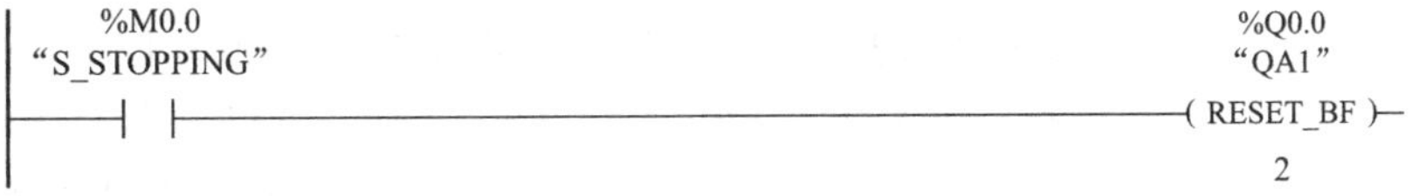

```
    %M0.0                                             %Q0.0
  "S_STOPPING"                                         "QA1"
  ─┤├──────────────────────────────────────────────(  RESET_BF  )──
                                                        2
```

程序段5：
正转步的动作：电动机正转，正转接触器QA1 线圈得电

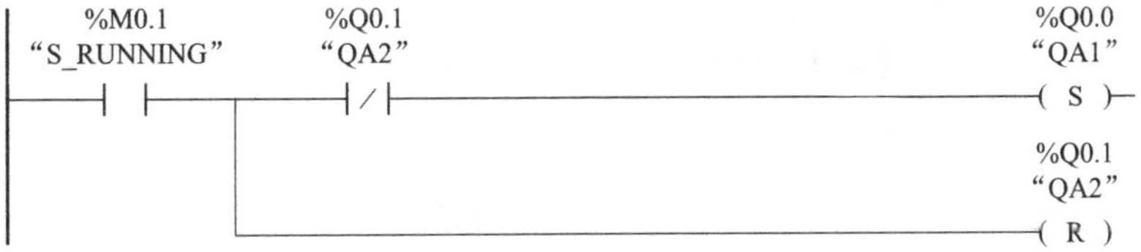

```
    %M0.1        %Q0.1                              %Q0.0
  "S_RUNNING"   "QA2"                                "QA1"
  ─┤├──────────┤/├─┬───────────────────────────────────( S )──
                   │                                  %Q0.1
                   │                                   "QA2"
                   └────────────────────────────────────( R )──
```

程序段6：
反转步的动作：电动机反转，反转接触器线圈得电

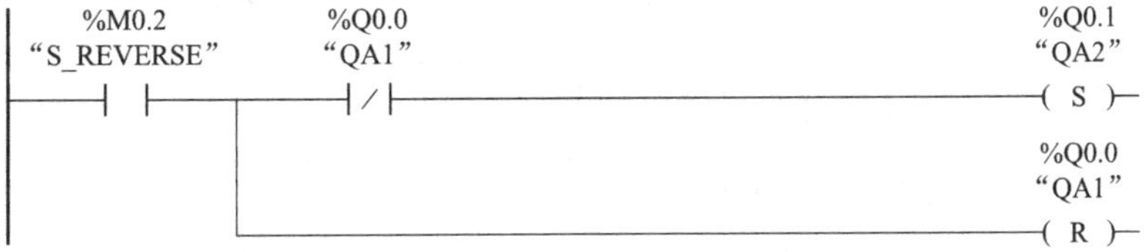

```
    %M0.2        %Q0.0                              %Q0.1
  "S_REVERSE"   "QA1"                                "QA2"
  ─┤├──────────┤/├─┬───────────────────────────────────( S )──
                   │                                  %Q0.0
                   │                                   "QA1"
                   └────────────────────────────────────( R )──
```

图 7.5.11 【例 7.11】程序 3

比较三种编程方法，可以发现：

（1）当对现有继电接触控制系统进行 PLC 升级改造，控制较为简单时，采用经验法是合适的。

（2）状态转移图法，逻辑表达式的化简是一大问题，为节约篇幅，本例就直接省略，感兴趣的读者可尝试完成状态转移表并进行逻辑化简。可以说，当系统 I/O 较多的，逻辑化简几乎是一个不可能完成的任务。

（3）顺序功能图法，将过程控制系统的工况（步）和其相应的动作分开处理，减少了动作之间的逻辑关联性，实现了逻辑解耦，即动作只受当前步的约束。

可以想见，系统复杂性越高，顺序功能图法设计程序优势越突出。如果在能直接支持顺序功能图编程的条件下，对过程控制功能分析完成，基本就完成了程序的编制。图 7.5.12 所示为 CODESYS 编程软件采用顺序功能图编程的结果。

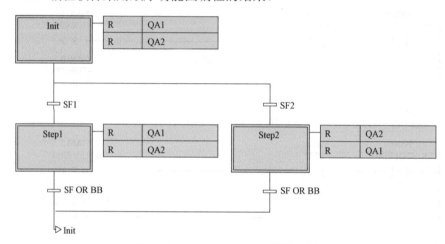

图 7.5.12　CODESYS SFC 编程示例

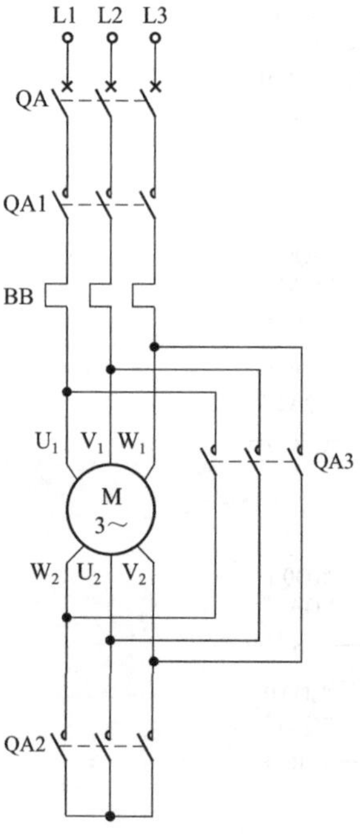

【例 7.12】设计三相异步电动机的Y—△起动控制系统和程序。首先按总电源开关（I0.0），接通总电源（QA1 主触点闭合），然后按起动按钮（I0.1），使电动机绕组先实现Y接（QA2 主触点闭合），经延时 6 s 后，电动机绕组改为△接（QA3 闭合）。按停车按钮（I0.2），电动机停转。

【解】按题目要求，PLC 系统的主电路如图 7.5.13 所示，输入/输出编号与变量命名见表 7.14。

图 7.5.13　【例 7.12】主电路

表 7.14　【例 7.12】输入/输出端子接线表

输入信号			输出信号		
名称	PLC 变量	输入点地址	名称	PLC 变量	输出点地址
电源总开关	bPOWER_ON	I0.0	总电源接触器	QA1	Q0.0
起动按钮（NO）	bSTART	I0.1	星形接触器	QA2	Q0.1
停止按钮（NC）	bSTOP	I0.2	三角形接触器	QA3	Q0.2
热继电器（NC）	BB	I0.3			

（1）经验设计法的 PLC 程序及其说明如图 7.5.14 所示。

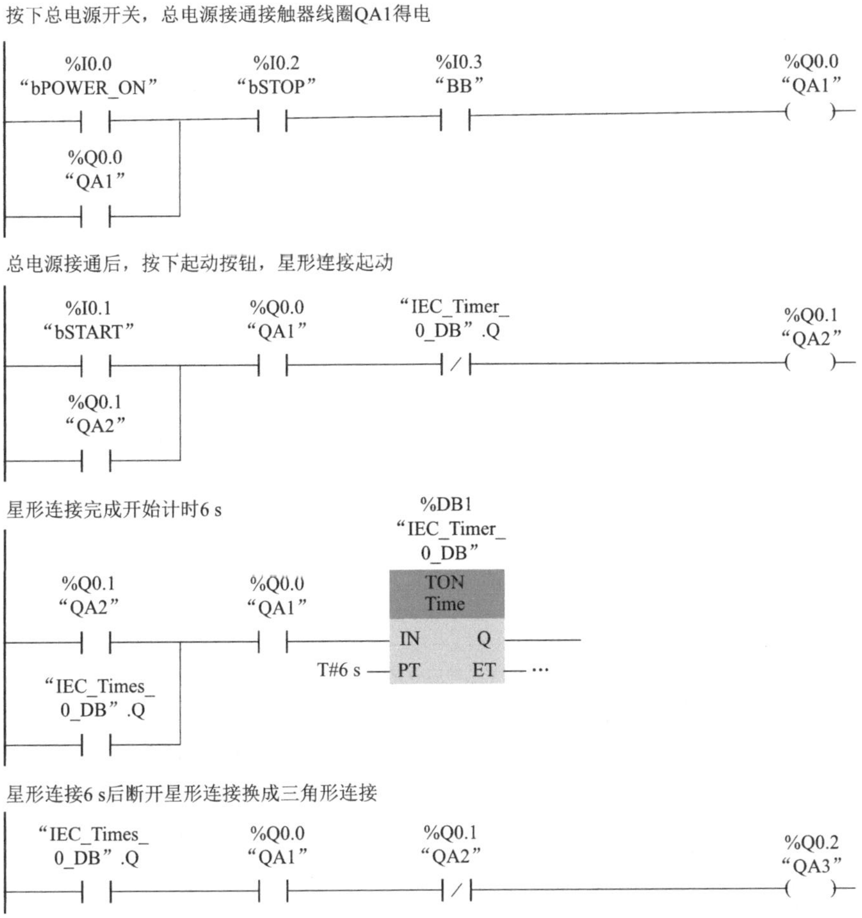

按下总电源开关，总电源接通接触器线圈QA1得电
%I0.0
“bPOWER_ON”
%I0.2
“bSTOP”
%I0.3
“BB”
%Q0.0
“QA1”
%Q0.0
“QA1”
总电源接通后，按下起动按钮，星形连接起动
%I0.1
“bSTART”
%Q0.0
“QA1”
“IEC_Timer_
0_DB”.Q
%Q0.1
“QA2”
%Q0.1
“QA2”
星形连接完成开始计时6 s
%DB1
“IEC_Timer_
0_DB”
%Q0.1
“QA2”
%Q0.0
“QA1”
TON
Time
IN
Q
T#6 s
PT
ET
“IEC_Times_
0_DB”.Q
星形连接6 s后断开星形连接换成三角形连接
“IEC_Times_
0_DB”.Q
%Q0.0
“QA1”
%Q0.1
“QA2”
%Q0.2
“QA3”

图 7.5.14 【例 7.12】程序 1

（2）顺序功能图如图 7.5.15 所示。

第一次扫描
S0
R
QA1，QA2，
QA3
bPOWER_ON
S1
S
QA1
bSTART
bSTOP
或BB
S2
L
“T#60 s”
QA2
6 s到
bSTOP
或BB
S3
S
QA3
bSTOP或BB

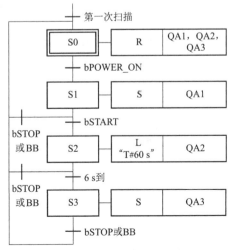

图 7.5.15 【例 7.12】顺序功能图

编制的程序如图 7.5.16 所示。

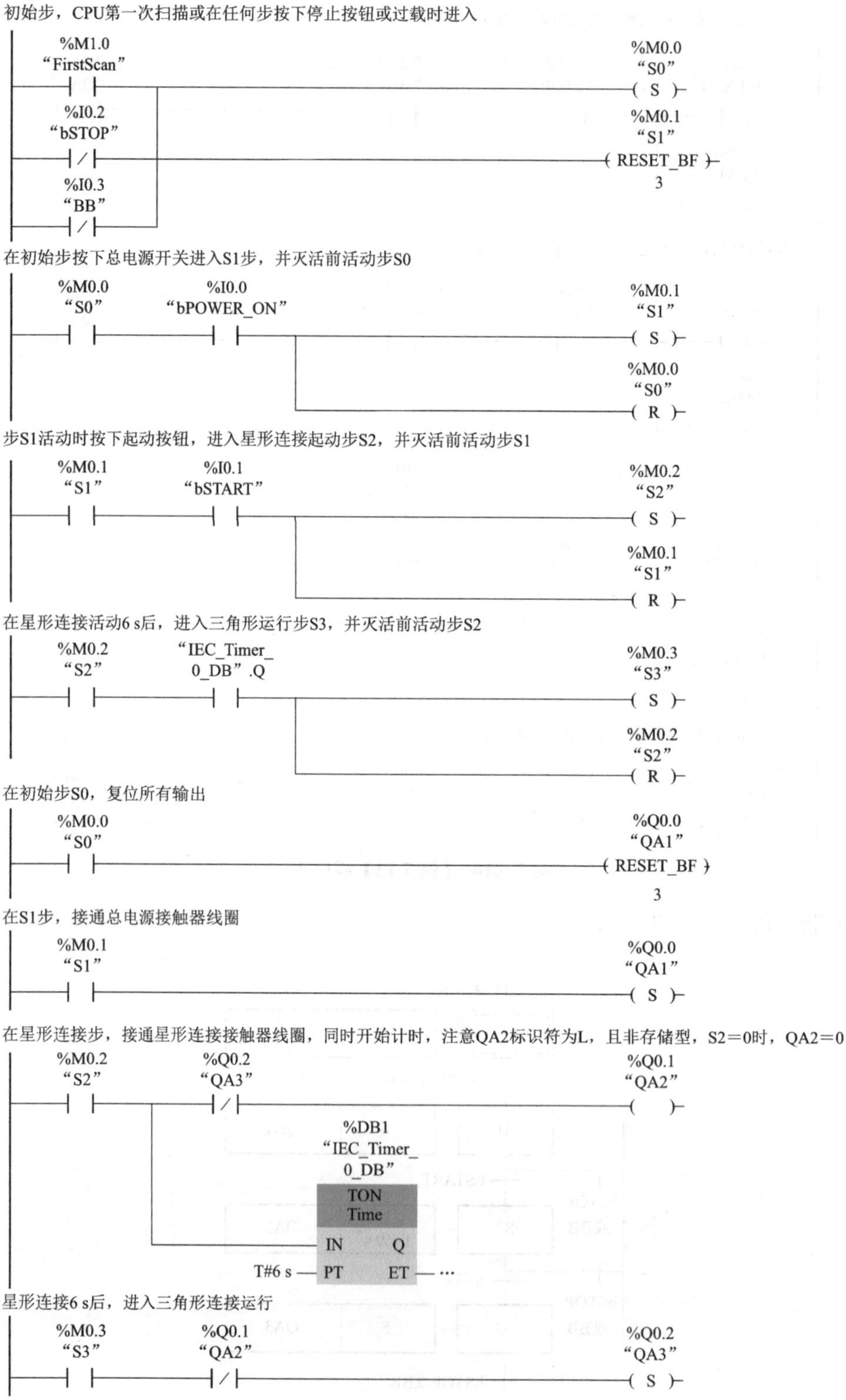

初始步，CPU第一次扫描或在任何步按下停止按钮或过载时进入

```
   %M1.0                                           %M0.0
 "FirstScan"                                        "S0"
 ——| |——┬──────────────────────────────────────────( S )
   %I0.2 │                                         %M0.1
  "bSTOP"│                                          "S1"
 ——|/|——┤                                     ——( RESET_BF )
   %I0.3 │                                              3
   "BB"  │
 ——|/|——┘
```

在初始步按下总电源开关进入S1步，并灭活前活动步S0

```
   %M0.0        %I0.0                              %M0.1
   "S0"      "bPOWER_ON"                            "S1"
 ——| |————————| |———┬────────────────────────────( S )
                    │                             %M0.0
                    │                              "S0"
                    └────────────────────────────( R )
```

步S1活动时按下起动按钮，进入星形连接起动步S2，并灭活前活动步S1

```
   %M0.1        %I0.1                              %M0.2
   "S1"       "bSTART"                              "S2"
 ——| |————————| |———┬────────────────────────────( S )
                    │                             %M0.1
                    │                              "S1"
                    └────────────────────────────( R )
```

在星形连接活动6 s后，进入三角形运行步S3，并灭活前活动步S2

```
   %M0.2     "IEC_Timer_                           %M0.3
   "S2"       0_DB".Q                               "S3"
 ——| |————————| |———┬────────────────────────────( S )
                    │                             %M0.2
                    │                              "S2"
                    └────────────────────────────( R )
```

在初始步S0，复位所有输出

```
   %M0.0                                           %Q0.0
   "S0"                                            "QA1"
 ——| |————————————————————————————————————————( RESET_BF )
                                                     3
```

在S1步，接通总电源接触器线圈

```
   %M0.1                                           %Q0.0
   "S1"                                            "QA1"
 ——| |—————————————————————————————————————————————( S )
```

在星形连接步，接通星形连接接触器线圈，同时开始计时，注意QA2标识符为L，且非存储型，S2=0时，QA2=0

```
   %M0.2       %Q0.2                               %Q0.1
   "S2"        "QA3"                                "QA2"
 ——| |————————|/|——┬─────────────────────────────( )
                   │       %DB1
                   │    "IEC_Timer_
                   │       0_DB"
                   │    ┌───────────┐
                   │    │    TON    │
                   │    │   Time    │
                   └────┤ IN      Q │
                  T#6s ─┤ PT     ET ├─ ...
                        └───────────┘
```

星形连接6 s后，进入三角形连接运行

```
   %M0.3       %Q0.1                               %Q0.2
   "S3"        "QA2"                                "QA3"
 ——| |————————|/|—————————————————————————————————( S )
```

图 7.5.16　【例 7.12】程序 2

【例7.13】小车行程控制如图7.5.17所示。控制功能如下：
（1）在 A 点和 B 点之间，按任一起动按钮，小车可向左或向右移动。
（2）小车若停在 A 点，则只能按右移起动按钮向 B 点行驶；小车若停在 B 点，则只能按左移起动按钮向 A 点行驶。
（3）小车向右行驶撞击行程开关 BGB 后立即停车，6 s 后自动向左行驶，撞击行程开关 BGA 停车 10 s 后自动向右行驶，如此往复运行。
（4）小车在任何位置或小车电动机过载，均立即停车。
试设计 PLC 控制程序。

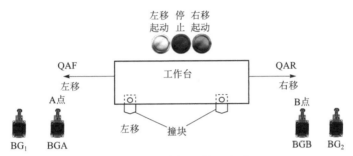

图 7.5.17 【例 7.13】示意图

【解】按系统功能要求，设计 PLC I/O 接线表见表 7.15。

表 7.15 【例 7.13】PLC I/O 接线表

输入信号			输出信号		
名称	PLC 变量	输入点地址	名称	PLC 变量	输出点地址
左移起动按钮（NO）	bSFF	I0.0	左移接触器	QAF	Q0.0
右移起动按钮（NO）	bSFR	I0.1	右移接触器	QAR	Q0.1
停止按钮（NC）	bSTOP	I0.2			
热继电器（NC）	BB	I0.3			
A 点限位开关	BGA	I0.4			
A 点极限	BG1	I0.5			
B 点限位开关	BGB	I0.6			
B 点极限	BG2	I0.7			

按控制功能可得如图 7.5.18 所示用经典方法设计的 PLC 程序，图中已对每个程序段做了简明注释。特别需要注意的是程序段 5，用 M0.0 来记住是否按下起动按钮，从而保证在两侧 BGA 和 BGB 被小车压下时，系统上电不会自启动。

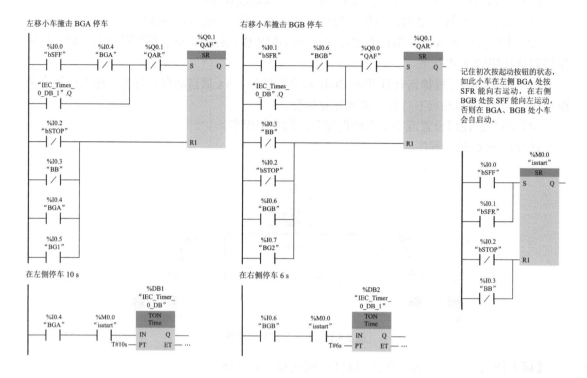

图 7.5.18 【例 7.13】程序 1

小车行程控制的顺序功能图如图 7.5.19 所示。

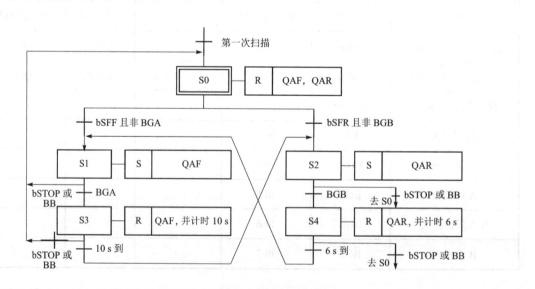

图 7.5.19 小车行程控制顺序功能图

按顺序功能图编制的程序如图 7.5.20 所示。

第 7 章 可编程序控制器的原理及应用

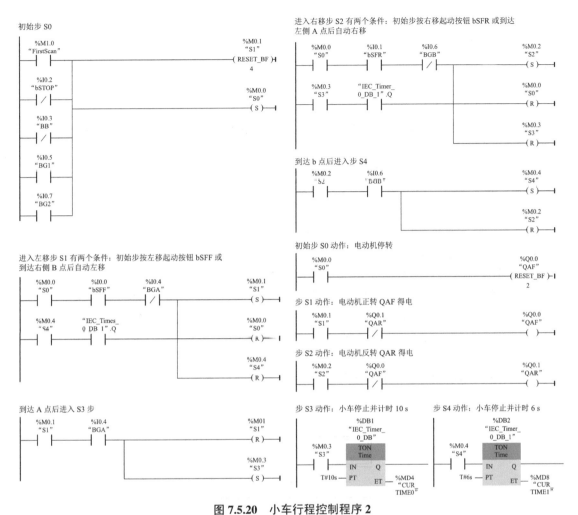

图 7.5.20 小车行程控制程序 2

【例 7.14】小区小车自动门系统示意图如图 7.5.21 所示。

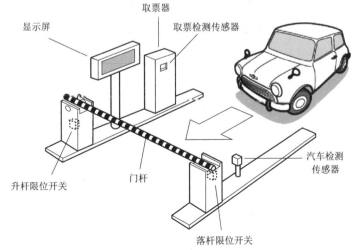

图 7.5.21 小区小车自动门系统示意图

其控制功能描述如下：

（1）等待状态，此时门杆处于关闭状态。各输入/输出信号状态为：① 汽车检测传感器为 OFF；② 取票检测传感器为 OFF；③ 升杆限位开关为 OFF；④ 落杆限位开关为 ON；⑤ 显示屏无显示。

（2）当有小车接近时，汽车检测传感器变为 ON。

（3）当汽车检测传感器变为 ON 后，取票器吐出停车票，同时显示屏显示"请取停车票"。

（4）停车票取出后，取票检测传感器变为 ON。

（5）当取票检测传感器变为 ON 后，门杆开始抬升，显示屏同时显示"开门中"，落杆限位开关变为 OFF。

（6）当门杆完全抬升后，升杆限位开关变为 ON，门杆停止继续抬升。

（7）显示屏显示"请通行"。

（8）当小车通过门杆后，汽车检测传感器变为 OFF。

（9）当汽车检测传感器变为 OFF 后，为安全考虑，延时 5 s 后落下门杆。显示屏显示"关门中"，升杆限位开关变为 OFF。

（10）当门杆完全关闭时，落杆限位开关变为 ON。当落杆限位开关变为 ON 后，关门杆动作停止，系统回到等待状态。

【解】按系统功能描述，可得到顺序功能图如图 7.5.22 所示。

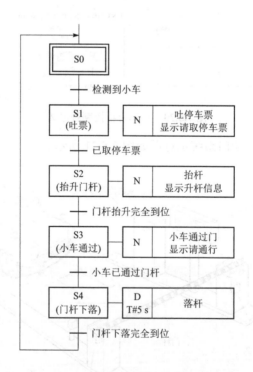

图 7.5.22 小区小车自动门系统顺序功能图

设计 PLC 硬件，外部输入/输出设备见表 7.16。

表 7.16 【例 7.14】输入/输出点分配表

输入信号			输出信号		
名称	PLC 变量	输入点地址	名称	PLC 变量	输出点地址
汽车检测传感器	CAR	I0.0	升杆电机接触器	QAF	Q0.0
取票检测传感器	TICKET_RECEIVED	I0.1	落杆电机接触器	QAR	Q0.1
升杆限位开关	UP_LIMIT	I0.2	吐停车票指令	ISSUE_TICKET	Q0.2
落杆限位开关	DOWN_LIMIT	I0.3	请取票显示输出	DISPLAY_TAKE_OUT	Q0.3
			升杆信息输出	DISPLAY_UPPING	Q0.4
			小车通过信息输出	DISPLAY_PASSING	Q0.5
			落杆信息输出	DISPLAY_CLOSING	Q0.6

可得梯形图如图 7.5.23 所示。

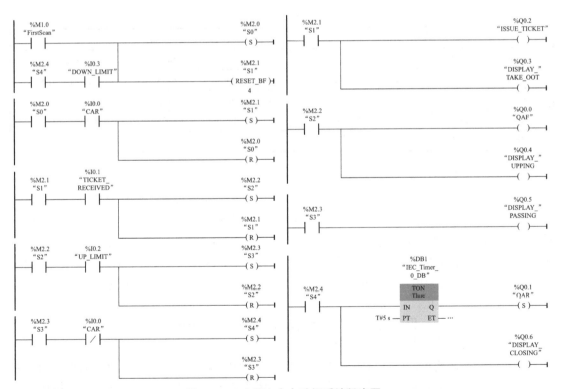

图 7.5.23 小区小车自动门系统程序图

【例 7.15】饮料灌装控制系统示意图如图 7.5.24 所示。空饮料瓶到达灌装位置由限位开关 LS 检测。空饮料瓶到达灌装位置后,等待 0.5 s,然后打开灌装电磁阀,开始灌装饮料。

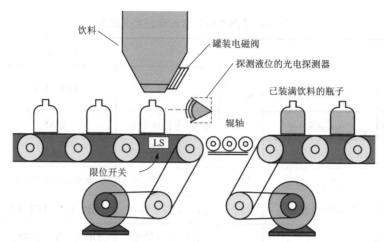

图 7.5.24　饮料灌装控制系统示意图

光电探测器用来检测饮料是否已经灌满饮料瓶。当光电探测器检测到饮料瓶已灌满饮料，等待 0.7 s 后移动下一个空瓶，已装满饮料的瓶子通过辊轴由一直运行的出料传送带将瓶子送到下一工位。

【解】根据功能描述，首先配置 PLC 硬件 I/O，如表 7.17 所示。

表 7.17　【例 7.15】PLC I/O 配置表

输入			输出		
变量名	地址	说明	变量名	地址	说明
bStart	I0.0	起动按钮（NO）	Feed Motor	Q0.0	送瓶电动机（左侧）
bStop	I0.1	停止按钮（NC）	OutFeed Motor	Q0.1	卸料电动机（右侧）
LS	I0.2	1=空瓶到位	Feed Solenoid	Q0.2	灌装电磁阀
PE	I0.3	1=饮料已灌满			

按继电接触控制传统方法设计的 PLC 程序如图 7.5.25 所示。在程序段 1，一旦按下起动按钮 bStart，卸料电动机就一直运行，除非停止按钮 bStop 被按下。在程序段 2，若空瓶未到灌装位置或饮料已灌装完成，则送瓶电动机运行。在程序段 3 和程序段 4，空瓶到灌装位后等待 0.5 s，然后打开灌装阀，将饮料注入空瓶。当 PE=1，即饮料灌满空瓶后，灌装电磁阀关闭。在程序段 5 和程序段 6，因已灌满饮料，灌装阀关闭，等待 0.7 s，然后内部寄存器 Filled 被置位，从而重启送料电动机（Feed Motor）。送料电动机一直运行，将空瓶通过传送带送到设定灌装工位才再次停止。

由图 7.5.25 可知，程序段之间的逻辑关系相互关联，一个输入的状态改变会影响多个程序段的逻辑结果，这增加了设计和分析的难度。

分析灌装工艺要求，可以得到如图 7.5.26 所示的顺序功能图。为了让流程清晰，图中未画出按下停止按钮 bStop 的步转换及其动作。按功能描述，在非初始步，按下停止按钮均应回到初始步 S0。另外，这里的顺序功能图只显示了主演变进程，例如按下起动按钮，若空瓶已在灌装位置，则应由步 S1 跳转到步 S3 等在此未作考虑。按图 7.5.26 编制的 PLC 程序如图 7.5.27 所示，程序结构清楚，每一步的动作明确，在此备注省略。

第 7 章 可编程序控制器的原理及应用

程序段1:
按下起动按钮,首先起动卸料电动机。

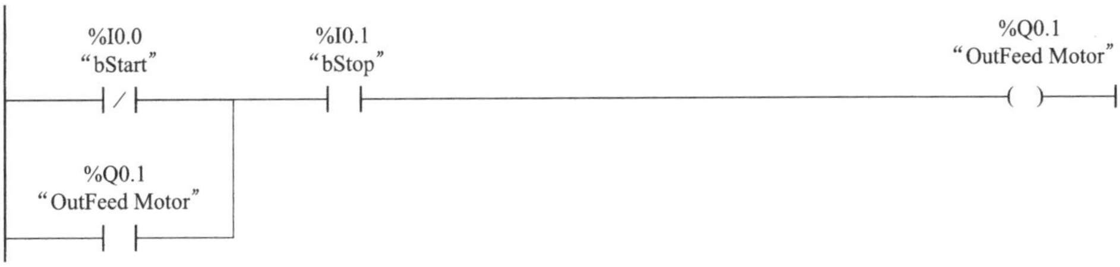

```
   %I0.0         %I0.1                                    %Q0.1
  "bStart"      "bStop"                               "OutFeed Motor"
────┤ ├──────────┤ ├──────────────────────────────────────( )────
    │
   %Q0.1
 "OutFeed Motor"
────┤ ├──
```

程序段2:
卸料电动机运行条件下,空瓶未到灌装位置或空瓶已灌装满饮料时,送瓶电动机起动。

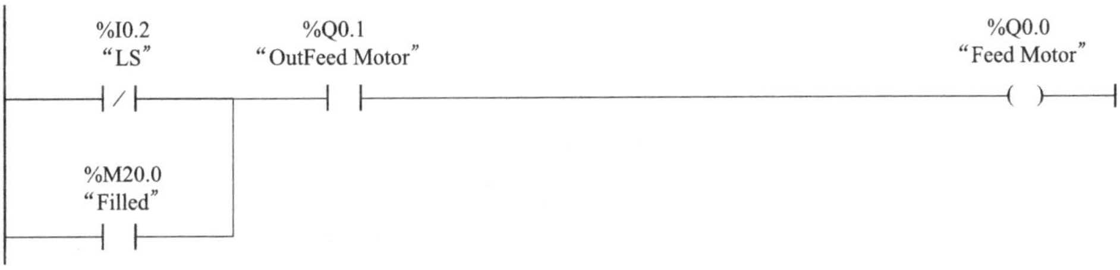

```
   %I0.2         %Q0.1                                    %Q0.0
   "LS"      "OutFeed Motor"                           "Feed Motor"
────┤/├──────────┤ ├──────────────────────────────────────( )────
    │
   %M20.0
  "Filled"
────┤ ├──
```

程序段3:
空瓶运送到位,停机计时0.5 s。

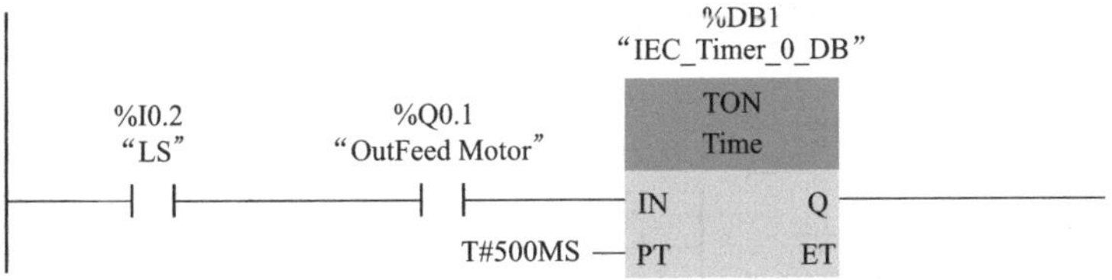

```
                                    %DB1
                              "IEC_Timer_0_DB"
                                    ┌─────────┐
                                    │   TON   │
   %I0.2         %Q0.1              │   Time  │
   "LS"      "OutFeed Motor"        │         │
────┤ ├──────────┤ ├────────────────┤IN      Q├────────────
                                    │         │
                           T#500MS──┤PT     ET│
                                    └─────────┘
```

程序段4:
停车0.5 s后,打开灌装阀,灌装饮料到满 (PE=1)。

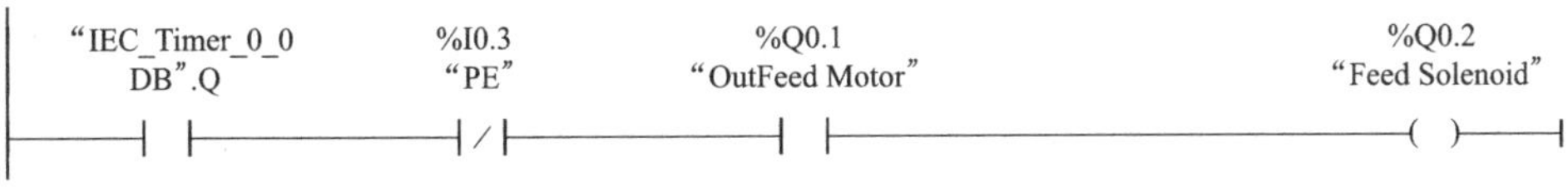

```
"IEC_Timer_0_0       %I0.3         %Q0.1                    %Q0.2
    DB".Q            "PE"      "OutFeed Motor"          "Feed Solenoid"
────┤ ├──────────────┤/├──────────┤ ├──────────────────────────( )────
```

程序段5:
饮料灌满后,计时0.7 s。

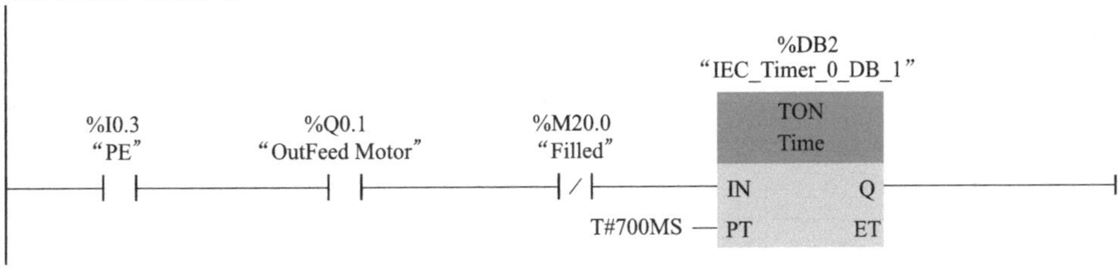

```
                                                    %DB2
                                              "IEC_Timer_0_DB_1"
                                                  ┌─────────┐
                                                  │   TON   │
   %I0.3         %Q0.1        %M20.0              │   Time  │
   "PE"      "OutFeed Motor"  "Filled"            │         │
────┤ ├──────────┤ ├──────────┤/├─────────────────┤IN      Q├────
                                                  │         │
                                         T#700MS──┤PT     ET│
                                                  └─────────┘
```

程序段6:
灌满饮料延时0.7 s后,设置灌满饮料标志 (Filled=1)。

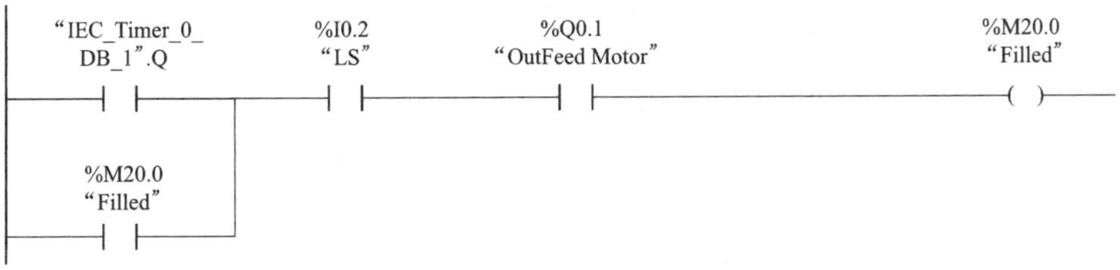

```
"IEC_Timer_0_     %I0.2         %Q0.1                    %M20.0
  DB_1".Q         "LS"      "OutFeed Motor"              "Filled"
────┤ ├───────────┤ ├──────────┤ ├──────────────────────────( )────
    │
   %M20.0
  "Filled"
────┤ ├──
```

图 7.5.25 饮料灌装控制程序 1

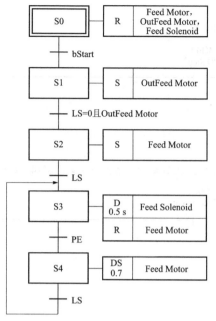

图 7.5.26 饮料灌装的顺序功能图

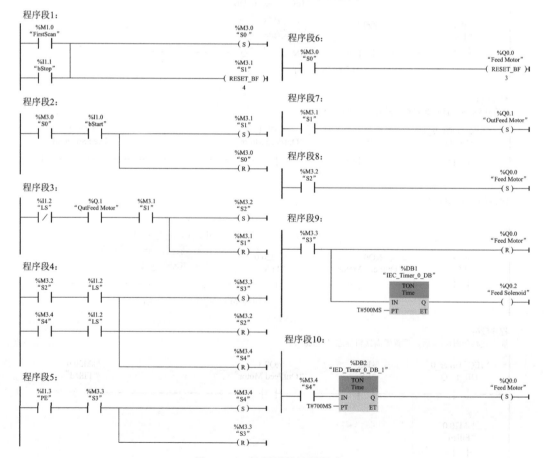

图 7.5.27 饮料灌装控制程序 2

【例 7.16】 自动清理倒瓶系统【例 7.15】中，空瓶进入灌装工位前，必须保证空瓶是直立的，并自动清除倾倒的空瓶，以利于灌装的顺利进行。考虑如图 7.5.28 所示空瓶自动清除系统。

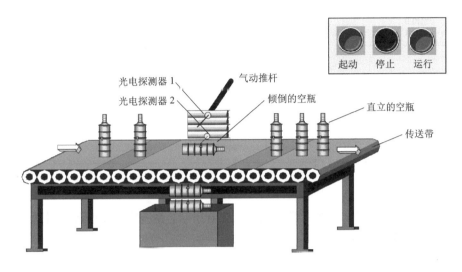

图 7.5.28　空瓶自动清除系统示意图

在传送带将空瓶送到灌装工位前，需保证空瓶是直立的，图 7.5.28 所示的空瓶自动清除系统，安装有两个光电探测器，用以检测空瓶是处于直立状态还是倾倒状态，若空瓶是倾倒状态，则控制系统发出信号给气动推杆，将空瓶清除出传送带，从而保证到达灌装工位的空瓶均是直立的。控制的流程描述如下：

（1）按下起动按钮，传送带电动机起动运行，将空瓶送到下一个灌装工位。

（2）两个光电探测器的安装位置，保证当探测器 1 和 2 同时检测到空瓶时，表明空瓶是直立的；当仅有探测器 2 检测到空瓶时，表明空瓶是倾倒的。当探测到空瓶是倾倒的，则 PLC 系统发出信号，气动推杆动作，将倾倒的空瓶推离传送带。

（3）任何时候，按下停止按钮，则传送带停止运转。"运行"指示灯显示传送带的运行情况。

【解】 该系统较简单，配置的 PLC I/O 见表 7.18。

表 7.18　【例 7.16】PLC I/O 配置表

输入			输出		
变量名	地址	说明	变量名	地址	说明
bStart	I0.0	起动按钮（NO）	Conveyor Motor	Q0.0	传送带电动机
bStop	I0.1	停止按钮（NC）	Display	Q0.1	传送带工作显示
PE1	I0.2	1=有空瓶，光电探测器 1	Piston	Q0.2	气动推杆
PE2	I0.3	1=有空瓶，光电探测器 2			

显然，当且仅当 PE1=0 且 PE2=1 时，表明空瓶处于倾倒状态，故有如图 7.5.29 所示程序。

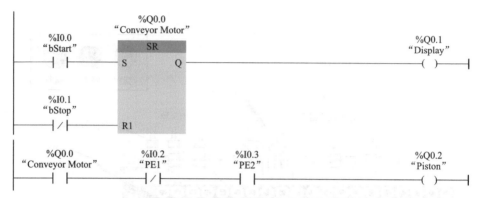

图 7.5.29　空瓶自动清除 PLC 程序

【例 7.17】物料混合搅拌系统示意图如图 7.5.30 所示。系统需要将两种物料送入搅拌器进行混合并搅拌，工艺要求如下：

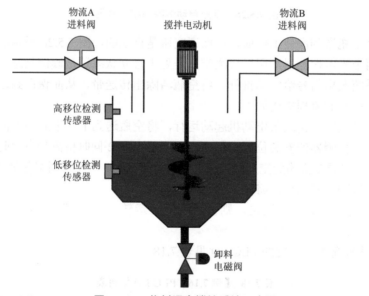

图 7.5.30　物料混合搅拌系统示意图

（1）按下起动按钮时，系统进入工作，按下停止按钮可随时停止工艺过程。

（2）按下起动按钮后，首先打开物料 A 进料阀，注入物料 A。当搅拌器液位到达低液位时，停止注入物料 A。

（3）物料 A 注入到位后，需打开物料 B 进料阀，注入物料 B。当液位到达高液位时，停止注入物料 B。在物料 B 注入过程中，搅拌电动机一直运行，将两种物料混合。

（4）当物料 B 停止注入后，为保证物料充分混合，需继续搅拌 1 min。

（5）当搅拌完成后，打开卸料电磁阀，将充分混合后的物料从搅拌器中卸出。假设卸料电磁阀打开 30 s 即可将物料完全卸出。

（6）程序自动进入工艺步骤 2，再次对物料继续混合。

（7）需要统计产量。

【解】按系统的工艺描述，设计 PLC 的 I/O 配置见表 7.19。

表 7.19　物料混合搅拌系统 PLC I/O 配置表

输入			输出		
变量名	地址	说明	变量名	地址	说明
bStart	I0.0	起动按钮（NO）	Inlet Valve A	Q0.0	物料 A 进料阀
bStop	I0.1	停止按钮（NC）	Inlet Valve B	Q0.1	物料 B 进料阀
Low Level	I0.2	1=液位到达低液位	Stirrer Motor	Q0.2	搅拌电动机
High Level	I0.3	1=液位到达高液位	OutFeed Valve	Q0.3	卸料电磁阀

按工艺要求，画出的顺序功能图如图 7.5.31 所示。

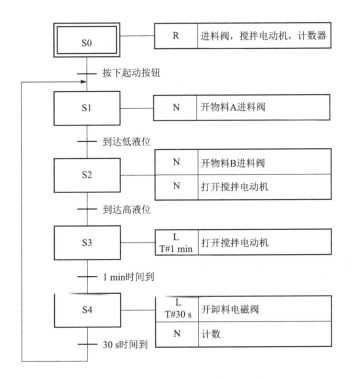

图 7.5.31　物料混合搅拌系统的顺序功能图

其 S7-1200 PLC 程序实现与关键注释如图 7.5.32 所示。

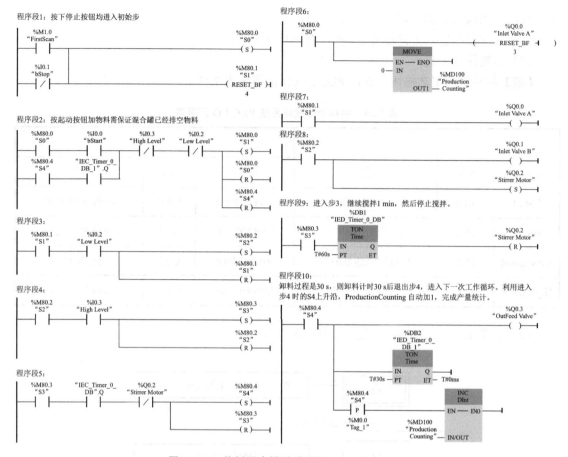

图 7.5.32　物料混合搅拌系统的 PLC 程序实现

习　题

7.1　PLC 的特点有哪些？

7.2　PLC 与继电接触控制系统相比有哪些优点？

7.3　PLC 怎样执行用户程序？

7.4　S7-1200 指令参数所用的基本数据类型有哪些？

7.5　题图 7.1 所示的梯形图，试分析其错误并改正。

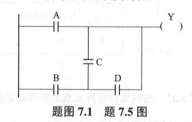

题图 7.1　题 7.5 图

7.6　题图 7.2 所示为继电接触部分控制线路，试在下列 PLC 接线下设计出 PLC 梯形图程序：

(1) 行程开关 BG1 采用常开触点与 PLC 输入端子连接；
(2) 行程开关 BG1 采用常闭触点与 PLC 输入端子连接。

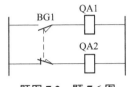

题图 7.2　题 7.6 图

7.7　分别写出符合下列逻辑要求的梯形图（假设输入 A、B 和 C 都是外接常开开关）。
(1) 当 A 闭合后，输出 X 和 Y 得电并保持；A 断开时 X 和 Y 也随之失电；
(2) 当 A 闭合而 B 和 C 任一断开时，输出 Y 得电；其余情况下，Y 失电；
(3) 当 A 闭合时，输出 X 得电而输出 Y 失电。

7.8　定时器有几种类型？各有什么特点？

7.9　比较 PLC 定时器和时间继电器的优缺点。

7.10　计数器有几种类型？各有什么特点？

7.11　根据下列情形，试选择合适的计数器：
(1) 计数每个工班完成工件的数目；
(2) 记录工件进入产线和完成加工的数目；
(3) 某工位有 10 个工件进入。随着加工进程的进行，某些工件完成加工进入下一工位，需追踪未完成工件的数目。

7.12　编写 PLC 程序实现加工工件计数的功能。在传送带上安装有检测工件的光电传感器，当工件经过传感器时，则执行对工件的计数。每当加工完 3 个工件，发出信号，通知运料小车将其运送到指定地点。若运料小车输送 2 次则停止作业。

7.13　题图 7.3 所示传送带控制系统，其控制要求如下：(1) 产品在行程开关 BG1 位置存放；(2) 按下起动按钮，传送带主电动机运行，将产品从 BG1 所示位置向图中位置 A 运送；(3) 传送带将产品送到位置 A 时停下（位置 A 检测由光电编码器发出的脉冲确定，这里设定 8 个脉冲即到达位置 A）；(4) 在位置 A 停 15 s 后，传送带继续向 BG2 所示位置传送产品，并到达 BG2 所示位置后停止传送；(5) 任何时候按下急停按钮，传送带停止运行；(6) 按下急停按钮，定时器、计数器自动复位。试设计 PLC 接线并编制符合控制要求的程序。

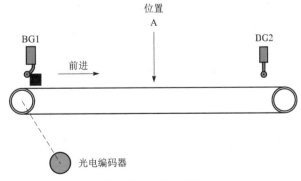

题图 7.3　题 7.13 图

7.14 为了控制产品质量,每 1 000 个产品将抽出 1 个自动进入质量控制线,进行质量检测,产线如题图 7.4 所示。试设计 PLC 接线并编制符合下列控制要求的程序:

(1)有起动和停止按钮用来控制传送带的运行;(2)当产品通过光电接近开关时,产生电脉冲,可用来统计通过产品的数量;(3)当通过产品达到 1 000 件时,激活门驱动电磁阀,将产品推入质量控制线;(4)电磁阀需保持激活 2 s 以确保产品有足够的时间进入质量控制线;(5)2 s 后,电磁阀失电门自动复位;(6)当把待检产品推入质量控制线后,计数器需清零复位;(7)需有复位按钮专门对计数器手动复位。

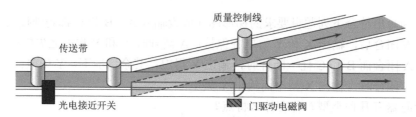

题图 7.4 题 7.14 图

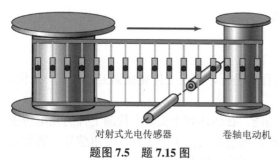

题图 7.5 题 7.15 图

7.15 电阻装配线需按设定数目电阻卷绕到轴筒上,以方便运输、储存和销售,如题图 7.5 所示。本题目中,若已卷绕设定数目的电阻,则电动机停止,工人手动剪断电阻带后,再手动放入新卷筒重新开始卷绕。控制要求如下:(1)有起动和停止按钮手动起停卷轴电机;(2)当电阻通过对射式光电传感器时,传感器将输出脉冲;(3)假设卷筒卷绕 500 个电阻后自动停止。试设计 PLC 接线并编制控制程序。

7.16 编写梯形图程序实现判别两个数 A、B 大小的功能,如果 A>B,红灯亮;如果 A<B,绿灯亮;如果 A=B,黄灯亮。

7.17 完成题图 7.6 中所示控制电路的 PLC 改造项目。

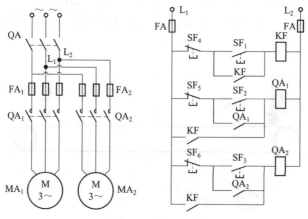

题图 7.6 题 7.17 图

7.18　编写梯形图程序实现两台电动机 MA_1 和 MA_2 的工作过程要求：

(1) MA_1 先起动，经过一定时间后（如 10 s）MA_2 才能起动；

(2) MA2 停车后，MA1 才能停车。

7.19　以三相异步电动机及白炽灯组成负载，要求先起动电动机，5 s 后白炽灯自动点亮，同时电动机停车，过 3 s 后电动机再起动，白炽灯自动灭，如此循环三次，自动停止。请画出 PLC 系统的接线图、完成 PLC 系统输入/输出的 I/O 分配，然后设计 PLC 程序。

7.20　单台电动机点动和长动继电接触控制电路图如图 6.3.6 所示。请画出 PLC 系统的接线图、完成 PLC 系统输入/输出的 I/O 分配，然后设计 PLC 程序，完成点动和长动控制功能。

7.21　试设计一个楼道照明灯控制程序。声控感应器感应到足够强度的声音信号后，声控感应器输出开关信号为 ON（接 I0.0）后，与 Q0.0 连接的照明灯点亮发光 30 s。如果在这 30 s 时间内，声控感应器又感应到声音信号，则照明灯点亮时间从头开始，以保证最后一次感应到声音信号后，灯光可维持 30 s 的时间。

7.22　参考图 6.3.12 行程开关控制的行程控制电路，试设计一个 PLC 系统，完成系统的接线图、I/O 点分配和 PLC 程序的设计。

7.23　请参考【例 7.17】物料混合搅拌系统。为了改进物料搅拌工艺，要求搅拌电动机在搅拌过程中需要正反向搅拌交替进行，每间隔 15 s 换向一次。试采用 S7-1200，设计物料混合搅拌的硬件和软件程序。

7.24　续习题 7.23。为了保证系统可靠运行，确保每次按下起动按钮时物料混合的比例正确，在搅拌罐底部安装一个检测物料是否排空的液位传感器。工艺改进如下：当按下起动按钮时，若搅拌罐有残留物料，需先排空残留物料再继续正常的物料混合搅拌过程。试采用 S7-1200，设计物料混合搅拌的硬件和软件程序。

7.25　考虑【例 7.16】和【例 7.15】，试设计饮料灌装的完整 PLC 系统。

第 8 章
电工与电子系统

8.1 电工与电子系统概论

8.1.1 电工与电子系统的基本概念

系统是由若干相互作用、相互依赖的事物组成的具有特定功能的整体。系统所涉及的范围很广，可以是各种物理的和非物理的、人工的和自然的。为完成某一特定功能，由相应的电工设备和电子设备组成的装置或装置的集合，称为电工与电子系统。电工与电子系统可以很简单，也可以很复杂。例如，一个开关、一盏电灯和一些导线，连接到电源就可以看成一个系统；由多种传感器、多台计算机和 PLC 以及各种机电设备组成的一条生产线也是一个系统。所以，系统复杂程度的差别是非常大的。但是，一个复杂系统总可以分解为一系列简单系统的有机组合。通常，电工与电子系统可由输入单元、功率放大单元、驱动单元和负载等组成，如图 8.1.1 所示。输入单元接收、处理来自传感器或人工输入的信号和命令，是人与系统、系统外环境与系统交换信息的通道。功率放大和驱动单元对处理后的信号进行功率放大，然后驱动负载。负载就是人们要控制的对象。通常，为了提高系统的工作性能，在输入单元和功率放大和驱动单元之间加入调节器，然后将输出通过反馈环节引入调节器，从而形成反馈系统。

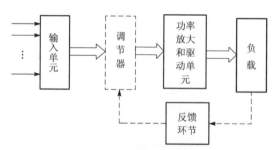

图 8.1.1 电工和电子系统

8.1.2 电工电子系统的分类

系统按照不同的信号和不同的应用场合，可以有不同的分类方法。如按照处理信号的方式不同,可分为数字系统、模拟系统和混合系统。在图 8.1.1 中,如果没有虚线部分,即从负载没有信号回到输入端,则是开环系统,若是有信号从负载经过某种处理后回到了输入端,则是闭环系统。如果要求系统的性能指标较高,往往利用控制理论的相关知识,将系统设计成闭环系统的形式。随着计算机技术和中大规模集成电路的发展,通常信号变换和处理都是由计算机或单片机等带 CPU 的智能模块组成的,这类系统又称智能系统。下面各节将分别介绍各种系统的构成和工作原理。

8.2 温度测量控制系统

8.2.1 简介

很多生产场合都对温度有非常严格的要求。比如在载人航天飞船上,要求温度保持在 25 ℃左右而不能因为外界温度的变化而变化,以使宇航员生活在一个适宜的环境中。本节介绍一个恒温室系统,其系统框图如图 8.2.1 所示。该系统是渗透式标准湿度发生器的一个重要子系统。渗透式标准湿度发生器作为一种校准仪器,用来标定其他湿度测试仪。该发生器的工作原理是用一种干燥的气体以一定的流速带出从某一种膜渗透出的另一种纯净气体,从而得到已知湿度的气体。由于渗透膜的工作与温度有密切的关系,即它在某一恒定温度下,单位时间内渗出气体的量是一定的,所以湿度发生器系统的关键是如何控制温度,即尽可能使湿度发生器恒定在某一个温度值,如这里的恒定温度为 100 ℃。

测量、控制恒温室温度的系统框图如图 8.2.2 所示。温度检测单元用来测量恒温室的温度,恒温室的温度通常都较室温高,所以要有必要的加热元件和相应的功率放大和驱动电路。同时要有一套调节电路,其功能是根据恒温室的温度调节输出到加热元件的功率的大小。

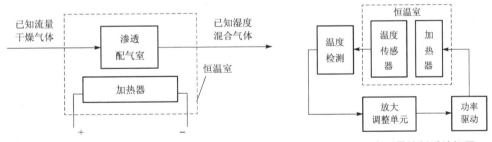

图 8.2.1 渗透式标准湿度发生器的原理　　图 8.2.2 温度测量控制系统框图

8.2.2 温度的检测

要控制恒温室的温度,首先必须知道恒温室的温度,这就是温度检测。温度检测首先遇到的问题就是如何将温度信号转化为电信号和如何选择温度传感器。温度传感器有多种。常用的是电阻型,即将温度的变化转化为电阻阻值的变化(如铂电阻、铜电阻以及热敏电阻等)。其他的有红外线温度传感器等。铂电阻温度传感器精度高、线性度好,但成本高,用在要求较高的场合;铜电阻价格便宜,线性度一般,但由于铜的电阻率小,所以铜丝较细,其机械

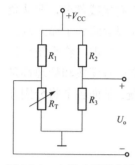

图 8.2.3 电桥式测量电路

强度较差,当温度超过 150 ℃时易氧化,多用于要求不高的场合;热敏电阻是一种半导体电阻,按其随温度变化的特性,分为负温度系数热敏电阻、正温度系数热敏电阻和临界温度电阻器三种。热敏电阻对温度变化十分敏感,有良好的分辨率,但是线性度不好。

对电阻型热敏传感器,其测量电路主要有电桥式和恒流源型。其原理都是将温度变化所引起的传感器的电阻值变化转化成电路中的电压或电流的变化。为了便于 A/D 处理,常常将之转化为电压的变化。电桥式测量电路如图 8.2.3 所示。图中 R_T 为电阻型温度传感器,R_T 的阻值随着温度的变化而变化。设传感器在 0 ℃时的阻值为 R_T,受热后阻值变化为 $R_T+\Delta R$,如果调整图示电桥在 0 ℃平衡时有 $R_1 R_3 = R_2 R_T$,则有如下关系式:

$$U_o = -\frac{R_2 \Delta R}{(R_2+R_3)(R_1+R_T+\Delta R)} V_{CC} \quad (8.2.1)$$

若取 $R_1=R_2$,$R_3=R_T$,且 $R_1 \gg R_3$,则上式可简化为

$$U_o = -\frac{V_{CC}}{R_1} \Delta R \quad (8.2.2)$$

显然,输出电压 U_o 与相对于 0 ℃的温度变化量 ΔR 呈线性关系。

若用恒流源的方法,其原理如图 8.2.4 所示。I_S 是恒流源的电流值,则温度与输出电压的关系为

$$U_o = (R_T+\Delta R)I_s = U' + I_s \times \Delta R \quad (8.2.3)$$

式中,$U' = R_T I_s$。可得到与电桥测量法测量温度相似的结论。

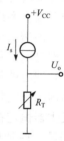

图 8.2.4 恒流源测量电路

8.2.3 信号的放大

通常,由传感器测量的信号都很微弱,必须经过放大才能供其他电路使用。在设计放大电路时,首先要考虑所要放大信号的性质,如信号的频带,信号是双极性信号还是单极性信号。如前面介绍的电桥式测量电路,输出电压 U_o 就是双极性的,放大电路就要选择双端输入方式(如差动放大电路),而后者恒流源测量电路的输出 U_o 是单极性的,就可以用单端输入方式(如反相或同相比例运算电路)。其次,要根据后续电路的要求,考虑放大电路的放大倍数。一般来说,当放大电路的放大倍数较高时,需用多级放大。最后要考虑系统对测控精度的要求和成本,若要求较高,则要选择精度高、线性度好的精密型放大器。本节中,选择电桥式测量电路及 AD620 作为信号放大器。AD620 管脚定义如图 8.2.5 所示。其中:

(1)V_+、V_-:电源电压端(±2.3~±18 V);

(2)IN_+、IN_-:差模信号输入端(差模输入电压范围:±25 V);

(3)R_{EF}:参考电阻端(通常可悬空);

(4)R_P:放大倍数调整端[放大倍数 $A=1+(49.4 \text{ k}\Omega/R_P)$];

(5)OUT:输出端。

图 8.2.6 所示为 AD620 的双端输入方式的放大电路。放大倍数可通过调整可变电阻器 R_P 的阻值来实现。

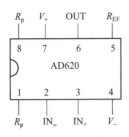

图 8.2.5 AD620 管脚图

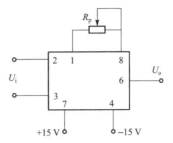

图 8.2.6 AD620 组成的放大电路

通过 AD620 的放大，信号还是比较小，为了后续处理方便，还需要进一步将其放大，可采用四集成运放 LM124。其内部原理和管脚定义如图 8.2.7 所示，其供电电压通常为 ±15 V。

从图 8.2.7 可以看出，LM124 的使用与常用的集成运算放大器没有什么不同，只是将 4 个运放集成在一个芯片上，减小了体积。

8.2.4 温度控制

为了能够将温度控制在某一个恒定值，可以用图 8.2.8 所示的方法实现，即反馈的方法。将测量的恒温室温度与设定的温度进行比较，产生误差信号，经过对误差信号的放大和调节，输入到功率驱动环节，以此来控制恒温室加热功率的大小，从而使温度保持在某一个恒定值。其调节原理是当设定温度比测量的温度值大时，表明恒温室还未达到所要求的温度，就需加热；反之，设定温度小于测量的温度，就停止加热。同时，实际温度比设定温度小得越多，即比较电路输出的差值越大，则加热的功率越大，这是一个自动调节的过程。

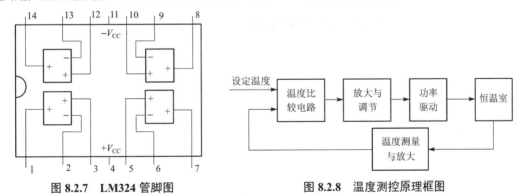

图 8.2.7 LM324 管脚图　　　　图 8.2.8 温度测控原理框图

8.2.5 功率驱动和加热

在本系统中加热元件选用电加热器。随着温度的不同，加热的功率就不同，这需要使电加热器两端的电压随温度的变化而变化，因此需要功率控制器件。在这里选用的是双向晶闸管。通过控制晶闸管导通角的大小来控制电加热器加热功率的大小，从而调节温度。晶闸管导通角的控制需要有触发电路与之匹配。KC05 晶闸管移相触发器适用于双向晶闸管的交流相位控制；移相范围宽，控制方式简单，易于集中控制，有输出电流大的优点。所以，KC05

是实现交流调光、调压理想的移相触发电路。

KC05 晶闸管移相触发器的典型电路如图 8.2.9 所示。图中，T 为脉冲变压器，起隔离作用，其原边并联阻尼二极管 D_1，是为了防止输出端过压，使用中，要注意负载电流的大小。图 8.2.9 所示电路的输出没有功率放大，所以只能触发 50 A 以下的晶闸管，同时变压器 T 和电路参数必须保证 KC05 第 9 脚的负载电流不超过 200 mA。同步信号加在第 15、第 16 脚之间；移相输入电压在第 6 脚输入（幅值为 2~8 V，对应双向晶闸管全截止到全导通）；移相脉冲在第 9 脚输出。可调电阻 R_w 调节锯齿波的斜率。

图 8.2.9 中双向晶闸管 G 的型号是 BTA06-600C，其最高反向电压为 600 V，最大稳定工作电流为 6 A。图 8.2.9 所示电路的工作原理如下：从 KC05 的第 6 脚输入一个 2~8 V 的移相信号，与同步信号共同作用，在第 9 脚输出双向晶闸管的触发信号，从而控制双向晶闸管 G 的导通角，加热器和交流 220 V 串联，当双向晶闸管关闭时，则在加热器上没有电流通过，反之，则电流通过双向晶闸管 G，加热器开始加热。KC05 各管脚的工作波形如图 8.2.10 所示。

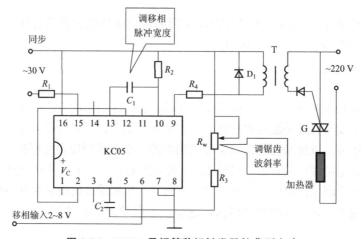

图 8.2.9　KC05 晶闸管移相触发器的典型电路

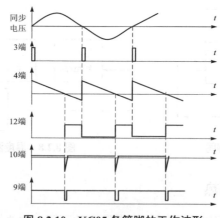

图 8.2.10　KC05 各管脚的工作波形

8.2.6　系统电路简介

整个温度测量和控制的电路原理如图 8.2.11 所示。经过电桥测温电路将温度信号转化为电压信号,经 AD620 放大。LM124 的 U1A 为比较电路,它将测量的温度值与设定值进行比较,得到温度的误差信号。设定温度的调整,可通过 R_{p4} 实现。U1C、U1D 都是比例放大电路,但在 U1D 的同相输入端加一个基准电压,使在温度到达稳态时获得加热所需要的一个恒温功率。当然 U1C 如果用比例积分电路,可不考虑稳态功率问题。将 U1D 的输出作为图 8.2.9 所示电路中 KC05 的第 6 脚的输入,即可构成完整的电路,完成温度的测量和控制功能。

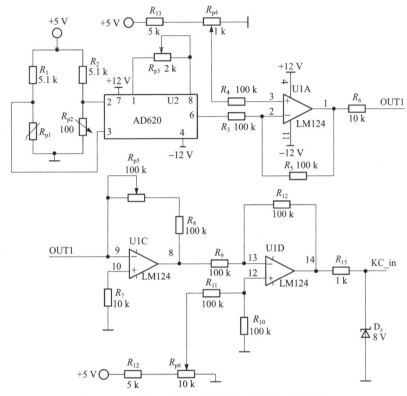

图 8.2.11　温度测量和控制的电路原理(仿真图)

8.3　传统继电接触控制系统的 PLC 现代化改造

随着工厂自动化程度要求的提高,生产工艺的改进,生产过程智能化的需求,均提出了对传统继电接触控制系统进行 PLC 现代化改造的现实需求。

在保持原有控制功能不变或有所提高的要求下,PLC 系统的设计往往遵循以下步骤:
(1) 原主电路保持不变;
(2) 画出 PLC 的接线图;
(3) 由继电接触控制电路得到控制的逻辑关系;
(4) 化简控制逻辑;
(5) 由化简后的控制逻辑关系设计 PLC 程序。

下面以图示两台电机的较复杂控制系统为例,说明 PLC 现代化改造的步骤。

继电接触控制系统的图纸如图 8.3.1 所示。

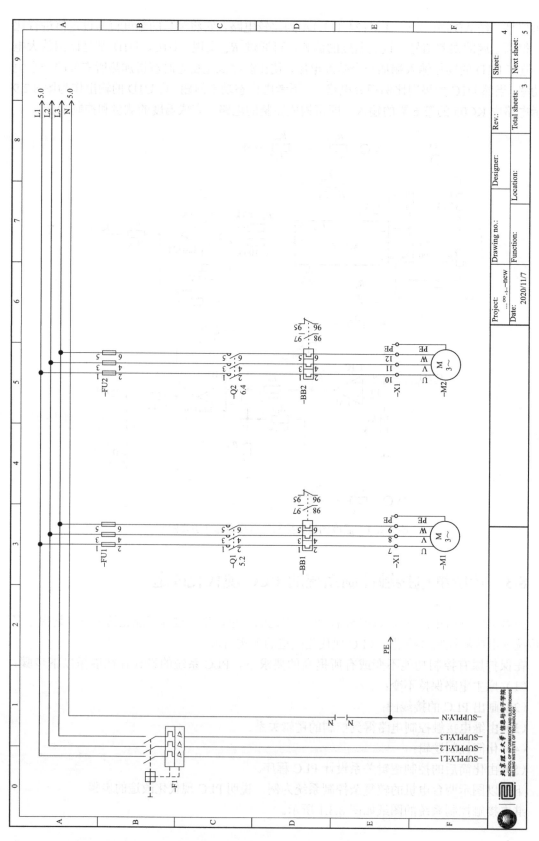

图 8.3.1 继电接触控制系统

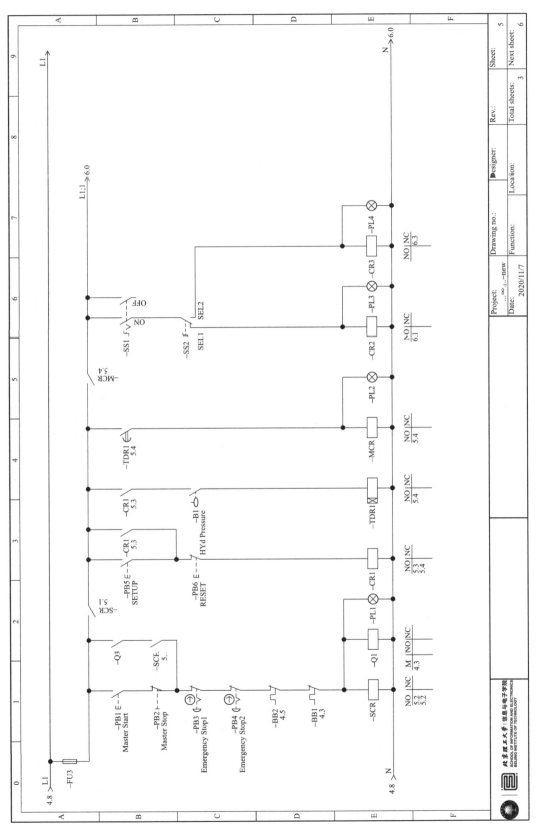

图 8.3.1 继电接触控制系统（续）

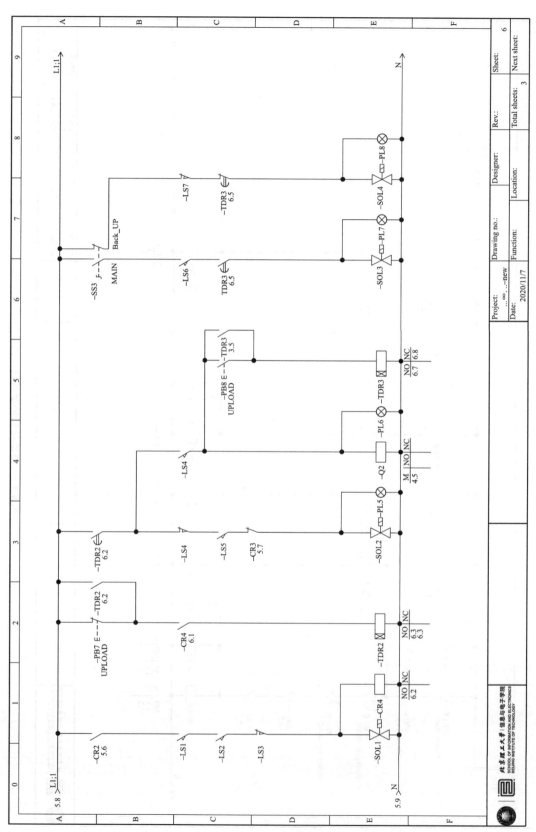

图 8.3.1 继电接触控制系统（续）

8.3.1 工程图纸的说明

(1) 实际工程，往往设计复杂。为了方便查找元器件在图纸中的位置以及连接关系，往往对每页图纸进行区域划分。如图纸中划分了 0~9 列，A~F 共 6 行。

(2) 为了便于追踪跨页信号的连接，在导线的首末端会显示信号的来源和去向。如页（sheet）4 的 8A 位置处的 L1 旁显示 5.0，表明电源线 L1 连接到了页 5 的第 0 列。页 4 中部的接触器 Q1 的主触点，下方显示 "5.2"，表明 Q1 的线圈在页 5 的第 2 列位置。当然通过设置，也可以将器件和信号的行、列位置同时显示。

(3) 为了清楚明了线圈的触点使用情况，在每个线圈的下方均列出了已使用触点的情况以及在图纸中的对应位置。如页 5 中，接触器线圈 Q1 下方，分别列出 "M（主触点）" "NO（常开触点）" "NC（常闭触点）" 的使用情况和分布，这里，Q1 接触器只使用了主触点，其位置在 "4.3"，即页 4 的第 3 列。

参考上述的简单说明，读者会很容易阅读图纸。

8.3.2 原理图说明

页 4 中，三相四线制交流电源通过 SUPPLY：L1，L2，L3 以及 N 引入，其中中性线 N 单独引出一根导线作为保护地 PE，相线通过自动空气断路器 F1 向系统供电，电动机 M1 和 M2 有独立的短路、过载保护。

页 5 中，列 1~2 位置，PB1 是主起动按钮，PB2 是主停止按钮，PB3 和 PB4 是安装在不同位置的急停按钮。当按下 PB1 时，接触器 Q1 得电，电动机 M1 运转，同时中间继电器 SCR 线圈得电，为后续控制电路工作提供了条件（由列 2 的 SCR 的常开触点控制），灯 PL1 显示了电动机 M1 的工作状态。在 PLC 改造时，必须考虑这部分电路的特殊性：

(1) 主电动机 M1 的控制不做改造，仍使用原控制方案；
(2) 中间继电器 SCR 在这里起安全控制的作用，M1 必须可靠运行时，其余控制才能执行。
后续的控制逻辑简单，在此不再一一说明。

8.3.3 PLC 改造

PLC 改造的电气设计图纸如下。

对 PLC 改造后的图纸作如下设计说明：

(1) 主电动机 M1 的起停不受 PLC 控制。只有电动机 M1 正常运行，PLC 控制才起作用。

(2) 页 2 中 PM207 为交流转直流 24 V 电源，为 PLC CPU 1215C DC/DC/DC、扩展模块 SM1223 提供 24 V 直流电源；SM1223 的 24 V DC 输出，分为两路，一路 "L+" 直接为 PLC CPU 和控制模块供电，另一路经 SCR 常开辅助触点后（命名为 "24 V"）向 PLC 系统的外围 I/O 供电。确保只有在主电动机 M1 正常运行时，PLC 的控制才能执行。

(3) 页 3 是 PLC 的总体配置图，如 (A, 0) 位置，横线上方的 "I0.0" 表示 PLC 的 I/O 地址，下方为该信号的简单描述，左侧的 "4.0" 表示该端口连接情况在图纸的位置，右侧横线下方的 "I0.0" 表示 PLC 的接线端子标号。

(4) 基于安全考虑，各电磁阀均串联了熔断器。

(5) PLC 改造中，原继电接触控制系统中使用的中间继电器和时间继电器，由 PLC 的内部继电器和定时器替代，并执行相应控制功能。

改造后的 PLC I/O 配置与程序如图 8.3.2 所示。

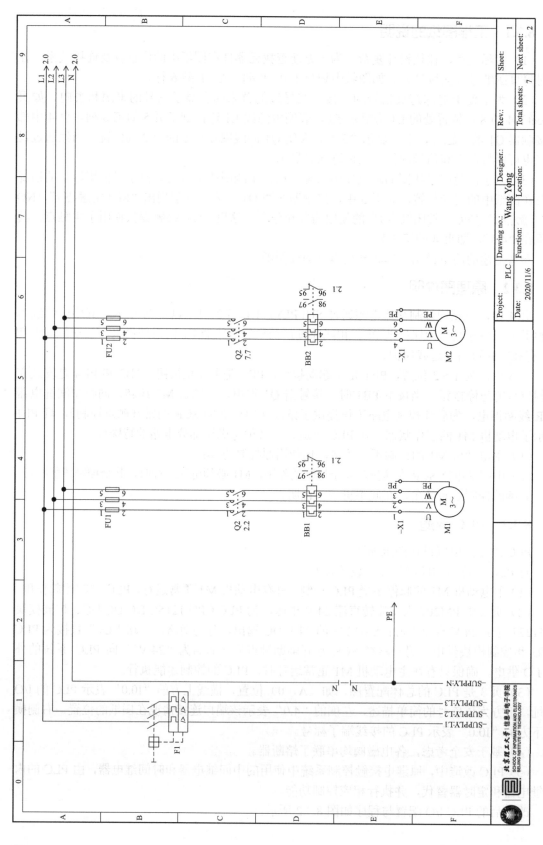

图 8.3.2 PLC 改造后的梯形图

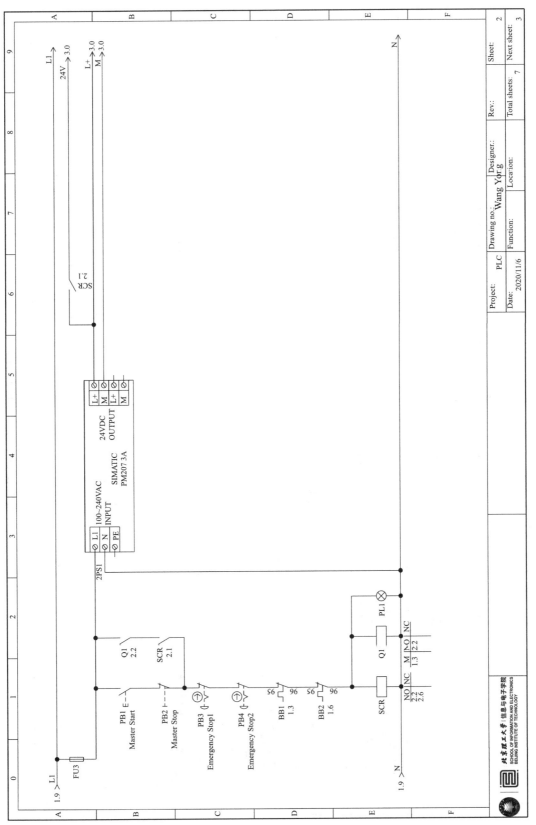

图 8.3.2 PLC 改造后的梯形图（续）

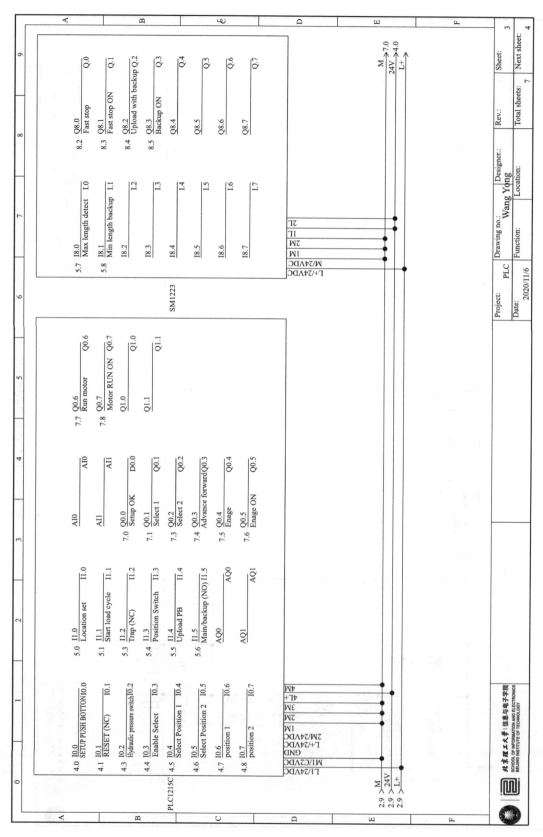

图 8.3.2 PLC 改造后的梯形图（续）

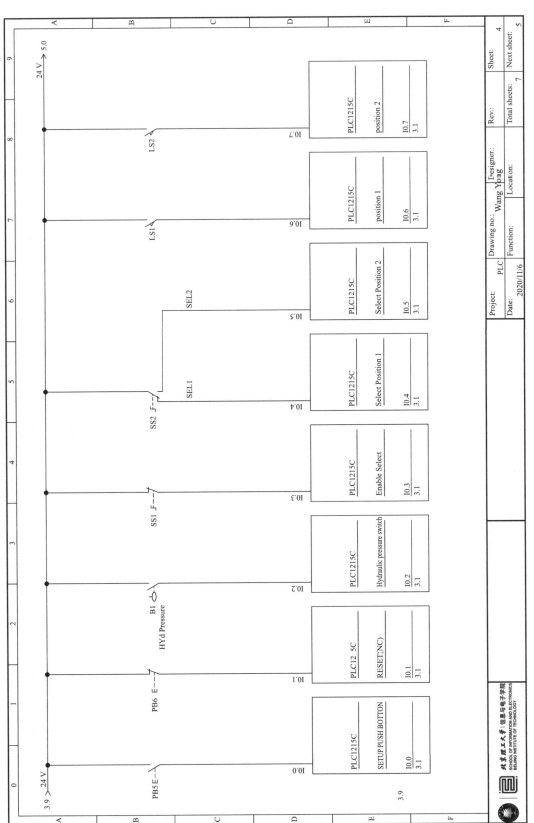

图 8.3.2 PLC 改造后的梯形图（续）

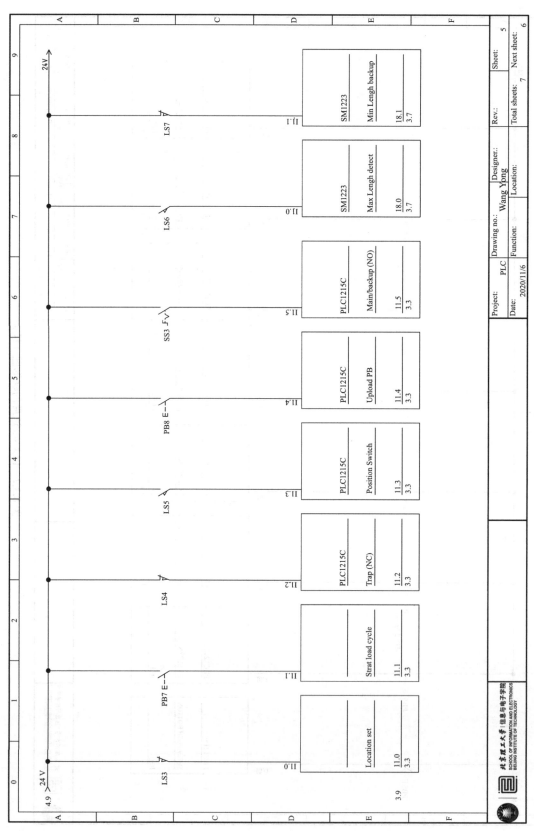

图 8.3.2 PLC 改造后的梯形图（续）

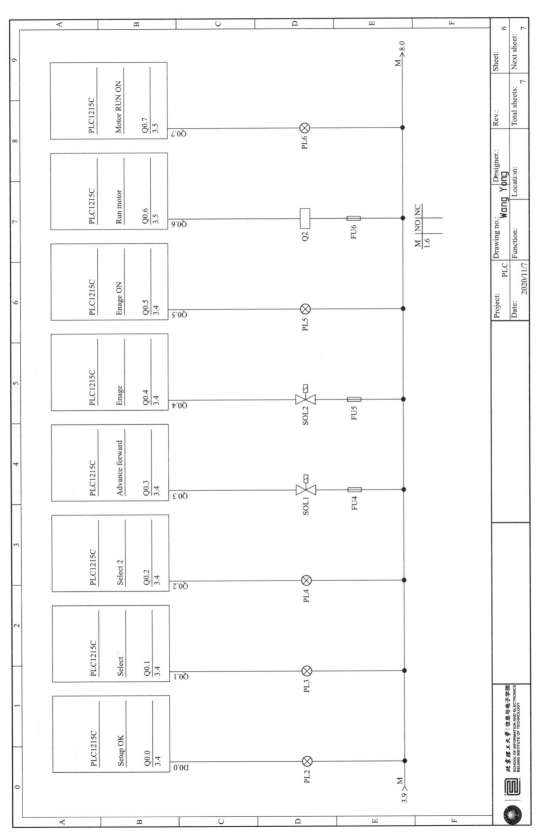

图 8.3.2 PLC 改造后的梯形图（续）

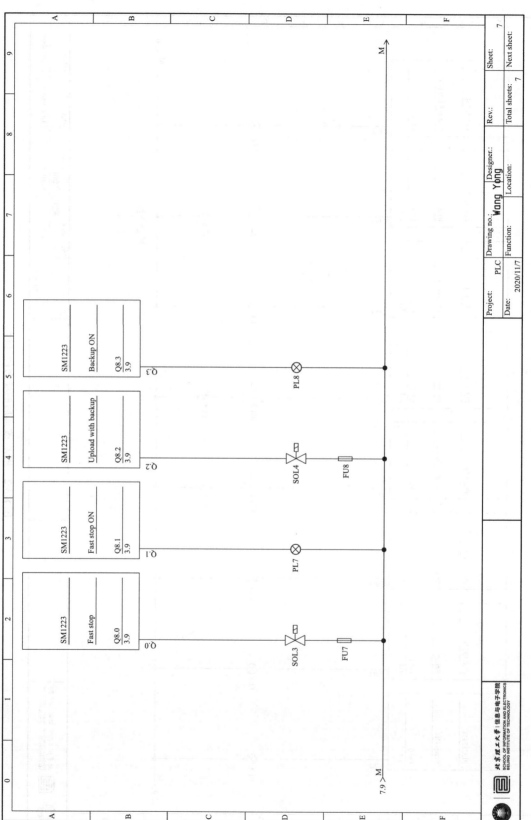

图 8.3.2 PLC 改造后的梯形图（续）

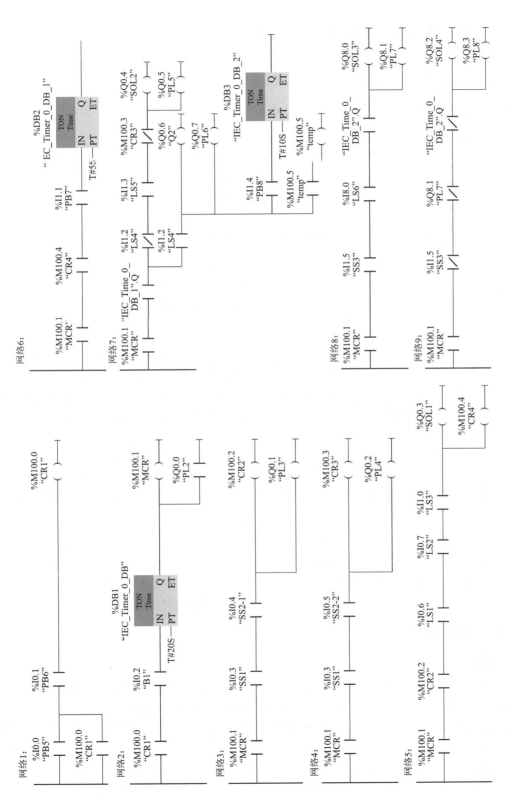

图 8.3.2 PLC 改造后的梯形图（续）

8.4 PLC 控制的双坐标运动系统

8.4.1 双坐标运动系统的构成

双坐标运动系统可以实现在 X 轴和 Y 轴两个方向同时运动,它在工业生产和日常生活中有着广泛的应用,如数控机床、绘图机、打印机、雕刻机等。构成双坐标运动系统的方式从其机械结构、驱动方式和控制方式来看有许多种,本节介绍一种由可编程序控制器(PLC)作为控制器、由步进电动机驱动的双坐标运动系统。系统结构如图 8.4.1 所示。

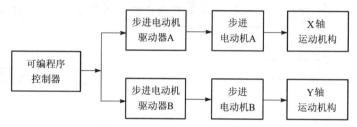

图 8.4.1 双坐标运动系统的结构

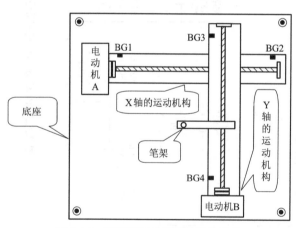

图 8.4.2 双坐标运动系统的结构示意

在双坐标运动系统中,X 轴的运动机构和 Y 轴的运动机构在机械上可以是相互独立的,也可以组合在一起。在本系统中,Y 轴的运动机构安装在 X 轴的运动机构上,如图 8.4.2 所示。

在 X 轴的运动机构和 Y 轴的运动机构的两侧,分别安装了限位开关 BG1~BG4,可以将限位信号传送给控制器,以实现限位保护功能。

X 轴的运动机构通过丝杠传动方式带动 Y 轴的运动机构运动,Y 轴的运动机构通过丝杠传动方式带动笔架运动,可以实现双坐标绘图仪的功能。

8.4.2 驱动部分

1. 概述

在运动控制系统的驱动部分,应用较多的是步进电动机和伺服电动机。一般而言,步进电动机用于精度要求较低的场合,而伺服电动机用于精度要求较高的场合。

步进电动机是一种将电脉冲信号转换为角位移或直线运动的执行机构。当系统接受一个电脉冲信号时,步进电动机的转轴将转过一定的角度或移动一定的直线距离,电脉冲输入越多,电动机转轴转过的角度或直线位移就越多;同时,输入电脉冲的频率越高,电动机转轴的转速或位移速度就越快。由于步进电动机系统具有较好的定位性能和较低的成本,在经济型数控领域和其他需要准确定位加工、制造及检测设备中得到了广泛的应用。

和步进电动机相比，伺服电动机实现了位置、速度和力矩的闭环控制，克服了步进电动机失步的问题；其高速性能好，抗过载能力强，适用于有高速响应要求的场合，且低速运行平稳，不会产生类似步进电动机的振动现象；电动机加减速的动态响应时间短，发热和噪声明显降低，但价格较高，适用于精度要求较高的系统。

在本装置中，应用两台 45BYG250B 型两相混合式步进电动机加上配套的细分驱动器实现 X 轴和 Y 轴的驱动功能。混合式步进电动机是最新式的步进电动机，这种电动机具有自阻（即在电动机未加电的情况下有一定的自锁力）。其特点是体积小、效率高，运行时相对较平稳，输出力矩相对较大，运行声音小，是未来步进电动机的发展方向。

2. 步进电动机的驱动

步进电动机的运行要有一电子装置进行驱动，这种装置就是步进电动机驱动器，它把控制系统发出的脉冲信号转化为步进电动机绕组的驱动信号。控制系统每发一个脉冲信号，通过驱动器就使步进电动机旋转一个步距角，所以步进电动机的转速与脉冲信号的频率成正比。

由于步进电动机本身所固有的低频振动问题，在一些对振动及噪声有较高要求的场合，步进电动机的应用受到一定的限制。如何通过驱动控制技术对步进电动机的低频振动进行抑制，是步进电动机应用中的一个重要问题。在现有的步进电动机驱动技术中，细分控制技术和升频升压控制技术是能够较为有效地降低步进电动机低频运转时的振动和噪声的主要方法，也可以将电流控制技术与升频升压技术有机结合起来，将电流闭环控制技术引入升频升压控制中，提高驱动器电压和电流的可控制性，从而提高驱动性能及可靠性。

细分控制技术是通过对步进电动机相电流进行阶梯化正弦控制，使电动机以较小的单位步距角运行（机械步距角的几分之一或几十分之一），从而降低低频振动。步进电动机在运转过程中，电磁力的大小与绕组通电电流的大小有关。当通电相的电流并不马上升到最大值，而断电相的电流并不立即降为零时，它们所产生的磁场合力会使转子有一个新的平衡位置，这个新的平衡位置在原来的步距角范围内。也就是说，如果绕组中电流的波形不再是一个近似的方波，而是一个分成 N 个阶梯的近似正弦波，则电流每升降一个阶梯时，转子转动一小步。当转子按照这样的规律转动 N 小步时，实际上相当于它转过一个步距角。这种将一个步距角细分成若干小步的驱动方法，称为细分驱动。细分驱动使实际步距角变小，可以大大提高执行机构的控制精度。同时，也可以减小或消除振动、噪声和转矩波动。现在，细分驱动已成为步进电动机控制中最为常用的一种方式。

8.4.3 用 PLC 实现对双坐标运动系统的控制

在双坐标运动系统中，控制器的主要任务是给步进电动机的驱动器发脉冲信号、方向控制信号和脱机信号。控制器可以是计算机、PLC 或单片机系统，脉冲信号的产生可以用软件方式实现，也可以用硬件方式实现。

用软件方式产生脉冲信号时，可以用程序语句在某个输出端口交替输出高、低电平，控制高电平和低电平的持续时间，就能产生指定周期和占空比的脉冲串。软件方式可以在任何一种控制器上实现，但它的缺点是要占用 CPU 大量的运行时间，在要求输出频率较高时，要实现精确定时也较为困难。

在实时性要求较高的场合，一般应采用硬件方式实现，这种方式实际上是软件和硬件结合的方式。如在计算机中插入运动控制卡，由其完成产生和输出脉冲的功能；在应用 PLC 时，可选用具有高速脉冲输出功能的机型，如西门子公司的 S7-22X 系列 PLC 中具有晶体管输出的机型、Allen-Bradley 公司的 MicroLogix1500 系列 PLC 等。在应用单片机系统时，可以选用具有高速脉冲输出功能的单片机，如 8XC51FA/FB/FC 和 80C196 等，也可以通过在单片机外围用专用集成电路或 FPGA/CPLD 来实现高速脉冲输出的功能。

对于具有高速脉冲输出功能的 PLC 和单片机系统，其脉冲输出的功能是通过独立于主 CPU 之外的硬件电路实现的，主 CPU 的任务是给这部分硬件电路设置工作参数，这种方式有利于合理地分配控制任务，并且可以通过硬件电路实现精确定时。

在本系统中，采用西门子公司的 S7-224 PLC 中的 DC/DC/DC（直流电源/直流输入/晶体管输出）机型作为控制器，输出两路高速脉冲分别控制两个步进电动机，同时还可以实现整个系统的限位保护功能。

1. PLC 的脉冲输出指令及其在步进电动机控制中的应用

对于 SIEMENS 200 系列的 CPU，如果 CPU 模块上的输出类型为 DC 型（晶体管输出），则有两个输出端（Q0.0 和 Q0.1）具有高速输出功能。这两个输出端可以设置为脉冲串输出（PTO）或脉宽调制输出（PWM），频率可以达到 20 kHz。当在这两个点使用脉冲输出功能时，它们受专用的 PTO/PWM 发生器控制，而不受输出映像寄存器控制。利用其脉冲串输出功能（PTO）可以比较方便地实现对步进电动机的控制。

脉冲串输出（PTO）功能提供方波（50%占空比）输出，由用户控制周期和脉冲个数。脉冲宽度调制（PWM）功能提供连续、可变占空比的脉冲输出，由用户控制周期和脉冲宽度。

PTO 操作有两种方式，即单段 PTO 操作和多段 PTO 操作。对于单段 PTO 操作，每执行一次 PLS 指令，输出一串脉冲。如果想再输出一串脉冲，需要重新设定相关的特殊存储器，并再执行 PLS 指令。在多段 PTO 操作时，执行一次 PLS 指令，可以输出多段脉冲。多段 PTO 操作有着广泛的应用，尤其在步进电动机控制中。

步进电动机的最高起动频率一般比最高运行频率低许多，如果直接按最高运行频率起动，步进电动机将产生丢步或根本不运行的情况。而对于正在快速运行的步进电动机，若在到达终点附近立即停发脉冲，令其立即锁定，也难以实现，由于旋转系统的惯性，会发生冲过终点的现象。因此，在控制过程中，运行速度要有一个"加速-恒速-减速"过程。利用西门子的 S7-22X 系列 PLC 的高速脉冲输出功能中的多段 PTO 操作，可以方便地实现步进电动机的"加速-恒速-减速"过程。

2. 西门子的 S7-200 系列 PLC 与步进电动机驱动器的连接

当控制器与步进电动机驱动器连接时，需要考虑控制信号的匹配问题，即控制器输出信号的电流流向与步进电动机驱动器的输入信号的电流流向应匹配，否则系统不能正常工作。

当采用 SIEMENS 的 S7-200 系列 PLC 中的 DC（晶体管）输出时，各组输出点是共阳极连接，各输出点输出电流；而本系统中采用的 SH-20402A 型步进电动机驱动器的各个输入点（脉冲信号、方向信号和脱机信号）也为共阳极连接，各输入点要求输出电流。这样，在 PLC 和步进电动机驱动器之间需要设计接口电路，才能进行连接，如图 8.4.3 所示。此时，PLC 的外部负载电源的电压为 5 V，如果大于 5 V，需要在各输入端外加限流电阻。

3. 控制程序设计

在用 PLC 作为系统的控制器时，控制程序包括两个部分，一部分是运动轨迹的控制；另一部分是系统的逻辑控制，如系统的起动、停止和限位保护等。

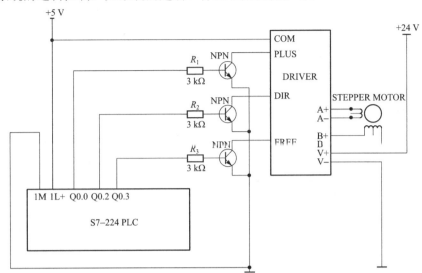

图 8.4.3　PLC 与步进电动机驱动器接口电路

运动轨迹的控制主要是进行直线插补和圆弧插补，插补算法的实现有多种方法，可以参考"数控技术"的相关内容。而在本系统所用的西门子的 S7-200 系列 PLC，除了可直接运用常规的插补算法外，还可以利用本身丰富的功能指令，如正弦（SIN）、余弦（COS）和正切（TAN）指令，更为方便地实现插补算法。

以上主要介绍了一个双坐标运动系统的机械机构以及驱动和控制部分，并以 PLC 驱动步进电动机为例，介绍了系统在硬件和软件设计中的一些问题。在这个系统的基础上，还可以进一步提高系统的性能，如运用伺服电动机作为驱动装置、增加人-机界面等，也可以丰富软件的功能，使整个系统更加完善。

8.5　基于工业控制计算机的剑杆织机控制系统

8.5.1　剑杆织机的原理和系统组成

织机是纺织工业中最重要的设备之一，在整个纺织工业中有极其重要的意义和作用。现代织机的纺织工艺从本质上来说，仍然没有脱离传统的经纬交织的原理。简易织机原理如图 8.5.1 所示，可见织机由五大部分组成，即开口机构、送经机构、卷取机构、送纬机构（图中没有画出）和打纬等五大部分。其中，开口机构主要由综框和相应的提升和花型控制部件等组成；送经机构包括后罗拉、经轴及其驱动电机和相应的控制部件；卷取机构由布辊、电动机和相应控制部件组成；打纬的主要部件是钢筘，送纬机构在图中没有画出，织机的送纬机构最早是梭子，后为了提高织布速度和布面质量，改为剑杆，然后改为喷气和喷水等。从织造原理来说，要想提高工作效率，主要是在提高主轴转速的同时提高送纬速度。剑杆织机与传统织机相比，送纬速度得到了较大的提高，从而提高了生产速度。随着现代电子技术和计算机技术的发展，剑杆织机向着电子化、智能化发展，生产速度较传统织机提高了 5~6 倍，极大地提高了生产效率，同时还降低了挡车工人的劳动强度，提高了产品的质量。本节提出的剑杆织机电气控制系统由一台 IPC5000 工控机、输入/输出单元（即各种计算机板卡）、控制器（如检测控制单元、伺服控制器）、执行机构（如交流伺服电动机、三相异步电动机、电子储纬器、电子多臂机）和按钮开关、生产状态信号（如断经、断纬信号等）等组成，其原理如图 8.5.2 所示。该系统实现了织机的自动化、智能化和高速化。

整个系统有 77 个输入/输出开关量（其中有 16 路高速输出端口）、1 路模拟量输入、1 路模拟量输出。将上述输入/输出信号按织机的功能进行分类，把外围接口电路设计成配件式、模块式，与软件配合，可满足用户不同配置的要求。

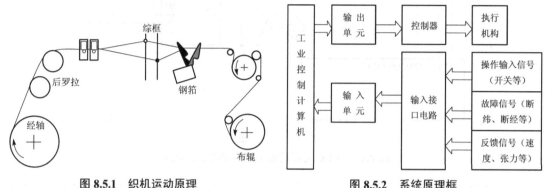

图 8.5.1　织机运动原理　　　　　图 8.5.2　系统原理框

8.5.2　工业控制计算机简介

工业控制计算机（简称工控机）是以计算机为核心的测量和控制系统，它有别于常用的计算机，可在复杂、恶劣的工业现场可靠地工作，在设备控制、过程控制和智能化仪表等领域应用广泛。工控机与普通计算机比较，有如下特点：

（1）丰富的过程输入/输出功能。除了计算机的基本组成 CPU、存储器外，工控机还有大量的过程输入/输出设备和完善的外部设备。

（2）实时性好。工控机具有时间驱动和事件驱动的能力，能对生产过程工况变化进行实时监测和处理，当过程参数出现偏差甚至故障时能迅速响应，作出相应处理。

（3）高可靠性。工业生产过程通常连续 24 小时工作，要求设备具有故障率低、运行效率高等特点。工控机正是为满足此要求而设计的。

（4）环境适应性。工业环境往往高温、高湿、高腐蚀、高振动冲击、高灰尘，电磁干扰严重，故工控机必须具有极高的电磁兼容性。

（5）丰富的软件资源，编程方便。工控机可像普通计算机一样，运行在 DOS 或 Windows 环境下，如果实时性要求较高，则需要实时操作系统。在 DOS 或 Windows 环境下，软件资源丰富，编程语言可采用 C 或 C++ 等高级语言，编程方便快捷，也不需要专门硬件的知识，软件硬件设计可由不同的人分别进行，缩短了开发周期。

图 8.5.3（a）所示为某型号工控机的外形。图 8.5.3（b）所示为 APCI 数字量输入/输出板卡。

8.5.3　系统硬件设计

1. 数字量输入/输出与 I/O 板卡的原理电路和连接

数字量输入/输出板卡的原理电路如图 8.5.4 所示。从原理框图可以看出，在数字输入（DI）

部分，当输入信号接地或低电平时，光电耦合器（简称光耦）导通，输入指示灯亮，CPU 读到的数据为"1"；输入对地开路或接高电平时，光耦不导通，输入指示灯灭，CPU 读到的数据为"0"。在数字输出（DO）部分，当输出数据为"1"时，光耦导通，负载有电流流过，输出指示灯亮；数字输出为"0"时，光耦不导通，负载没有电流流过，输出指示灯灭。DO 采用了达林顿反相驱动器作为功率放大器，其集电极输出电流单路可达 200 mA，可直接驱动继电器和电磁阀等。此外，板卡 DI、DO 的外电源是分别引出的，可接不同的电压，方便了用户的使用，可满足不同输入/输出电平的要求。

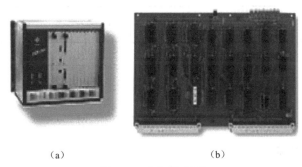

图 8.5.3　某型工控机

（a）工控机的外形；（b）输入/输出板卡

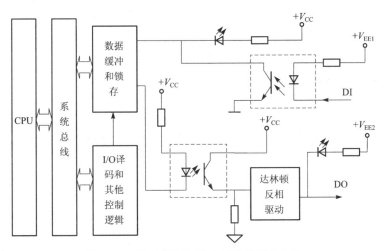

图 8.5.4　数字量输入/输出板卡的原理电路

虽然在板卡中已经设计了光电耦合隔离电路，但是方面其与外围信号的电压可能不匹配，另一方面作为数字量输出，其带负载的能力还远远不够，特别是当板卡多路输出时，输出电流较小，不能驱动较大的负载，所以需要有相应的接口电路来保证与计算机板卡的连接。图 8.5.5 所示就是起这样作用的电路。

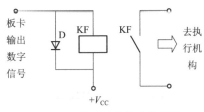

图 8.5.5　输出数字信号的连接

在电路中，将板卡输出数字信号用中间继电器隔离放大，在触点侧可通过较大的电流，可驱动较大功率的负载。对输入到板卡的数字信号，可作相似的处理。在设计这部分电路时，一定要认真阅读计算机板卡的使用说明书，搞清输入/输出电路的类型和接法，然后再设计中间电路。

2. 张力测量和调整环节的设计

在织造过程中，保持经纱张力的稳定，是提高布面质量的关键因素。张力传感器采用应变片式，它具有响应速度快、精度高等优点。应变片获得的经纱张力信号，经放大器放大为 0～5 V 的电信号，提供给 12 位的高速 A/D 转换模块。工控机得到的张力值，经数字滤波等处理后，与张力设定值进行比较，输入到送经伺服控制器，从而控制送经伺服电动机的角位移的大小，控制经纱输送量的多少，从而达到控制张力的目的。其控制框图如图 8.5.6 所示。

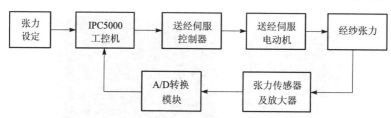

图 8.5.6　经纱张力的控制框图

3. 系统的抗干扰措施

在工业现场中，干扰常常通过各种渠道串入工控机，使工控机工作不正常。控制系统所有 I/O 接口转接板、伺服控制器等都集中在一个控制柜中，在织机的起动、停止等操作过程中，接触器、继电器动作频繁，机柜里的电磁干扰十分严重，特别是伺服控制器对周围电路的电磁辐射严重，针对以上问题，可采取以下措施：

（1）输入/输出信号均采用光电隔离和继电器隔离。

（2）信号线采用屏蔽线或双绞线。

（3）对电磁辐射严重的部件——伺服控制器作特别处理，加上金属屏蔽罩，隔断与外界的电磁联系。

（4）抑制触点火花。在系统中，使用了大量的继电器、接触器等电感性负载，而且它们又安装在同一个机柜里，其触点不可避免地在开关过程会产生火花，对使用的直流继电器采用开关二极管并联在继电器两端，如图 8.5.7（a）所示，对交流继电器和接触器，则在其线圈绕组两端加入阻容图 8.5.7 吸收电路，如图 8.5.7（b）所示。

（5）在各种电工电子系统中，接地是抑制电磁干扰的主要方法，它可以解决大部分的电磁干扰问题。通常，"地"有如下几种：

① 数字地（逻辑地），是逻辑电路的零电平；

② 交流地，是交流电源的零线和交流信号的公共线；

③ 屏蔽地（机壳地），是为了防止静电感应而设置的。

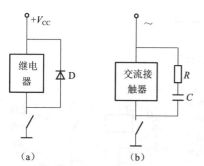

图 8.5.7　触点火花抑制电路

接地的含义是为系统提供一个参考的等电位点或面。如果接真正的大地，则这个参考点或面就是大地电位。接地的另一个含义是为电流流回电源提供一条低阻抗路径。本系统采用混合接地的方式，即分别将系统的交流地和逻辑地一点共地，然后接到系统的公共地线上，同时将机壳也接到公共地线上，公共地线通过接地线和大地相连，这样有效地减少了干扰。

8.6 与电话机并行使用的多功能电路

电话是通过电信号双向传输话音的设备。通常人们认为亚历山大·格拉汉姆·贝尔（Alexander Graham Bell）是电话的发明者。美国国会 2002 年 6 月 15 日 269 号决议确认安东尼奥·穆齐（Antonio Meucci）为电话的发明人。

电话在挂（待）机状态（即没拿起来时）供电电压为 48 V，当电话被打通需要振铃时，供电电压为+48 V（正向电位）并且叠加 24 V、25 Hz 的交流振荡信号。在拿起电话后，电压从 48 V 下降并转换为+8~+18 V（其电压大小由电话距离局端设备的远近而不同）。电话以恒流方式供电，也就是说，电流一定，功率越大，电压越高，并且除了振铃之外，其他的均为直流送电，包括脉冲直流。

本节介绍的电路（图 8.6.1）是与电话并行使用的多功能电路。该电路提供了挂机、摘机和振铃三种状态的声音和视觉指示。该电路也能通过继电器将电话连到呼叫识别装置，还能用蜂鸣器发声来指示电话线被窃听和误用。

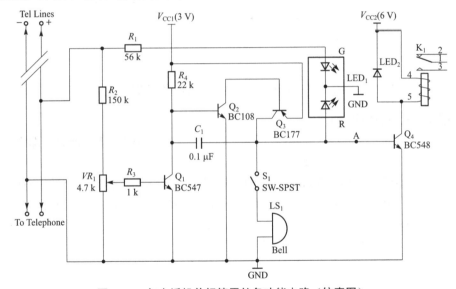

图 8.6.1 与电话机并行使用的多功能电路（仿真图）

在挂机模式下，通过电话线获得 48 V 直流供电，这时双色 LED_1 发绿光，指示电话处于闲状态。通过改变 R_1 的阻值可调节 LED_1 的发光强弱。通过调节电位计 VR_1 使 Q_1（BC547）基极正向偏置，从而使 Q_2（BC108）截止，确保 LED_1 只发绿光而不发红光。

当摘下电话时，电压降为 12 V 直流。这时，因为电压下降，Q_1 发射极截止，因而三极管 Q_2、Q_3 开始振荡，蜂鸣器开始发声（开关 S_1 处于接通状态），同时双色 LED_1 发出红光。

当呼叫本话机时，即处于振铃模式下，双色 LED_1 发出与电话振铃同频率的绿光。

本电路还可通过继电器连接呼叫识别装置。通过图 8.6.1 中的 A 点，连接驱动继电器的三极管。为了用该电路应对误用报警，开关 S_1 需处于导通状态。这样当有人试图窃听电话线时，可激活蜂鸣器发声（电话被窃听，与摘机状态相似）。

可用两节 1.5 V 电池作为 V_{CC1} 供电电源，但 V_{CC2} 最好另外单独供电，以免电池泄漏消耗电能。

8.7 浴室灯的自动控制电路

图 8.7.1 所示电路用来自动开关浴室灯。当浴室门关闭时，灯自动点亮，也可用于指示浴室是否有人使用。电路使用了两片集成电路，并由 5 V 直流电源供电。电路没有使用任何机械触点，因而有很高的可靠性。

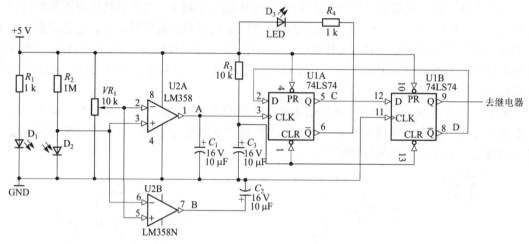

图 8.7.1　浴室灯的自动控制电路（仿真图）

1. 浴室门开、关的检测电路

红外发光二极管（D_1）和红外吸收二极管（D_2）组成电路的传感器部分，即浴室门开关的检测电路。常用的红外发光二极管，其外形和发光二极管 LED 相似，发出红外光。管压降约为 1.4 V，工作电流一般小于 20 mA。为了适应不同的工作电压，回路中常常串有限流电阻。红外发光和吸收二极管都安装在门框上，间隔一小段距离（图 8.7.2）。当门关上时，从红外发光二极管发出的光线被安装在门上的不透明纸条阻挡。此时，红外吸收二极管 D_2 接收不到红外光，呈高阻状态，阻值达兆欧级。当浴室门打开时，不透明纸条随门移开，红外发光二极管发出的红外光激活红外吸收二极管，使其导通，其导通压降较低。

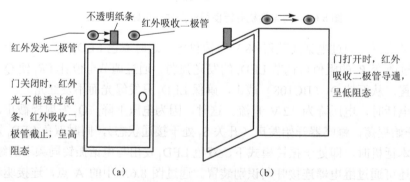

图 8.7.2　红外二极管的安装图
（a）门关闭时；（b）门打开时

2. 浴室门开、关状态的显示

由集成运算放大器 LM358（U2A）构成比较器，比较红外吸收二极管和通过 VR_1 预调的参考电压的大小。调整 VR_1 可获得最优的门槛电压，即当门关闭时 U2A 输出为高电平，而门打开时为低电平。连接到 U2A 输出端的电容 C_1 用来滤除开、关门时电压输出中产生的暂态噪声。这样，在点 A，门每次在开后再关就会产生一个由低到高的电压变化，如图 8.7.1 所示。

另一个比较器 U2B 的作用与 U2A 相反，因为其输入刚好相反。在 B 点，当门关闭时产生低电平，而门打开时变为高电平（见图 8.7.1）。这样，每次由关门到开门，在 B 点都会产生由低到高的电压变化。连接到 U2B 输出端的电容 C_2 也用来滤除开、关门时电压输出中产生的暂态噪声。74LS74 是上升沿触发的双 D 触发器，在电路中，用来记忆浴室的使用状态。U1A 记忆门的状态，U1B 在用来控制继电器使浴室灯开、关的同时，还可指示浴室是否被占用。U1B 的 8 脚输出 $\overline{Q}$ 与 U1A 的输入端 D 相连，而其输出（第 5 脚）接到了 U1B，即第二个 D 触发器的输入端（第 12 脚）。

当第一次通电时，阻容组合 R_3-C_3 清零两个触发器。因此，两个 D 触发器的 Q 输出端都是低电平，而 U1B 的 Q 端输出低电平。用这一低电平去控制继电器的电动作，浴室灯接通点亮（这部分电路没有在本电路中出现）。这点与门的开、关状态无关。此时，占用指示红光 LED（D3）不亮，说明浴室是空的（见图 8.7.1）。

当有人进入浴室时，门被打开然后关闭，这就为 74LS74 的两个 D 触发器产生了时钟信号。C 点的低电平进入 U1B，当打开门时，保持灯的状态不变。D 点的高电平进入 U1A，当关门时占用指示灯 D_3 变为亮（见图 8.7.3）。

当人离开浴室时，门再次打开。U1B 的输出变为高电平，浴室灯关（见图 8.7.3 中 D 的波形）。关门时在 U1A 输入端产生由低到高的时钟电平变化，从而使浴室占用指示灯关。

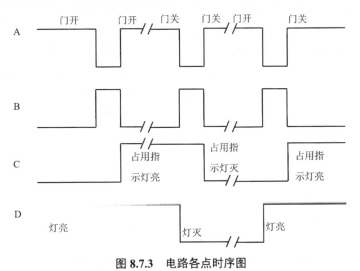

图 8.7.3　电路各点时序图

第 9 章
EDA 软件 Altium Designer 简介

随着计算机技术的发展,电子设计自动化越来越成熟,出现了众多不同的产品,如 Mentor 公司的 WG 系列和 EN 系列、Cadence 公司的 Allegro 系列等。本章简单介绍在中国用户数量最多,比较适合初学者的电路原理图绘制、仿真、制板、信号完整性分析集成于一体的电子设计自动化软件 Altium Designer。本章简要介绍 Altium Designer Summer 09 的电路原理图绘制、电路仿真和印制电路板(PCB)设计技术。通过本章的学习,读者可以对 Altium Designer 的功能有所了解,初步学会使用 Altium Designer 绘制电路原理图、仿真和设计 PCB 板。

9.1 Altium Designer Summer 09 简介

9.1.1 EDA 技术

EDA(Electronic Design Automation)技术是电子信息技术发展的杰出成果,它的发展和应用引发了一场电子设计和制造的革命,给企业带来了巨大的经济效益。EDA 技术是以计算机硬件和系统软件为基本工作平台,继承和借鉴前人在电路和系统理论、图论、拓扑逻辑和优化理论等多学科的科技成果的软件系统。它旨在帮助电子设计工程师开发新的电子系统与电路、IC 以及印制电路板(PCB)产品,实现在计算机上应用调用元器件库、连线画图、定义激励信号、确定跟踪点、调用参数库以及模拟仿真电路性能等手段设计电路。EDA 的发展大致经历了三个阶段:

20 世纪 70 年代到 80 年代初期,EDA 理论研究发展迅速,成为电子领域的新兴学科。那时 EDA 技术还没有形成系统,仅是一些孤立的软件程序。它们取代了靠手工进行计算、绘图和校验的方式,已显示出强大的生命力。

20 世纪 80 年代后期,随着计算机与集成电路高速发展,EDA 技术真正实现了自动化,出现了 EDA 产业。在这一阶段人们实现了电路仿真、PCB 自动布局布线、IC 参数提取与校验等,并将之集成为一个有机的 EDA 系统,其设计规模可达 10 万门以上。

进入 20 世纪 90 年代,微电子技术飞速发展,电子系统已越来越复杂化、微型化和保密化,设计周期越来越短,成本要求进一步降低,设计还要求独立于工艺等,这种需求促使电子系统朝着多功能、高速度、智能化的方向发展。

9.1.2 Altium Designer(Protel)的发展历史

在日新月异的当今社会,随着电子工业的飞速发展,新型器件,尤其是集成电路的不断涌现，电路板设计越来越复杂和精密，手工设计已经难以满足设计的需要。电子设计自动化，即 EDA 技术的深入发展和广泛应用，为电子工程师带来了新的、完美的设计方法，人们可以以更短的设计周期设计出更完美的电路，这使产品更具有竞争力。Altium 作为一家全球著名的 EDA 软件公司，在中国拥有众多的用户。

1985 年，Protel 公司成立，发布基于 DOS 和 IBM 兼容个人计算机的 EDA 软件 Protel PCB。

1991 年，在微软公司发布 Windows 操作系统之前，第一个推出基于 Windows 图形操作系统的 PCB 设计软件 Protel for Windows。

1998 年，发布 Protel98，集成所有 5 个印制电路设计所需的核心模块。

1999 年，推出 Protel99SE，构成从电路设计到印制电路板分析的完整体系。至今，仍有许多用户还在使用 Protel99SE SP6 设计电路板。

2001 年，Protel 国际有限公司更名为 Altium 有限公司。

2002 年，推出 Protel DXP，功能进一步完善，但该版本是一个过渡性产品。

2005 年，正式发布 Altium Designer 6.0，重新定义了电路设计工具，提高了 PCB 设计能力和对可编程逻辑器件的支持能力，该设计系统具有整个电子产品开发流程必需的所有功能。

2009 年，Altium 公司发布最新版电路设计软件 Altium Designer Summer 09。Altium Designer Summer 09 提供了唯一一款统一的应用方案，综合了电子产品一体化开发所需的所有必需技术和功能。Altium Designer Summer 09 在单一的设计环境中集成板级和 FPGA 系统设计，基于 FPGA 和分立处理器的嵌入式软件开发以及 PCB 设计、编辑和制造等功能，并集成了现代设计数据管理功能，使得 Altium Designer Summer 09 成为电子产品开发的完整解决方案，既能满足当前应用，也能满足未来开发的需求。

Altium Designer Summer 09 与以前产品相比，有如下改进。

1. 电路板设计方面

（1）增强了图形化 DRC 违规显示。Altium Designer Summer 09 版本改进了在线实时及批量 DRC 检测中显示的传统违规的图形化信息，涵盖了主要的设计规则。利用与一个可定义的指示违规信息的掩盖图形的合成，用户可更灵活地解决出现在设计中的 DRC 错误。

（2）用户自定制 PCB 布线网络颜色。Altium Designer Summer 09 版本允许用户在 PCB 文件中自定义布线网络显示的颜色。用户完全可以使用一种指定的颜色替代当前板层颜色作为布线网络显示的颜色，并将该特性延伸到图形叠层模式，进一步增强了 PCB 的可视化特性。

（3）PCB 板机械层设定增加到 32 层。Altium Designer Summer 09 版本为板级设计新增了 16 个机械层定义，使总的机械层定义达到 32 层。

（4）改进了 DirectX 图形重建速度。Altium Designer Summer 09 在 PCB 应用中增强了 DirectX 图形引擎的功能，提高了图形重建的速度。

2. 前端设计

（1）按区域定义原理图网络类功能。Altium Designer 允许用户使用网络类标签功能在原理图设计中将所涵盖的每条信号线纳入自定义网络类中。当从原理图创建 PCB 时，就可以将自定义的网络类引入 PCB 规则。使用这种方式定义网络的分配，将不再担心耗费时间、原理图中网络定义的混乱等问题。Altium Designer Summer 09 版本提供了更加流畅、高效和整齐的网络类定义的新模式。

（2）装配变量和板级元件标号的图形编辑功能。Altium Designer Summer 09 版本提供了装配变量和板级元件标号的图形编辑功能。在编译后的原理图源文件中可以了解装配变量和修改板级元件标号，这个新的特性使设计者从设计的源头就可以快速、高效地完成设计的变更。对于装配变量和板级元件标号变更操作，其提供了一种更快速、更直观的变通方法。

3. 软设计

（1）支持 C++高级语法格式的软件开发。由于软件开发技术的进步，使用更高级、更抽象的软件开发语言和工具已经成为必然——从机器语言到汇编语言，再到过程化语言和面向对象的语言。Altium Designer Summer 09 版本可以支持 C++软件开发语言，包括软件的编译和调试功能。

（2）基于 Wishbone 协议的探针仪器。Altium Designer Summer 09 版本新增了一款基于 Wishbone 协议的探针仪器（WB_PROBE）。该仪器是一个 Wishbone 主端元件，允许用户利用探针仪器与 Wishbone 总线相连去探测兼容 Wishbone 协议的从设备。通过实时运行的调试面板，用户就可以观察和修改外设的内部寄存器内容、存储器件的内存数据区，省去了调用处理器仪器或底层调试器。这对于无处理器的系统调试尤为重要。

（3）为 FPGA 仪器编写脚本。Altium Designer 已经为用户提供了一种可定制虚拟仪器的功能，在新的版本中新增了一种在 FPGA 内利用脚本编程实现可定制虚拟仪器的功能。该功能为用户提供一种更直观、界面更友好的脚本应用模式。

（4）虚拟存储仪器。在 Altium Designer Summer 09 版本中，用户将看到一种全新的虚拟存储仪器（MEMORY_INSTRUMENT）。在虚拟仪器内部，其就可提供一个可配置存储单元区。利用这个功能可以从其他逻辑器件、相连的 PC 和虚拟仪器面板中观察和修改存储区数据。

4. 系统级设计

该软件具有按需模式的 License 管理系统（On-Demand）。Altium Designer Summer 09 版本中增加了基于 WEB 协议和按需 License 的模式。利用客户账号访问 Altium 客户服务器，无须变更 License 文件或重新激活 License，基于 WEB 协议的按需 License 管理器就可以允许一个 License 被用于任意一台计算机，而用户无须建立自己的 License 服务器。

9.1.3　Altium Designer Summer 09 的设计体系和结构

基本上，Altium Designer 设计系统是由 EDA 主控环境和一系列工具软件组成的。它包含很多能够提高工作效率的功能模块，并且可以与 Protel 公司的其他工具或非 Protel 公司的电子设计自动化工具紧密地结合在一起。其整体结构示意如图 9.1.1 所示。

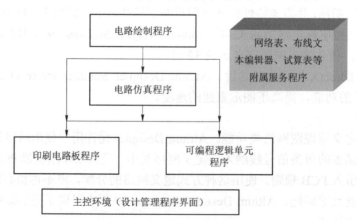

图 9.1.1　Altium Designer Summer 09 的设计体系和结构

从图 9.1.1 可以看出,设计系统有 5 个主要的 EDA 服务程序。其中最基本的是主控环境,主要用于控制各服务程序的共同资源,并且以设计管理程序为操作接口,管理和设计有关的文件。原理图设计是设计流程中的前端处理程序,负责电路图的绘制、各元器件属性和仿真参数的设置,以及生成网络表等各种报表文件。电路仿真程序负责电路的软件仿真和设计的验证。一旦绘制的电路图通过了验证,就可以进行印刷电路板的设计或者 PLD/FPGA 可编程逻辑器件的设计。这个体系正符合实现电子产品从设计构思、电学设计到物理设计的过程。这个过程如图 9.1.2 所示。

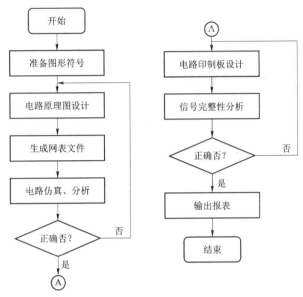

图 9.1.2　电路设计流程

1. 准备图形符号

在 Altium Designer 中,有些原理图图形符号并未收集,这时需要事先自己动手准备。同时有些器件的封装形式也需要按器件手册设计。

2. 电路原理图设计

利用原理图设计系统将构思的电路绘制成电路原理图。在这里可以充分利用各种原理图绘图工具、各种库、便利的电气规则检查等来达到设计目的。

3. 电路信号仿真

利用仿真程序,对设计的电路图进行软件仿真,验证设计是否达到目的。

4. 产生网络表和其他报表

网络表是电路板自动布线最主要的依据,是原理图设计与印制电路板设计的主要接口。

5. 印制电路板设计

印制电路板设计是电路设计的最终目标。利用 Altium Designer 的强大功能可以实现印制板的版面设计,完成各种高难度的布线等工作。

6. 信号完整性分析

Altium Designer 包含一个高级信号完整性仿真器,能分析 PCB 板和检查设计参数,测试过冲、下冲、阻抗和信号斜率,以便修改设计参数。特别是在高频电路设计中,信号完整性分析能提高实体印制电路板的成功性。

7. 输出报表

在 PCB 设计验证通过后，需输出各种 BOM（如所用元器件清单），将设计好的 PCB 文件直接交付制造厂商或转化为通用 PCB 制造文件 Gerber 后再交付厂商生产。

由于时间、学时数的限制，上述各部分不能一一涉及，有兴趣的读者可以参考相关的书籍进行进一步的学习。本章将简要地介绍如何利用 Altium Designer Summer 09 软件进行电路原理图的绘制、仿真设计和印制电路板（PCB）的设计。

9.2 Altium Designer Summer 09 操作环境介绍

9.2.1 进入 Altium Designer Summer 09

安装完成，第一次运行 Altium Designer Summer 09 时，将进入图 9.2.1 所示的主窗口。在主窗口，可进行项目文件的操作，如创建新项目、打开文件等。

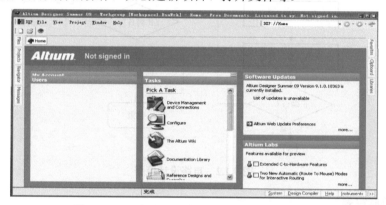

图 9.2.1　Altium Designer Summer 09 的主窗口

在图 9.2.1 中，菜单语言为英文，可单击左上角的"DXP"菜单，选择"Preferences…"，按图 9.2.2 所示设置，重启 Altium Designer Summer 09 后，则变为中文界面，如图 9.2.3 所示。

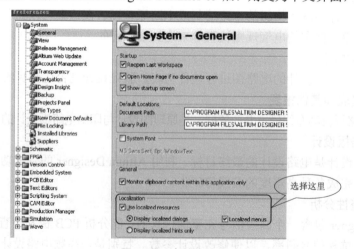

图 9.2.2　本地化设置

在图 9.2.3 中的"文件（F）"菜单中，可选择新建、打开和保存文件等操作。"察看（V）"菜单，主要用于工具栏、工作面板、命令行及状态栏的显示和隐藏。"工程（C）"菜单，主要用于项目文件的管理，包括项目文件的编译、添加、删除，显示项目文件的差异和版本控制等。

图 9.2.3　本地化后的主窗口

9.2.2　Altium Designer Summer 09 的文件系统

Altium Designer Summer 09 的项目面板提供了两种文件——项目文件和设计时生成的自由文件。设计时生成的文件可以放在项目文件中，也可以放在自由文件中。保存自由文件时，是以单个文件的形式保存。

1. 项目文件

在设计中，为了便于文件管理，将设计中所涉及的电路原理图文件、PCB 文件、设计生成的报表、设计所用元器件的集成库等放在一个项目文件中。

2. 自由文件

自由文件独立于项目文件，Altium Designer Summer 09 将其放在空白文件"（Free Document）"文件夹中。

3. 存盘文件

存盘文件是指在项目文件存盘时产生的文件。Altium Designer Summer 09 保存文件时，并不是将整个项目文件保存，而是单个保存，项目文件只是起管理的作用。

9.2.3　Altium Designer Summer 09 的常用键盘操作键

键盘的操作键有很多，常用的如下：

（1）PgUp——放大窗口的显示比例，使图形放大。
（2）PgDn——缩小窗口的显示比例，使图形缩小。
（3）End——重画窗口画面，使编辑区的图形显示清晰。
（4）Tab——打开处于浮动状态图形的属性对话框，编辑其属性。
（5）Space（空格键）——使处于浮动状态的图形逆时针旋转，每按键一次旋转 90°。

鼠标的操作，通常用左、右两键。可用左键选择命令，同键盘的 Enter 键，右键具有放弃、退出的功能，这同 Esc 键，同时还可用此弹出快捷菜单。

9.3 电路原理图设计

9.3.1 概述

电路原理图设计不仅是完整电路设计的第一步，也是电路设计的根基。所有后续的设计工作都是在此基础上进行的。原理图设计的好坏，直接影响后面的设计工作。

通常，设计一个电路原理图的工作包括：设置电路图图纸大小、规划电路图的总体布局、在图纸上放置元器件、进行布局和布线、对元器件以及布线作调整、保存和打印设计结果。其流程如图 9.3.1 所示。

1. 设置图纸大小

根据实际电路的复杂程度设置图纸的大小，这个过程实际上是建立工作平面的过程。用户可以设置图纸的大小、方向、网格大小以及标题栏等。

2. 放置元器件

根据电路的需要，从元件库里取出所需的元器件放置到工作平面上。在这一步中，设计者可以根据元件之间的走线对元件在工作平面上的位置进行调整、修改，对元件的编号、封装、元件值进行定义和设定等。

3. 原理图布线

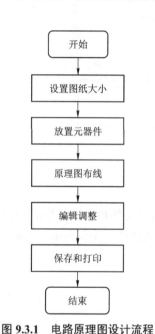

图 9.3.1 电路原理图设计流程

这是个画图的过程。设计者利用 Altium Designer Summer 09 软件提供的工具、指令等进行布线，将工作平面上的器件用具有电气意义的符号连接起来，构成一个完整的电路原理图。

4. 编辑调整

利用系统软件提供的工具，对所绘制的电路图作进一步的检查。如果有不合适的地方，要进行修改，保证原理图的正确性。在此基础上，还要保证原理图的美观和布局的合理。这个过程包括元件位置的校对、调整，导线位置的删除、移动，更改元器件以及元器件的属性等工作。

5. 保存和打印

在设计完成后，需要对设计工作进行管理，例如保存文件、对设计的图纸进行打印等。

9.3.2 原理图的组成

原理图即电路板工作原理的逻辑表示，主要由具有电气特性的符号构成。PCB 中各个组成部分与原理图电气符号的对应关系如下。

1. 元件（Component）

在原理图中，元器件以元件符号的形式出现。元件符号主要由元件引脚和边框组成，其中元件引脚需要和实际元件一一对应。

2. 铜箔（Copper）

在原理图中，铜箔有如下几种形式：

（1）导线：原理图设计中的导线有自己的符号，以线段的形式出现。

（2）焊盘：元件引脚对应 PCB 上的焊盘。

（3）过孔：原理图上不涉及 PCB 的布线，故没有过孔。

（4）覆铜：原理图上不涉及 PCB 的覆铜，故没有覆铜对应的符号。

3. 丝印层（Silkscreen Level）

丝印层是 PCB 上元件的说明文字，对应于原理图上元件的说明文字。

4. 端口（Port）

在原理图编辑器中引入的端口不是指硬件接口，而是为了建立多原理图之间的电气连接而引入的具有电气特性的符号。

5. 网络标号（Net Label）

网络标号和端口类似，通过网络标号也可建立电气连接。原理图中的网络标号必须附加在导线、总线或元器件引脚上。

6. 电源符号（Supply）

电源符号只是用于标注原理图上的电源网络，而非实际的供电器件。

9.3.3 Altium Designer Summer 09 电路原理图元件的属性

图 9.3.2 所示为电阻元件的属性，其说明也在图中。

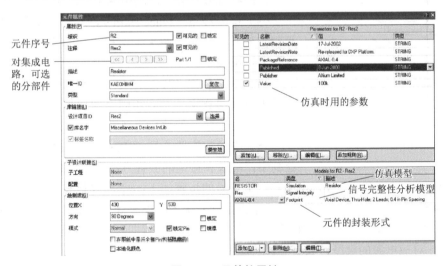

图 9.3.2　元件的属性

9.3.4 Altium Designer Summer 09 的原理图设计工具

Altium Designer Summer 09 中原理图编辑器的工具栏有主工具栏（Main Tools）、布线工具栏（Wiring Tools）、绘图工具栏（Drawing Tools）、电源和接地工具（Power Objects）、常用器件工具栏（Digital Objects）、模拟信号源（Simulation Source）、PLD 工具（PLD Tools）等。下面作一简要介绍。

1. 主工具栏（Main Tools）

打开和关闭主工具栏可以单击菜单命令 "View/Toolbars/Main Tools"。主工具栏提供了一些常用操作的快捷按钮，如打开文件、保存文件、打印文件、拷贝/粘贴/剪切、撤销操作、对工作平面的放大和缩小等。

2. 布线工具栏（Wiring Tools）

布线工具栏各部分如图 9.3.3 所示，从左到右依次为：导线、总线、信号线束、总线出入端口、网络名称、接地符号、电源符号、放置元件、电路图表符、图纸入口、器件图表符、线束连接器、线束入口、端口、没有 ERC 标志等。其用法和含义分别如下：

图 9.3.3　布线工具栏

（1）导线（"Place/Wire"，菜单命令的顺序为单击 "Place" 菜单下的 "Wire" 命令，下同）：在原理图中，当需要在两个点之间进行电气连接时，用此画导线连接。请注意，当两点间没有电气意义时，不要用导线连接，而要用普通连线（Line）。

（2）总线（"Place/Bus"）/总线出入端口（"Place/Bus Entry"）：所谓总线，是指一组具有相关性的信号线。绘制总线的目的是简化连线，总线本身并没有实质的电气意义，因此，总线总是和总线出入端口一起使用，以使之具有电气意义。真正代表实际的电气意义的是通过网络标签与输入/输出端口来表示的逻辑连通性。如图 9.3.4 所示，网络标签代表了电路中网络的名称。

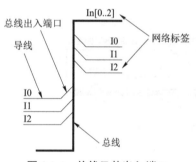

图 9.3.4　总线及其出入端口

（3）信号线束（Place/Harness）：信号线束能将不同信号归类到一个逻辑组中来表示相关联的信号，并用指定的唯一名字来表示。

（4）网络名称（"Place/Net Label"）：网络名称具有实际的电气连接意义。具有相同名称的导线或节点之间，不管有无导线连接，都被视为同一导线。

（5）电源和接地符号（"Place/Power Port"）：在原理图绘制中，电源和接地的放置方法是相同的。Schematic 通过网络名称将二者区别开来。放置电源和接地符号的步骤如下：① 将光标移动到所要放置的位置，单击鼠标即可完成；② 放置完毕，单击鼠标右键，结束放置。具体放置的是电源还是接地，可通过按 Tab 键，打开属性对话框，对其属性进行设置即可。属性框里，Net 对应网络名称，Style 对应电源的类型，共有 6 种。

（6）放置元件（"Place/Part…"）：在放置元件前，首先需加装元件库，方法如图 9.3.5 所示。装载元件库后，放置元件的步骤如下：① 启动放置元件命令后，出现一个对话框，输入所要取用的元件名，如电阻 RES2，或者通过浏览元件库查找所需的元件；② 在 "Designator" 项输入元件的流水号；③ 单击 "OK" 按钮后，屏幕出现 "十" 字光标，进入放置元件状态，将光标移到合适的位置，则将元件放置完成。这时，放置元件对话框再次出现，重复上述步骤，直到放置完所需的元件，单击鼠标右键结束放置。

图 9.3.5　元件库的安装

（7）放置电路图表符（"Place/Sheet Symbol"）：在绘制复杂电路时，往往在一张电路图不能完成，这就需要用到层次电路图的绘制方法。

（8）放置电路的 I/O 端口（"Place/Port"）：在电路图绘制中，除了用导线和网络标号两种办法标明电路两点间的连接外，还可以用 I/O 端口的办法来表示。在属性设置中，需指定 I/O 端口名称（Name）、端口的外形（Style）以及端口的电气特性（I/O Type）。

（9）放置手工接点（"Place/Junction"）：在绘制电路图时，通常两条线路是"T"形交叉时，软件会自动加上节点，而在"十"字交叉时，需要设计者自行添加，此时可使用此项命令。

剩下的在此不再介绍，可查看随机帮助。

9.3.5　在平面上放置元件

电路元件是原理图中最重要的部分。元件来自对应的元件库，在放置元件前必须先加入相应的元件库。

1. 装载元件库

装载元件库的方法如下：用鼠标单击视图左侧的"库…"选项卡，出现如图 9.3.5 所示的选项卡。

2. 放置元器件

启动放置元件（Part）的方法有以下三种：① 单击画电路图工具栏内的放置元件图标；② 在元件管理库中双击所要放置的元件；③ 选择菜单"Place/Part"命令。

放置元件的步骤如下：

（1）单击原理图编辑视图左侧的"库…"选项卡，出现如图 9.3.6 所示的对话框，先选择元件所属库。

（2）如图 9.3.6 所示，输入元件的名字，随着字母的输入，在"元件名"栏会逐渐缩小范围，若出现所需元件，可在元件名框内，双击鼠标左键选取，然后在原理图工作区放置元件。

将元件放置到工作区后，需要对某一元件的属性进行编辑、修改。有关元件属性的修改，可参见图 9.3.2。

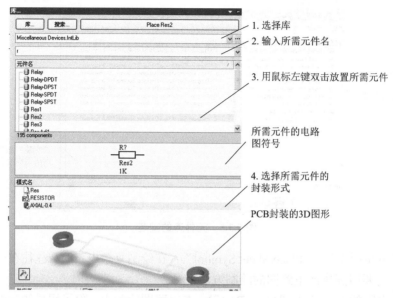

图 9.3.6　元件的放置

9.3.6　绘制电路原理图

本节通过绘制分压式偏置放大电路，来介绍如何绘制电路原理图。元件清单如表 9.1 所示。

表 9.1　元件清单

元件序号	Lib Ref	Value	元件序号	Lib Ref	Value	元件序号	Lib Ref	Value
Rb1	RES2	30 k	Re	RES2	2.2 k	C2	Cap2	20 u
Rb2	RES2	10 k	RL	RES2	4 k	Ce	Cap2	100 u
Rc	RES2	4 k	C1	Cap2	20 u	Q1	NPN	

绘制的电路如图 9.3.7 所示。下面按照绘制的步骤来说明绘制的方法。

（1）单击菜单"File（文件）/新建（New）/PCB Project"，此时如图 9.3.8（a）所示，新工程文件出现在"工程（Project）"选项卡中。然后再单击"菜单 File（文件）/新建（New）/原理图（Schematic）"，如图 9.3.8（b）所示，新的原理图即出现在新的工程文件中。现在，可以进行原理图设计了。

（2）在图 9.3.8（a）中，可鼠标右键单击"PCB_Project2.PrjPCB"，选择"保存工程为.."，为工程文件取一个有意义的名字。同样操作也可以为"Sheet1.SchDoc"取一个有意义的名字。

第 9 章 EDA 软件 Altium Designer 简介

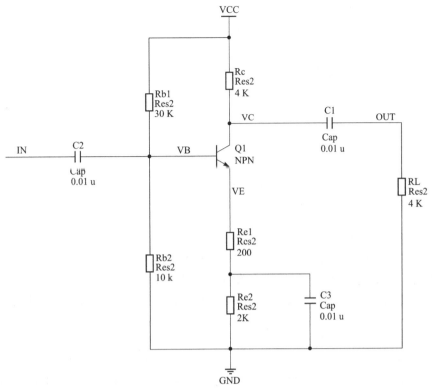

图 9.3.7 固定偏置放大电路（仿真图）

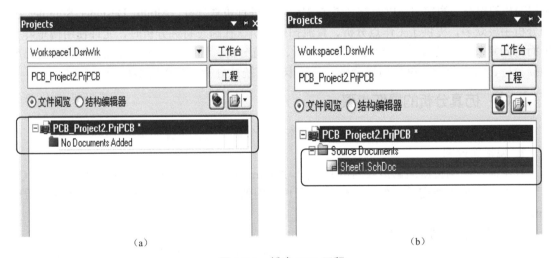

图 9.3.8 新建 PCB 工程

(a) 新建一个 PCB 工程；(b) 新 PCB 工程添加了新的原理图

（3）如表 9.1 所示，添加各个元件。在工作区按设计规划整齐有序地排列。

（4）将各个元件用导线连接起来。在本例中，需在"十"字交叉处添加一个电气节点。

（5）在必要的地方添加网络标号。

到此，电路图设计完成。为了对设计的电路图进行必要的检查，以利于后续工作，可以单击"工程（Project）/Compile Document…"命令对所设计的电路进行编译，若有错则进行修改。

需要指出的是，由于本书篇幅所限，并未涉及原理图设计的许多高级内容，如大型电路图的层次结构设计等，有兴趣的读者可参考相关资料。

9.4 混合信号电路仿真

9.4.1 概述

在传统电子线路设计过程中，完成电路原理图的设计和构思后，必须使用实际元器件、导线按原理图中规定的连接关系在面包板或其他实验板上搭接实验电路，然后借助相应的电子仪器仪表，在实验室环境下对电路功能、性能进行测试，以验证电路功能是否达到设计要求和性能指标，否则必须修改原理图或更换元器件。这种方法工作量大，开发周期长，成本高，不能适应现代电路设计的要求，特别是电路规模大、使用元器件多的场合。

随着计算机技术的飞速发展和电子设计自动化技术的成熟，目前多数电子线路实验已经可以通过电路仿真方式进行验证。所谓"电路仿真"，是指以电路分析理论、数值计算方法为基础，利用数学模型和仿真算法，在计算机上对电路功能、性能进行分析计算，然后以文字、图表等形式在屏幕上显示电路的性能指标或者通过打印机将仿真结果打印输出。这样无须元器件、面包板和仪器设备，电路设计者就可以通过仿真软件对所设计的电路进行各种分析、校验。

目前电路仿真软件较多，如 NI 公司的 MultiSIM、Microsim 公司的 PSPICE 等专用电路仿真软件，而其他的电路综合设计软件，如 OrCAD 和 Altium Designer（Protel），均内置了仿真功能。Altium Designer Summer 09 所集成的仿真功能提供了多种仿真激励源和常用的电路元器件，可以对模拟电路、数字电路以及数字/模拟混合电路进行仿真分析。Altium Designer Summer 09 的分析手段众多，提供了工作点分析、直流扫描分析（在瞬态特性分析时，允许使用傅里叶分析而得到复杂信号的频谱）、交流小信号分析、阻抗分析、幅频（相频）特性分析、环境温度扫描分析、噪声分析、参数扫描分析、蒙特卡罗（统计分析）分析等多种分析方式。

9.4.2 仿真分析的操作步骤

在 Altium Designer Summer 09 中进行电路仿真分析的操作步骤如下：

1. 编辑原理图

利用原理图编辑器编辑仿真测试原理图。Altium Designer Summer 09 将原理图符号、PCB 封装、仿真模型集成在统一的库文件里，用户不用像 Prote199SE 那样必须取自仿真专用库 Sim.ddb 内的相应元件。

2. 放置仿真激励源（包括直流电压源）

在仿真测试电路中，必须包含至少一个仿真激励源。仿真激励源如同一个特殊的元件，其放置、属性设置等操作方法与一般的电路元件的方法一样。仿真激励源库路径为"…simulation/simulation source. IntLib"。其中常用的有直流激励源、脉冲信号源、正弦信号源等。这些仿真激励源都是理想电路元件，即对电压源来说，其内阻为零；对电流源来说，其内阻为无穷大。

直流电压源"VSRC"的设置方法如图 9.4.1 所示。

正弦信号电压源的设置如图 9.4.2 所示。首先用鼠标左键双击元件，弹出"元件属性"对话框，然后在出现的"元件属性"对话框中，按图 9.4.2 所示设置即可。

第 9 章 EDA 软件 Altium Designer 简介

图 9.4.1　直流电压源"VSRC"的设置

图 9.4.2　正弦信号电压源属性设置窗口

3. 放置网络节点标号

在需要观察电压波形的节点上，放置网络节点标号，以便观察指定节点的电压波形。因为 Altium Designer Summer 09 能自动检测支路电流、端口阻抗，但不能自动检测节点电位。

4. 选择仿真方式并设置仿真参数

在原理图编辑窗口，单击"设计（Design）/仿真（Simulate）/Mixed Sim"，Altium Designer Summer 09 先对所设计的原理图进行编译，若有错误，会给出"confirm"提示，然后在"Messages"选项卡中列出所有的错误和警告；若没有错误，则弹出"分析设置（Analyses Setup）"对话框。在"分析设置"对话框中，选择仿真方式和仿真参数。当傅里叶分析被选中时，在"收集数据类型"项中一般可选择不含器件功率输出类型，如节点电压、支路电流、器件电流等。

5. 执行仿真操作

完成设置后，单击"确定（OK）"按钮，启动仿真过程，一定时间后，即可在屏幕上看到仿真结果。

6. 观察仿真结果

出现仿真结果后，程序自动启动波形编辑器并显示波形和仿真数据。仔细观察和分析仿真波形和数据，若不满意，可修改仿真参数或元件参数后，再次执行仿真操作，直到取得合乎要求的结果。

7. 保存或打印仿真结果和波形

在 Altium Designer Summer 09 中，常采用定点数形式输入，且不用输入参数的物理量单位，即电阻阻值默认单位为欧姆（Ω）、电容容值为法拉（F）、电感为亨利（H）、电压为伏特（V）、电流为安培（A）、频率为赫兹（Hz）等。采用如下比例因子：m（10^{-3}）、u（10^{-6}）、n（10^{-9}）、p（10^{12}）、k（10^{3}）、M（10^{6}）等。如"4.7u"对电容来说，是 4.7 μF，对电感来说则为 4.7 μH，对电压来说则为 4.7 μV。

9.4.3 电路仿真常用电源/激励源简介

Altium Designer Summer 09 中常用的电源和激励源有直流电压/电流源、正弦信号激励源、周期脉冲信号源、分段线性激励源、调频波激励源等。直流电源的设置较为简单（见图 9.4.1），不再赘述。所有激励源均有电压源和电流源之分，其中电压源以字母 V 开头，电流源以字母 I 开头，如 VSRC 为直流电压源，ISRC 为直流电流源。为了便于使用，下面简要介绍常用激励源的设置要点和参数的意义。

1. 正弦信号源（VSIN/ISIN）

正弦信号源在电路仿真分析中常用作瞬态分析、交流小信号分析的信号电源，其放置方法同普通元件。正弦电压信号源 VSIN 的参数意义如图 9.4.2 所示，其数学模型为

$$v = v_0 + v_A e^{-\alpha(t-t_d)} \sin[2\pi f(t-t_d) - \theta] \qquad (9.4.1)$$

式中，v_0 为直流偏置，v_A 为正弦量幅值，α 为阻尼因子，t_d 为延迟时间，f 为正弦量频率，θ 为相位延迟。

2. 周期脉冲信号源

周期脉冲信号源在数字电路的瞬态分析中常常使用。周期脉冲信号源的参数设置及其意义如图 9.4.3 所示。

图 9.4.3 周期脉冲信号源的属性

3. 分段线性激励源 VPWL 和 IPWL（Piece Wise Linear）

分段线性激励源的波形由几条直线段组成，是非周期信号源。为了描述其波形特征，需给出线段的各个转折时间和相应的电压（或电流）值，对电压型（VPWL），转折坐标由"时间/电压"构成；对于电流型（IPWL），转折坐标由"时间/电流"构成。VPWL 放入属性参数及其含义如图 9.4.4 所示。

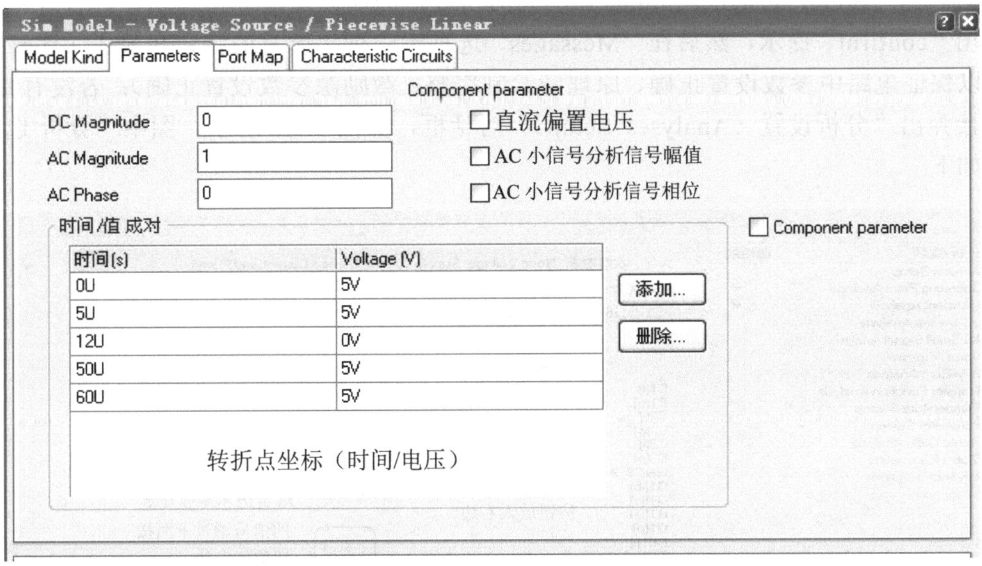

图 9.4.4　分段线性源的属性

4. 调频波激励源 VSFFM 和 ISFFM

调频波激励源是高频电路仿真分析常用的激励源。调频波信号源的属性窗口如图 9.4.5 所示。其调制信号的数学表达式为

$$v(t) = v_0 + v_A \sin(2\pi \times F_c \times t + MDI \times \sin(2\pi \times F_s \times t)) \quad (9.4.2)$$

式中，v_0 为直流偏置，v_A 为正弦量幅值，F_c 为载波频率，MDI 为最大频偏与调制信号频率比，F_s 为载波信号频率。

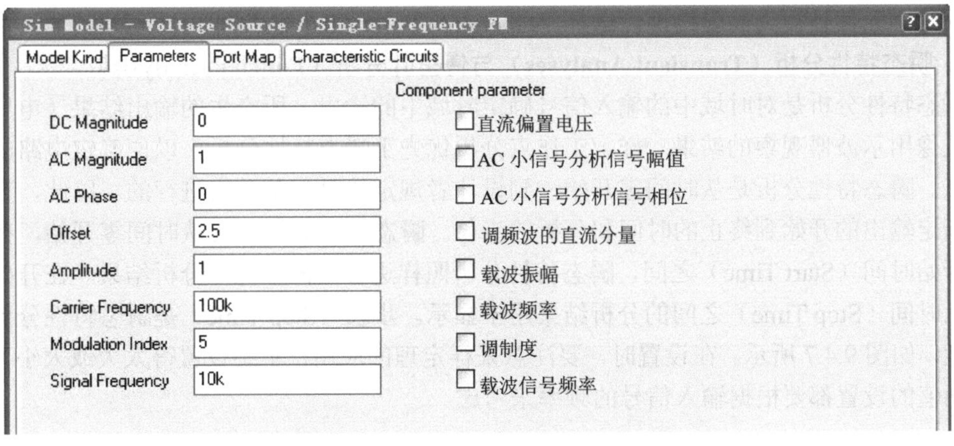

图 9.4.5　调频波激励源 VSFFM 的属性

由于篇幅限制，其他激励源在此略过。

9.4.4 常用仿真方式和应用

在进行仿真前，设计者必须选择电路的分析方式、所要收集数据的变量以及需显示的波形等。在 Altium Designer Summer 09 中，单击"设计（Design）/仿真（Simulate）/Mixed Sim"命令，Altium Designer Summer 09 先对所设计的原理图进行仿真编译，若有错误，会给出"confirm"提示，然后在"Messages"选项卡中列出所有的错误和警告（这时需修改，以保证电路中参数设置正确、原理图绘制完整、激励源参数设置正确）；若没有错误，则直接弹出"分析设置（Analyses Setup）"对话框，如图 9.4.6 所示，图中"分析/选项"内容如下。

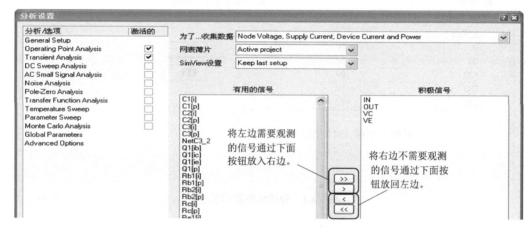

图 9.4.6 "分析设置"对话框

1. 一般设置（General Setup）

在"General Setup"中，需如图 9.4.6 所示设置需要观测的信号。

2. 工作点分析（Operating Point Analysis）

工作点分析用于分析电路的直流工作点，是其他分析的基础，必须选择。在进行工作点分析时，交流源被视为零输出，固定状态保持不变，电容被视为开路，电感被视为短路，电路中的数字元件被视为高阻接地。选择"Operating Point Analysis"即可，无须其他设置。

3. 瞬态特性分析（Transient Analyses）与傅里叶分析（Fourier Analysis）

瞬态特性分析是对时域中的输入信号确定时域中的输出，所产生的输出结果（电压和电流）就像用示波器观察的结果一样。工作点分析优先于瞬态特性分析，以便确定电路的直流偏置点。瞬态特性分析是从时间零开始，到设计者规定的时间范围内进行的。因此，设计者必须指定输出的开始到终止的时间和分析的步长。瞬态特性分析通常从时间零开始，在时间零和开始时间（Start Time）之间，瞬态特性分析照样进行，但不保留分析结果。在开始时间和终止时间（Stop Time）之间的分析结果用于显示。步长（Step Time）是瞬态特性分析的时间增量，如图 9.4.7 所示。在设置时，要注意采样定理的应用，不要设置得太大或太小。这几个时间值的设置都要根据输入信号的频率来考虑。

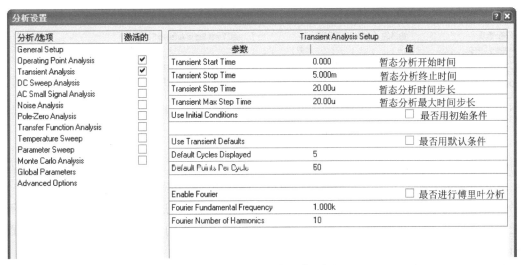

图 9.4.7　瞬态分析/傅里叶分析设置

4. 直流扫描分析（DC Sweep Analysis）

直流扫描分析就是直流转移特性分析。定义所选激励源的电压输入在一定范围内变化，它执行一系列的静态工作点分析，其扫描参数设置如图 9.4.8 所示。

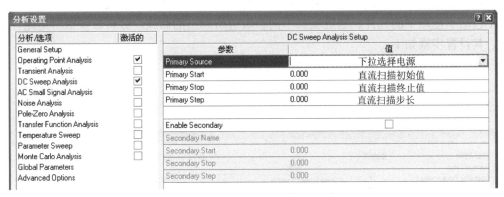

图 9.4.8　直流扫描分析的参数设置

5. 交流小信号分析（AC Small Signal Analysis）

交流小信号分析是将交流输出量作为频率的函数计算电路的响应。如果电路中包含非线性元件，在计算频率响应之前要先得到该元件的交流小信号参数。分析时，电路中必须保证要有至少一个交流源，并在激励源的 AC 属性域中设置一个大于零的值。分析时，电路中的直流源被自动置零，交流信号源、电容、电感等均处于交流模式。直流工作点首先被认为对所有非线性组件而言，在这点是线性的，是小信号模型，且是偏置点。接着创建一个复矩阵。为构造一个矩阵，直流源全被赋予零值。交流源、电容器和电感器均以它们的直流模型描绘，非线性组件则以线性小信号模型描绘。所有输入源被认为是正弦信号，源频率被忽略。图 9.4.9 所示为交流小信号分析的参数设置，图中的扫描类型有 Linear（线性）、Decade（10 倍频）和 Octave（8 倍频）。

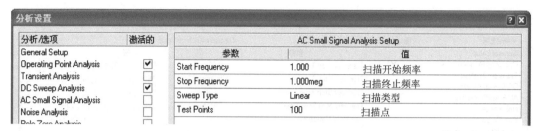

图 9.4.9　交流小信号分析的参数设置

6. 噪声分析（Noise Analysis）

电路中的电阻和半导体器件都能产生噪声，噪声电平取决于频率。对交流分析的每一个频率，电路中的每一个噪声源的噪声电平都将被计算出来并传送到一个输出节点，并将所有传送到该节点的噪声进行均方根相加，得到制定输出节点的等效输出噪声。可通过激活"Noise"选项进行噪声分析的参数设置。

7. 参数扫描分析（Parameter Analysis）

参数扫描分析在分析功能上类似蒙特卡罗分析和温度分析。通常与直流、交流和瞬态分析配合使用。采用参数扫描分析，即将某个元件的某个参数每次取不同的值，进行多次仿真。其用于分析某个元件的某个参数在一定范围内变化时对电路的影响，从而快速地校验电路的运行情况。在参数扫描分析中，允许设计者在特定范围内，自定义增量模型的值，并可改变基本元件及其模型，而不改变电路的数据。同时，还可设置第二个参数扫描分析，但收集的数据不包括子电路中的元件。通过观察不同参数值所画出的曲线，分析该参数对电路性能的影响。其设置步骤如下：

（1）进入图 9.4.6 所示界面，选择瞬态分析；
（2）如图 9.4.10 所示，设置参数扫描分析的各变量；
（3）单击"确定"按钮，运行仿真分析。

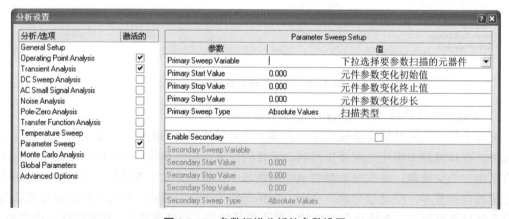

图 9.4.10　参数扫描分析的参数设置

8. 温度扫描分析（Temperature Sweep Analysis）

温度扫描分析是指在一定的温度范围内进行电路参数计算，从而确定电路的温度漂移等性能指标。其通常和交流小信号分析、直流扫描分析以及瞬态分析相关联。设置温度扫描分析，可选中"Temperature Sweep Analysis"选项，然后进入对话框进行设置。

9. 传递函数分析（Transfer Function Analysis）

传递函数分析用于分析电路的直流输入阻抗、输出阻抗以及直流增益。可进入"Transfer Function"对话框设置参数。

9.4.5 仿真实例

下面结合固定偏置放大电路，讲解如何用 Altium Designer Summer 09 来仿真电路。

固定偏置放大电路如图 9.4.11 所示，各元件所有仿真参数已在图中标出，其仿真操作步骤如下：

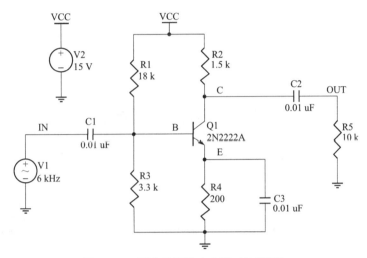

图 9.4.11　固定偏置放大电路（仿真图）

（1）启动 Altium Designer Summer 09，单击"文件/新建/工程/PCB 工程"命令，新建一个 PCB 工程文件，然后再单击"文件/新建/原理图"命令，新建一个原理图文件，接着单击"文件/保存"命令，保存文件，并给文件取一个有意义的名字。

（2）加入所需库文件后，按图 9.4.11 所示，绘制电路原理图。

（3）双击正弦电压激励源 V1，在弹出的"元件属性"对话框中，如图 9.4.2 所示，设置正弦电压信号的幅值为 240 mV，频率为 6 kHz。双击直流电压源 V2，设置其直流电压为 15 V。

（4）单击菜单栏的"工程/compile document..."命令，编译当前的原理图，编译无误后保存原理图和工程项目文件。

（5）单击菜单栏的"设计/仿真/Mixed Sim"命令，系统弹出"分析设置"对话框，如图 9.4.6 所示，先选中"General Setup"选项，设置所需观测的节点，本例所选择的节点为 B、C、E、IN、OUT。

（6）选中"Operating Point Analysis"，然后再选中"Transient Analysis"，按图 9.4.7 所示瞬态特性分析参数的含义，设置参数，如图 9.4.12 所示。

（7）设置完成后，单击"确定"按钮，系统自动运行仿真程序，得到的仿真波形如图 9.4.13 所示。仿真表明，电路的静态工作点为 VB=2.206 V，VC=3.444 V，VE=1.549 V。

Transient Analysis Setup	
参数	值
Transient Start Time	0.000
Transient Stop Time	833.3u
Transient Step Time	4.167u
Transient Max Step Time	4.167u
Use Initial Conditions	☐
Use Transient Defaults	☐
Default Cycles Displayed	5
Default Points Per Cycle	50
Enable Fourier	☐
Fourier Fundamental Frequency	100.0
Fourier Number of Harmonics	10

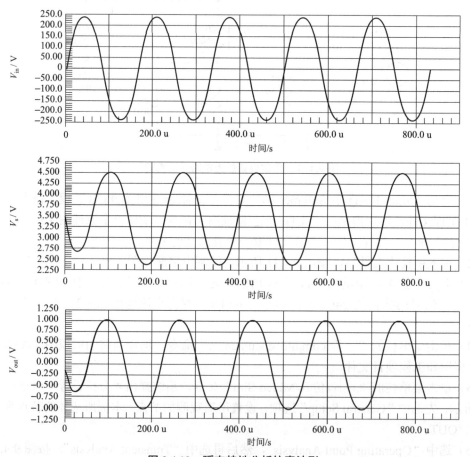

图 9.4.12　瞬态特性分析参数的设置

图 9.4.13　瞬态特性分析仿真波形

（8）如图 9.4.14 所示，设置直流扫描分析参数，可以分析直流电源 V2 参数的变化对静态工作点的影响。所得结果如图 9.4.15 所示。

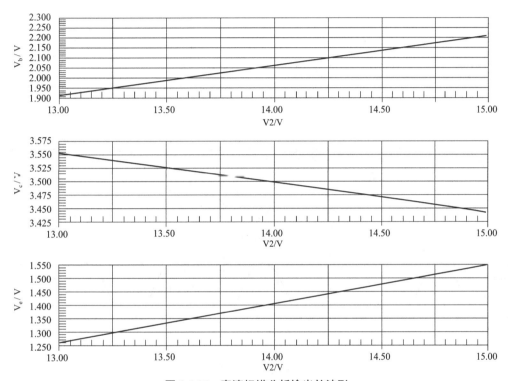

DC Sweep Analysis Setup	
参数	值
Primary Source	V2
Primary Start	13.00
Primary Stop	15.00
Primary Step	500.0m

图 9.4.14　直流扫描分析参数设置

图 9.4.15　直流扫描分析输出的波形

（9）如图 9.4.16 所示，设置参数扫描分析参数为电阻 R4，其阻值变化范围为 180～220 Ω，然后在"General Setup"中设置"SimView 设置"为"Show Active Signals"，单击"确定"按钮，得到参数扫描的仿真波形，如图 9.4.17 所示。从仿真图可见，由于发射极电阻 R4 阻值的变化，集电极 VC 的变化较大。

Parameter Sweep Setup	
参数	值
Primary Sweep Variable	R4[resistance]
Primary Start Value	180.0
Primary Stop Value	220.0
Primary Step Value	10.00
Primary Sweep Type	Relative Values

图 9.4.16　参数扫描分析参数的设置

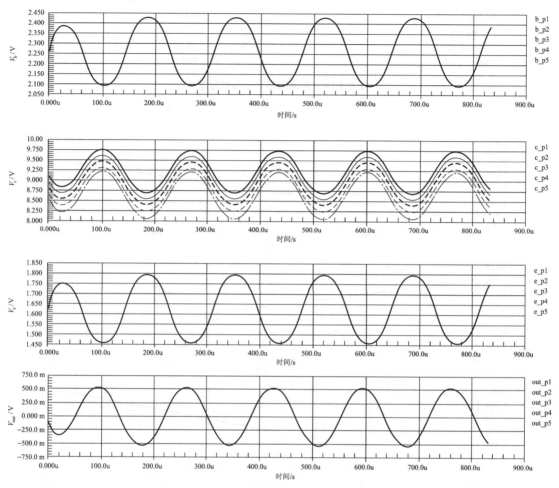

图 9.4.17　参数扫描分析输出的波形

如图 9.4.18 所示，设置温度扫描分析参数，设置温度变化范围为 20～60 ℃，仿真输出波形如图 9.4.19 所示。

Temperature Sweep Setup	
参数	数值
Start Temparature	20.00
Stop Temparature	60.00
Step Temparature	10.00

图 9.4.18　温度扫描分析参数的设置

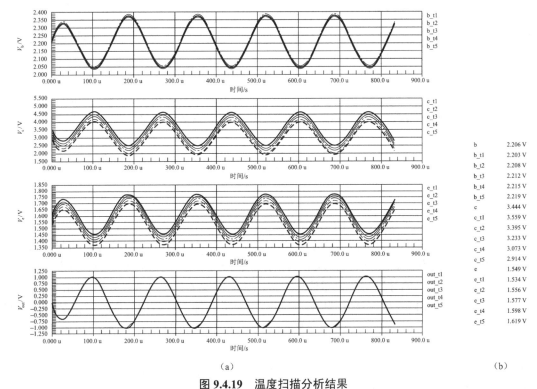

图 9.4.19 温度扫描分析结果
(a) 温度扫描分析输出的波形；(b) 温度扫描分析静态工作点的变化

限于篇幅，其他的仿真分析就不在这里介绍了，有兴趣的同学可参照 Altium Designer Summer 09 的联机帮助和仿真例子进行学习。

9.5 PCB 设计简介

9.5.1 PCB 和元器件封装简介

1. PCB 的基本知识

PCB 是英文 Printed Circuit Board（印制线路板）的简称。通常把在绝缘基材上，按预定设计，制成印制线路、印制元件或两者组合而成的导电图形称为印制电路；而在绝缘基材上提供元器件之间电气连接的导电图形，称为印制线路。这样就把印制电路或印制线路的成品板称为印制线路板，亦称为印制板或印制电路板。PCB 提供集成电路等各种电子元器件固定装配的机械支撑，实现集成电路等各种电子元器件之间的布线和电气连接或电绝缘，提供所要求的电气特性，如特性阻抗等；同时为自动锡焊提供阻焊图形，为元器件插装、检查、维修提供识别字符和图形。

常用的印制电路板所用的基材是由纸基（常用于单面板）或玻璃布基（常用于双面及多层板），预浸酚醛或环氧树脂后，表层粘上一面或两面覆铜箔再层压固化而成。这种线路板覆铜箔板，称为刚性板，如果再将之制成印制线路板，就称之为刚性印制线路板。

单面有印制线路图形的称为单面印制线路板；双面有印制线路图形，再通过过孔的金属化处理进行双面互连形成的印制线路板，称为双面板。如果用一块双面板作内层、两块单面板作外层或两块双面板作内层、两块单面板作外层，通过定位系统及绝缘黏结材料粘接在一起且导电图形按设计要求进行互连的印制线路板就成为 4 层、6 层印制电路板了，也称为多层印制线路板。

电子设备采用 PCB 后，同一类 PCB 的一致性避免了人工接线的差错，并可实现电子元器件自动插装或贴装、自动锡焊、自动检测，保证了电子设备的质量，提高了劳动生产率，降低了成本，并便于维修。

PCB 从单面板发展到双面板、多层板和挠性板，并不断向高精度、高密度和高可靠性方向发展。

2. 元器件封装知识

封装，就是指将半导体硅片上的电路管脚，用导线接引到外部接头处，以便与其他器件连接。封装形式是指安装半导体集成电路芯片用的外壳。它不仅起着安装、固定、密封、保护芯片、增强电热性能等作用，而且还通过芯片上的接点用导线连接到封装外壳的引脚上，这些引脚又通过印制电路板上的导线与其他器件相连接，从而实现了芯片内部与外部电路的连接。

封装主要分为 DIP 双列直插和 SMD 表面贴片封装两种。从结构方面看，封装经历了最早期的晶体管 TO（如 TO–89、TO92）封装到双列直插式 DIP（封装），随后由 PHILIP 公司开发出了 SOP 小外型封装，以后逐渐派生出 J 型引脚小外形封装（SOJ）、薄小外形封装（TSOP）、甚小外形封装（VSOP）、缩小型 SOP（SSOP）、薄的缩小型 SOP（TSSOP）、小外形晶体管（SOT）和小外形集成电路（SOIC）等。在材料介质方面，其包括金属、陶瓷、塑料等。

常用的元器件封装形式如下，其实物如图 9.5.1 所示。

图 9.5.1 元器件封装实物

（1）双列直插式封装（Dual In-line Package，DIP），引脚从封装两侧引出，封装材料有塑料和陶瓷两种。DIP 是最常见的插装型封装，常见于标准逻辑 IC、存储器 LSI、微机电路等。其引脚中心距为 2.54 mm，引脚数为 6～64。封装宽度通常为 15.2 mm。

（2）无引脚封装（Leadless Chip Carrier，LCC），指陶瓷基板的 4 个侧面只有电极接触而无引脚的表面贴装型封装，是高速和高频 IC 用封装，也称为陶瓷 QFN 或 QFN–C。

（3）四侧引脚扁平封装（Quad Flat Package，QFP），引脚从元件的四个侧面引出，呈海鸥翼（L）型。基材有陶瓷、金属和塑料三种。从数量上看，塑料封装占绝大部分。当没有特别表示出材料时，多数情况为塑料 QFP。QFP 封装的引脚中心距有 1.0 mm、0.8 mm、0.65 mm、0.5 mm、0.4 mm、0.3 mm 等多种规格。0.65 mm 中心距规格中最多引脚数为 304。

（4）收缩型 DIP（Shrink Dual In-line Package，SDIP），形状与 DIP 相同，但引脚中心距（1.778 mm）小于 DIP（2.54 mm）。引脚数为 14～90。也有称为 SH-DIP 的。材料有陶瓷和塑料两种。

（5）单列直插式封装（Single In-line Package，SIP），引脚从封装的一个侧面引出，排列成一条直线。当装配到印刷基板上时封装呈侧立状。引脚中心距通常为 2.54 mm，引脚数为 2～23，多数为定制产品。

（6）小外形封装（Small Out-line Package，SOP），引脚从封装两侧引出呈海鸥翼状（L字形），也称 SOL 和 DFP。材料有塑料和陶瓷两种。在引脚数为 10～40 以外的领域，SOP 是普及最广的表面贴装封装形式。引脚中心距为 1.27 mm，引脚数为 8～44。另外，引脚中心距小于 1.27 mm 的 SOP 也称为 SSOP；装配高度不到 1.27 mm 的 SOP 也称为 TSOP。

（7）球形触点陈列封装（Ball Grid Array，BGA），在印刷基板的背面按阵列方式制作出球形凸点用以代替引脚，在印刷基板的正面装配 LSI 芯片，然后用模压树脂或灌封方法进行密封。也称为凸点陈列载体（PAC）。引脚可超过 200，是多引脚 LSI 用的一种封装。

在 Altium Designer Summer 09 中，常用的分立元件的封装如下：

（1）电阻：分直插和表贴封装（SMT），对直插，封装为 AXIAL0.3～0.7，其中数字指电阻的长度，一般用 AXIAL0.4，即两焊盘的间距为 300 mil（mil，读作密尔，1 mil=0.001 in=0.025 4 mm）；对表贴封装，其封装形式为 0201（1/20 W）、0402（1/16 W）、0603（1/10 W）、0805（1/8 W）、1206（1/4 W）。

（2）电容：若是无极性电容（如陶瓷电容等）为 RAD0.1～0.3，电解电容为 RB.1/.2～RB.4/.8，其中.1/.2～.4/.8 指电容大小。一般 1～100 μF 用 RB.1/.2，100～470 μF 用 RB.2/.4。

（3）二极管：封装为 DIODE0.4～DIODE0.7，常用 DIODE0.4。

（4）三极管：常见的封装属性为 TO-18（普通三极管）、TO-22（大功率三极管）和 TO-3（大功率达林顿管）。

元件的封装形式还有很多，就不一一介绍了。有兴趣的读者可打开 "\Library\pcb 库目录"下的文件，特别是 IPC—7350 和 IPC-SM-782 这两个目录几乎包含了所有标准的 PCB 库文件。

9.5.2　Altium Designer Summer 09 PCB 设计基础

Altium Designer Summer 09 的 PCB 编辑器界面包括菜单栏、工具栏和工作面板。这些菜单和工具栏主要用于 PCB 设计中的电路板设置、布局、布线等操作，且大部分都有对应的右键快捷菜单。

在菜单栏中，有"文件""编辑""视图""项目""放置""设计""工具""自动布线""报表"等菜单命令，如需放置器件封装或图形，可从"放置"菜单命令中找到合适的命令。

1. PCB 文件的建立

在 Altium Designer Summer 09 中，新建 PCB 文件有三种方法，能减少工作量，简捷方便的方法是用 PCB 设计向导来完成电路板的外形、板层数、接口等的设置。使用 PCB 设置向导的操作步骤如下：

（1）打开"文件"面板，单击"从模板新建文件"选项栏中的"PCB Board Wizard"选项，即打开电路板设计向导对话框，单击"下一步"按钮，弹出 PCB 所采用的长度单位设置界面。通常选择英制单位以方便栅格对齐，再单击"下一步"按钮，弹出图 9.5.2 所示的电路板配置文件界面。系统已经提供了一些标准电路板配置文件，但经常需自定义（Custom）设置。

图 9.5.2　电路板配置文件界面

（2）在图 9.5.2 中，选择"Custom"后，单击"下一步"按钮，弹出电路板详细信息界面，在该界面中，可设置电路板的轮廓外形、电路板尺寸、边界导线的宽度、禁止布线区与电路板边沿的距离等，如图 9.5.3 所示。

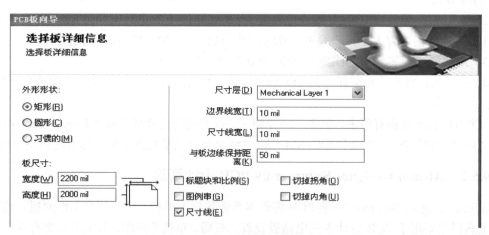

图 9.5.3　电路板详细信息界面

（3）在图 9.5.3 中，设置电路板的外形、板尺寸等后，单击"下一步"按钮，弹出电路板层数设置界面，对双面板，两个信号层为"Top Layer"和"Bottom Layer"。在单击"下一步"按钮后可设置过孔类型，因为加工的原因，通常选择通孔，在接下来的界面中，选择元件和布线方法。

（4）设置完元件和布线方法后，单击"下一步"按钮，弹出选择默认导线和过孔尺寸界面，如图 9.5.4 所示。设置完成后，单击"下一步"按钮即完成 PCB 设计向导。

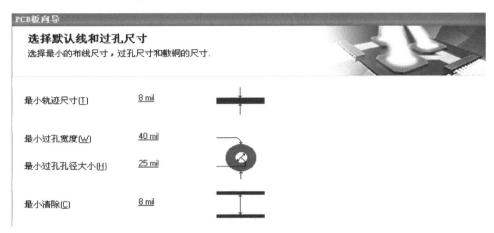

图 9.5.4 选择默认导线和过孔尺寸界面

2. 电路板层数的设置

1）电路板的分层

电路板一般包括很多层，不同的层有不同的设计信息。Altium Designer Summer 09 提供了 6 种类型的工作层：

（1）Signal Layers（信号层）：即铜箔层，用于完成电气连接。

（2）Internal Planes（中间层，也称内部电源层与地线层）：也属于铜箔层，用于建立电源和地线网络。

（3）Mechanical Layers（机械层）：用于描述电路板的机械结构、标注和加工等生产和组装信息所使用的层面，不能完成电气连接。

（4）Mask Layers（阻焊层）：用于保护铜线，防止焊接错误等。

（5）Silkscreen Layers（丝印层）：也称图例（legend），通常用于放置元件标号、文字与符号，以表示元器件在电路板中的位置。

（6）Other Layers（其他层）：包括 Drill Guides（钻孔）和 Drill Drawing（钻孔图），用来描述钻孔图和钻孔的位置；Keep-Out Layer（禁止布线层），用来定义布线区域。

2）常见电路板

Single-Sided Boards（单面板），即元件集中在　面，导线集中在另　面。Double-Sided Boards（双面板），元件集中在一面，但两面都可以布线，这样就需要"Via（过孔）"作为桥梁，以连接两面的导线。Multi-Layer Boards（多层板），常用的多层板有 4 层、6 层、8 层等。一般，4 层板是在 Top Layer 和 Bottom Layer 的基础上增加了电源层和地线层，以利于解决电磁兼容问题，提高系统的可靠性，也有利于提高布通率，减小 PCB 板的面积。

电路板层的设置可单击菜单栏"设计/层叠管理"命令，打开"层堆栈管理器"，如图 9.5.5 所示。在对话框中，可增加/删除层、移动层的位置、对各层设置其属性。各种典型电路板层数的设置，可通过单击图 9.5.5 所示界面中左下角的"菜单"按钮获得。

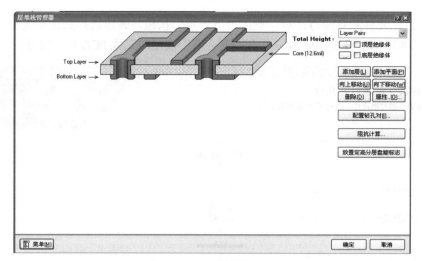

图 9.5.5　层堆栈管理器

3. 网络表的导入

完成原理图的设计以及 PCB 的板形、层数等设置后，就可以导入网络表。这里以图 9.5.6 所示电路为例来讲解如何导入网络表、如何在 PCB 中对元器件进行布局，以及如何布线等。

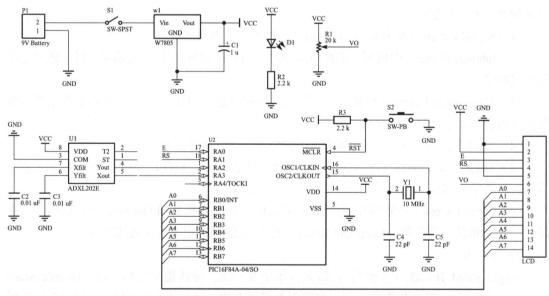

图 9.5.6　原理图（仿真图）

（1）建立 PCB 工程文件 "acc.prjPCB"，按图 9.5.6 所示，绘制原理图。图中 w1 为三端稳压器 7805，U1（ADXL202E）为两轴 MEMS 加速度计，可输出两个正交方向的加速度，U2（PIC16F84）为 8 位单片机，P2 为液晶显示器。该电路的功能是单片机 U2 读取加速度计 U1 的输出，通过一定的算法，在 LCD 上显示电路板与地平面的倾角。元件 U1 在 Altium Designer Summer 09 的库文件中，需自行设计其原理图符号和元件封装（这里作为一个高级练习，留待有兴趣的读者自学）。绘制完电路后，将原理图文件命名为"acc.SchDoc"。

（2）用 PCB 向导建立一个 PCB 文件，并将之命名为"acc.PcbDoc"。然后回到原理图，单击"设计/Update PCB Document acc.PcbDoc"，系统将对原理图和 PCB 图的网络表进行比较并弹出一个"工程更改顺序"对话框，单击对话框的"确认更改"按钮，将验证更改操作。合法性验证通过后，单击"执行更改"，系统将完成网络表的导入。网络表导入后，原理图中的元件并未直接导入用户绘制的布线区内，这时需执行自动布局操作或手动布局，将元件放到布线区内。

9.5.3 PCB 的布局设计

在 PCB 编辑器中，与布局有关的操作的路径为"工具/器件布局"。Altium Designer Summer 09 的自动布局功能常常不能令人满意，往往需要手动布局。

1. 自动布局

在自动布局前，需设置自动布局的约束参数。合理的自动布局参数，可使结果更令人满意。自动布局的参数在"PCB Rules and constraints Editor（PCB 规则和约束编辑器）"对话框中。单击菜单栏中的"设计/Rules"命令，弹出 PCB 规则和约束编辑器，单击对话框中的"Placement"标签，逐项设置参数。

（1）"Room Definition（空间定义规则）"：用于 PCB 板上定义元件布局区域。

（2）"Component Clearance（元件间距限制规则）"：用于设置元件间距，该间距会影响元件的布局。

（3）"Component Orientation（元件布局方向规则）"：用于设置 PCB 板上元件允许旋转的角度。

（4）"Permitted Layers（电路板工作层设置规则）"：用于设置 PCB 板上允许放置元件的工作层，通常元件放置在底层和顶层。

（5）"Nets To Ignore（网络忽略规则）"：用于设置在采用 Cluster Placer（分组布局）方式执行元件自动布局时需忽略布局的网络。

（6）"Height（高度规则）"：用于定义元件的高度。在一些特殊的电路板上进行布局时，电路板的某一区域可能对元件的高度有限制，此时需设置该规则。

引入网络表后，元件在自动布局前的分布如图 9.5.7 所示。设置好自动布局各参数，执行自动布局后，如图 9.5.8 所示。从图 9.5.8 可见，布局效果并不令人满意，有的元件还相互重叠，还需进行推挤或手工调整。

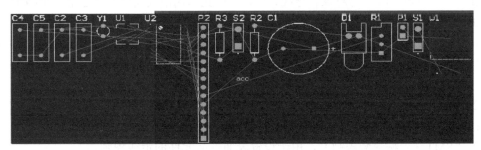

图 9.5.7　自动布局前的元件分布

2. 手动布局

手动布局是指通过人工操作，将元件排放在合理的位置。为了美观，元件需排放整齐。系统提供了专门的手动布局工具，可通过单击菜单的"编辑/对齐"命令来完成。其内容就不一一介绍了。图 9.5.9 所示为手动布局后的元件分布。

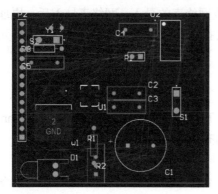 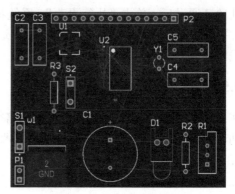

图 9.5.8　自动布局后的元件分布　　　　图 9.5.9　手动布局的结果

3. 电路板的布线

完成电路板中元件的布局后，就可以进行布线工作了。布线是完成产品设计的最重要的步骤之一，其要求高、工作量大。通常自动布线是不能满足要求的，因此在自动布线前，先对要求严格的线路采用交互式方式预先布线并锁定，然后对不重要的部分采用自动布线方式来完成。在 PCB 上布线首先需布通所有的连接导线，建立电路所需的电气连接，然后再考虑走线的长短、信号的完整性、过孔的多少等。

1）电路板的自动布线

对散热、电磁兼容性和高频特性要求不高的电路设计，采用自动布线可大大降低工作量。如果自动布线不能满足要求，还需手工进行调整。

设置 PCB 自动布线的规则如下：

Altium Designer Summer 09 提供了众多设计规则，涵盖了元件的电气特性、走线宽度、走线拓扑结构、表面安装焊盘、阻焊层、电源层、测试点、电路板制作等设计过程的诸多方面。

（1）"Electrical（电气规则）"主要针对具有电气连接特性的对象，用于系统的 DRC（电气规则检查）。当布线违反了电气特性规则，DRC 检查器将自动报警提示用户。其设置内容有：

① "Clearance（安全间距规则）"，用于设置具有电气连接特性的对象之间的安全间距，在 PCB 中，具有电气特性的对象有导线、焊盘、过孔和铜箔填充区等。通常安全间距设置为 10～20 mil。

② "Short-Circuit（短路规则）"，用于设置在 PCB 板上是否可以出现短路，通常是不允许的。

③ "UnRouted Net（取消布线网络规则）"，用于设置是否可以出现未连接的网络。

④ "Unconnected Pin（未连接引脚规则）"，系统默认下无须设置。

（2）"Routing（布线规则）"，主要用于设置自动布线过程中的布线规则，如布线宽度、布线优先级、布线拓扑结构等。其中最重要的是布线宽度。

（3）"SMT（表贴封装规则）"，用于设置表面安装元件的走线规则。

（4）"Mask（阻焊规则）"，用于设置阻焊剂铺设的尺寸。

（5）"Plane（中间层布线规则）"，用于设置中间电源层的走线规则。

2）自动布线的操作

设置完毕布线规则和布线策略后，即可进行自动布线操作。自动布线操作主要通过菜单"自动布线"进行。用户不仅可以进行整体布线，还可以对指定的区域、网络和元件进行自动布线。图 9.5.10 所示是对图 9.5.9 所示内容进行整体自动布线的结果。

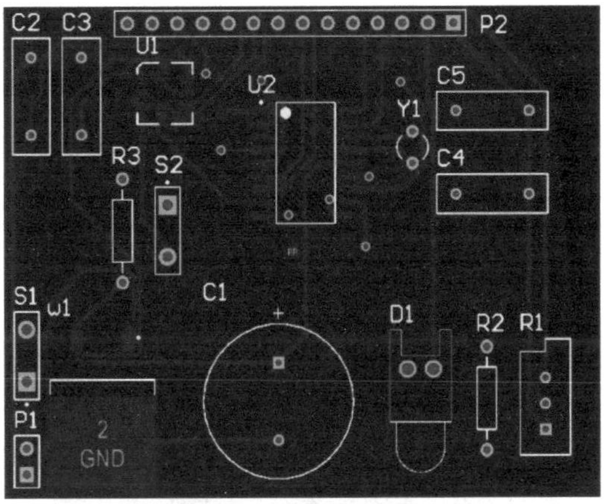

（1）电路板的手动布线。通常自动布线会出现一些不合理的布线，如较多的绕线、走线不美观等。这时可通过手动布线来进行调整修正。对于手动布线，用户需自己按照元件布局和信号走向规划走线的路径。手动布线的规则设置与自动布线的规则设置基本相同，不再赘述。

（2）拆除已布导线。拆除导线，可通过选

图 9.5.10　自动布线结果

中要拆除的导线，然后按 Delete 键即可。还可通过菜单的"工具/取消布线"来完成对所有导线、某一元件、某一网络等的导线拆除，方便快捷。

（3）手动布线。手动布线通过交互式布线来完成，菜单命令为"放置/Interactive Routing"或用右键快捷方式"Interactive Routing"来进行。当单击"Interactive Routing"后，鼠标光标变为"十"字形，可移动光标到需布线的起点，然后多次单击确定控制点，即完成两点间的走线。辅助的控制键"Shift+Space"可控制走线的角度，用"*"键可在不同信号层间切换。

（4）覆铜和补泪滴。覆铜由一系列导线组成，完成电路板内不规则区域的填充。覆铜主要是用"GND（地）"网络将电路板的空余没有走线的部分用导线全部铺满。覆铜后，电路板变得美观，更重要的是提高了电路板的电磁兼容性。通常覆铜的安全间距为导线安全间距的 2 倍以上。

执行菜单命令"放置/多边形覆铜"，弹出"多边形覆铜"对话框，如图 9.5.11 所示。其主要选项有：

"填充模式"中"Solid"为实心填充，"Hatched"为网格填充。"属性"中，"层"选择覆铜所属的工作层。"网络选项"中，"连接到网络"选择覆铜连接到的网络，"死铜移除"通常要选中，以剔除没有连接到网络的覆铜区域。按图 9.5.11 所示设置后，单击"确定"按钮，鼠标光标变为"十"字形，准备进行覆铜操作。用光标沿 PCB 板的"Keep-out"边界画一闭合矩形框，完成后单击鼠标右键退出，系统自动生成顶层的覆铜，如图 9.5.12 所示。

在导线和焊盘或者过孔的连接处，通常需要补泪滴，以去除连接处的直角，加大连接面积，从避免 PCB 加工制作过程中和使用焊接时连接处断裂。单击菜单栏的"工具/泪滴"命令，弹出"泪滴选项"对话框，可选择补泪滴的各属性，属性设置完成后，单击"确定"按钮，系统自动执行补泪滴操作。通常，补泪滴的工作在覆铜前进行。覆铜、补泪滴后的电路板如图 9.5.13 所示。

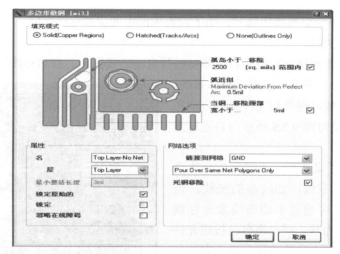

图 9.5.11 "多边形覆铜"对话框

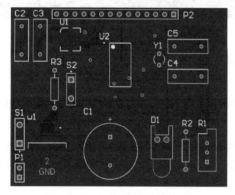

图 9.5.12 顶层覆铜后的效果

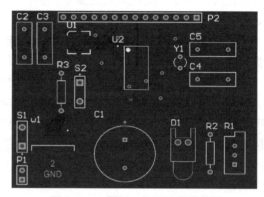

图 9.5.13 覆铜、补泪滴后的效果

到此，PCB 设计的主要工作就基本完成，接下来需对电路板进行必要的美化工作，这里就不再赘述。

9.5.4 电路板相关报表的输出

PCB 绘制完成后，可生成一系列报表，以利于电路板的加工、元件的采购、工作交流等。设计后电路板的各类统计信息的输出，可通过菜单中的"报告"项完成，点击相应菜单项获得。如何将设计好的 PCB 文件交付生产厂家生产出合格的 PCB 呢？需要将所设计的 PCB 文件，输出 Gerber 文件，交付厂家生产。

Gerber 文件是符合 EIA 标准的，用于将 PCB 图中的布线数据等转换为胶片的光绘数据，可以被光绘图机处理的文件格式。在 PCB 编辑器中，单击菜单的"文件/制造输出/Gerber Files"命令，在弹出的对话框中设置 PCB 文件的输出内容等信息，并产生相应的 Gerber 文件。最后只需要将输出的 Gerber 文件交付厂家，就可生产出用户所设计的 PCB。

Altium Designer Summer 09 是一个复杂的电路设计软件，本书因篇幅所限，介绍的内容还很肤浅，有的内容根本就没有涉及。有兴趣的读者可参阅 Altium Designer Summer 09 的随机帮助或其他参考书籍。

参 考 文 献

[1] 李晓明，等. 电工电子技术（第一分册）（第2版）[M]. 谢运祥，等译. 北京：高等教育出版社，2008.
[2] [美] Raymond A. Mack, Jr. 开关电源入门 [M]. 北京：人民邮电出版社，2007.
[3] 李中年. 控制电器及其应用 [M]. 北京：清华大学出版社，2006.
[4] 温照方，等. SIMATIC S7-200 可编程序控制器教程 [M]. 北京：北京理工大学出版社，2010.
[5] 严盈富. 西门子 S7-200PLC 入门 [M]. 北京：人民邮电出版社，2007.
[6] 朱伟兴. 电工电子应用技术 [M]. 北京：高等教育出版社，2008.
[7] 孙骆生. 电工学基本教程 [M]. 北京：高等教育出版社，2008.
[8] 韩国栋，等. Altium Designer Winter 09 电路设计入门与提高 [M]. 北京：化学工业出版社，2010.
[9] 王永华. 现代电气控制与 PLC 应用技术（第2版）[M]. 北京：北京航空航天大学出版社，2008.
[10] Ranjith G. Poduval. Multipose Circuit for Telephone [J]. Electronics for You – Projects and Ideals, 2000, 01:13 – 14.
[11] Jayan A R. Automatic Bathroom Light [J]. Electronics for You – Projects and Ideals, 2000, 01:14 – 15.
[12] 温照方. 电机与控制 [M]. 北京：北京理工大学出版社，2004.
[13] 温照方，等. 电机与控制（第2版）[M]. 北京：北京理工大学出版社，2010.
[14] 王勇，等. 电机与控制（第3版）[M]. 北京：北京理工大学出版社，2016.
[15] 秦曾煌. 电工学 [M]. 北京：高等教育出版社，2004.
[16] Giorgio Rizzoni. Principles and Applications of Electrical Engineering [M]. 5th edition. McGraw-Hill, 2006.
[17] Khaled Kamel, et al. Programmable Logic Controllers: Industrial Control [M]. McGraw-Hill, 2014.
[18] Stephen J. Chapman. Electric Machinery Fundamentals [M]. McGraw-Hill, 2003.
[19] Steve Senty. Motor Control Fundamentals [M]. Delmar, 2013.
[20] Edward Hughes, et al. Electrical and Electronic Technology [M]. 10th edition. Pearson Education Limited, 2008.
[21] Allan R. Hambley. Electrical Engineering: Principles and Applications [M]. 6th Edition. Pearson Education Limited, 2014.

[22] International Electrotechnical Commission. International Standard IEC61131-3 [M]. 2th Edition. IEC,2003.

[23] 中国国家标准化管理委员会. GB/T 15969.3—2005 可编程序控制器第 3 部分：编程语言 [M]. 北京：中国标准出版社，2005.

[24] 中国国家标准化管理委员会. GB/T 4728 电气简图用图形符号 [M]. 北京：中国标准出版社，2005.

[25] IDC. Practical Industrial Programming using lEC61131-3 for PLCs [M]. IDC Technology，2008.

[26] Hanseen D H. Programmable Logic Controllers: A Practical Approach to IEC61131-3 Using Codesys [M]. Wiley，2015.

[27] 彭瑜，何衍庆. IEC61131-3 编程语言及应用基础 [M]. 北京：机械工业出版社，2009.

[28] Kamel K. Programmable Logic Controllers: Industrial Control [M]. McGrawHill，2014.